"十二五"职业教育国家规划教材 修订版
经全国职业教育教材审定委员会审定

建筑工程计量与计价

第 4 版

主　编　丁春静

副主编　刘冬学　刘　丽

参　编　王英春　刘晓光　张仁泽

机械工业出版社

本书是"十二五"职业教育国家规划教材的修订版,是根据建筑工程技术专业教学基本要求和编者多年教学实践编写的。

本书共包括建筑工程计量知识和能力教学、建筑工程计价知识和能力教学、工程量清单编制和投标报价编制综合能力训练3个课题。

本书可作为土建类相关专业高等职业教育、成人高等教育及专业培训教材,也可作为建筑工程造价人员业务学习的参考书。

本书配套的微课视频,以二维码形式穿插在书中,并在文前配"微课视频列表",其他资源(电子课件、模拟试卷、习题解答)登录机工教育服务网 www.cmpedu.com 下载。

图书在版编目(CIP)数据

建筑工程计量与计价/丁春静主编. —4 版. —北京:机械工业出版社,2021.4(2025.1重印)

"十二五"职业教育国家规划教材:修订版

ISBN 978-7-111-67753-6

Ⅰ.①建… Ⅱ.①丁… Ⅲ.①建筑工程-计量-高等职业教育-教材②建筑造价-高等职业教育-教材 Ⅳ.①TU723.3

中国版本图书馆 CIP 数据核字(2021)第 043028 号

机械工业出版社(北京市百万庄大街 22 号 邮政编码 100037)

策划编辑:王靖辉 责任编辑:王靖辉 王莹莹

责任校对:王 欣 封面设计:陈 沛

责任印制:李 昂

北京捷迅佳彩印刷有限公司印刷

2025 年 1 月第 4 版第 3 次印刷

184mm×260mm・18.75 印张・460 千字

标准书号:ISBN 978-7-111-67753-6

定价:55.00 元

电话服务 网络服务

客服电话:010-88361066 机 工 官 网:www.cmpbook.com

010-88379833 机 工 官 博:weibo.com/cmp1952

010-68326294 金 书 网:www.golden-book.com

封底无防伪标均为盗版 机工教育服务网:www.cmpedu.com

前 言

本书是 2014 年 9 月第 3 版的修订版。作为"十二五"职业教育国家规划教材，本书自出版以来，被普遍选用为建筑类相关专业的教材。本书曾先后被评为辽宁省精品教材，荣获辽宁省职业教育与成人教育教学成果奖二等奖，并于 2020 年 12 月由辽宁省遴选推荐申报首届全国教材建设奖全国优秀教材（职业教育和继续教育类）评审。为了使本书更好地适应职业教育改革发展的要求，紧密结合建筑行业的发展变化，及时反映工程造价领域的现行规范、标准和规定，在编者征求本书使用意见的基础上进行了修订。

本次修订，编者是根据《关于深化职业教育教学改革全面提高人才培养质量的若干意见》（教职成〔2015〕6 号）、《国家职业教育改革实施方案》（国发〔2019〕4 号）、《关于实施中国特色高水平高职学校和专业建设计划的意见》（教职成〔2019〕5 号）、教育部等九部门印发的《职业教育提质培优行动计划》等文件的要求进行修改的。

本书编排在整体设计体现"321"架构模式即"3 个课题、2 个能力教学、1 项综合能力训练"的基础上，增加了课程思政相关内容，同时为调动学生的学习兴趣增加了课程导学视频和重点应用内容强化的教学视频（详见"**微课视频列表**"），并在综合能力训练后增加了综合测试题，调整了核心知识点思考与练习，全方位体现了以《建设工程工程量清单计价规范》的应用能力培养为主线，减少了烦琐的理论描述，突出理论和实践相结合，使教学内容与工程造价领域的运行模式接轨。修订后的教材充分体现了重思政、重应用、重案例、重资源的特色。

本书由辽宁建筑职业学院丁春静任主编，辽宁建筑职业学院刘冬学、辽宁省交通高等专科学校刘丽任副主编。编写分工如下：丁春静编写课题 1 的教学内容 1、2、3，课题 2 的教学内容 2；刘冬学编写课题 2 的教学内容 3，课题 3 的能力训练 2；刘丽编写课题 2 的教学内容 1、4；辽宁建筑职业学院王英春编写课题 1 的教学内容 4、5、6 和综合测试题；辽宁建筑职业学院刘晓光编写课题 3 的能力训练 1；中国能源建设集团辽宁电力勘测设计院有限公司张仁泽进行插图绘制和电子课件制作。

本书在修订和编写过程中，对相关使用者和工程造价领域人员进行了广泛调研，同时参阅了相关资料、标准、规范和网络资源，在此向所参阅文献资料的作者表示衷心地感谢！

由于编者水平有限，书中难免有缺点和不妥之处，敬请同行专家和广大读者批评指正。

编 者

微课视频列表

目　录

课题1

建筑工程计量知识和能力教学

知识目标：工程量清单的基本概念、编制格式；建筑面积计算规则；建筑与装饰工程工程量计算方法；措施项目的概念和内容；其他项目清单的概念和内容；规费、税金的概念和内容。

能力目标：能计算建筑面积；能计算建筑与装饰工程工程量；会编制建筑与装饰工程工程量清单；会编制措施项目清单、其他项目清单；会编制规费、税金项目清单。

学习目标：了解"计算规范"编制的指导思想、原则、特点；熟悉"计算规范"关于工程量清单编制的有关规定；熟悉工程量清单的格式、组成，熟悉工程量清单编制的依据；掌握分部分项工程量清单、措施项目清单、其他项目清单、规费和税金项目清单的编制方法。

【课程思政】

同学们，在你们走进造价讲堂的同时，也带给你们价值观的一些启迪——文化是一个民族的灵魂，价值观是文化的核心。对一个国家而言，有什么样的价值观就会建设什么样的社会；对一个人而言，有什么样的价值观就会有什么样的人生。习近平总书记高度重视培育和践行"富强、民主、文明、和谐、自由、平等、公正、法治、爱国、敬业、诚信、友善"的社会主义核心价值观。当代的社会主义核心价值观自然包含着先人留给我们的丰富的精神食粮，如："天下兴亡，匹夫有责"的爱国情怀；"言必信，行必果"的诚信准则；"己所不欲，勿施于人"的与人为善的态度；"和而不同"的包容精神等。这些内容已经融入我们今天倡导的爱国、诚信、友善、公正等理念之中，以当代价值观的方式继承下来。作为一个公民，遵法守法是义不容辞的责任，在"建筑工程计量与计价"课程的学习中，要始终以《中华人民共和国建筑法》、《中华人民共和国招投标法》和相关的规范、标准为准绳，牢固树立法治理念，描绘自己绚丽的人生。

教学内容1　建筑与装饰工程量清单编制概述

一、工程量清单编制的基本知识

（一）工程量清单的概念

根据《中华人民共和国建筑法》《中华人民共和国合同法》《中华人民共和国招标投标法》及《建筑工程施工发包与承包计价管理办法》的要求，按照《建设工程工程量清单计价规范》（以下简称"计价规范"）的规定：全部使用国有资金投资或以国有资金投资为主的建设工程，施工发承包必须采用工程量清单计价；非国有资金投资的工程建设项目，可采用工程量清单计价，工程量清单应作为招标文件的组成部分。因此，对于实行工程量清单计价的建设工程，工程量清单的编制是非常重要的环节。房屋建筑与装饰工程计量应按《房屋建筑与装饰工程工程量计算规范》（以下简称"计算规范"）执行。

1. 工程量清单

工程量清单是建设工程分部分项工程项目、措施项目、其他项目、规费项目和税金项目的名称和相应数量等的明细清单。工程量清单应反映拟建工程的全部工程内容和为实现这些工程内容而进行的一切工作，并体现招标人需要投标人完成的工程项目及相应的工程数量，是招标文件不可分割的组成部分，是投标人进行报价的依据。采用工程量清单方式招标，工程量清单必须作为招标文件的组成部分，其准确性和完整性由招标人负责。

2. 工程量清单编制者

"计价规范"规定：工程量清单应由具有编制能力的招标人或受其委托，具有相应资质的工程造价咨询人进行编制。通常若招标人具有编制工程量清单的能力可由招标人编制，招标人如果不具有编制工程量清单的能力，可以委托具有相应资质的工程造价咨询人。工程造价咨询人是指取得工程造价咨询资质等级证书，接受委托从事建设工程造价咨询活动的企业。

3. 工程量清单的组成

工程量清单应由分部分项工程量清单、措施项目清单、其他项目清单、规费项目清单、税金项目清单组成。

4. 工程量清单的作用

工程量清单是工程量清单计价的基础，应作为编制招标控制价、投标报价、计算工程量、支付工程款、调整合同价款、办理竣工结算以及工程索赔等的依据之一。

（二）工程量清单的编制依据

1. 招标文件及其补充通知、答疑纪要

1）建设工程的招标范围明确了编制工程量清单项目的范围。

2）清单编制人可以根据工程分包、材料供应情况和预留金额等条件，确定其他项目清单的项目内容。

3）工程概况、工期和工程质量的要求，这些是确定合理施工方法的依据，是编制措施项目清单的基础。

2. 建设工程设计文件

设计文件包括施工图样及选用的标准图集和通用图集，还包括设计修改、变更通知等技术资料，并可以向工程量清单编制人提供下列内容：

1) 设计文件是确定清单项目施工过程、撰写清单项目名称及特征的依据，是计算分部分项工程量清单项目工程数量的依据。

2) 设计文件也是考虑合理的施工方法、确定措施项目的依据。

3. "计算规范"

1) "计算规范"中规定了编制分部分项工程量清单必须遵循的原则。

2) "计算规范"中规定了编制分部分项工程量清单、措施项目清单、其他项目清单、规费项目清单、税金项目清单的统一格式等。

4. 施工现场情况、工程特点及常规施工方案

合理的施工方案是清单编制人根据工期要求、现场实际情况、地质勘察报告、常见工程做法等为拟建工程设想的，认为是合理的施工方案，是编制措施项目清单的依据。

5. 与建设工程项目有关的规范、标准及技术资料

6. 国家或省级、行业建设主管部门颁发的计价依据和办法

由于地区的差异，有些省、自治区、直辖市根据本地区的实际，依据"计价规范"的规定，制定本地区的实施细则。

7. 其他相关资料

(三) 工程量清单的编制流程

工程量清单编制流程如图 1-1 所示。

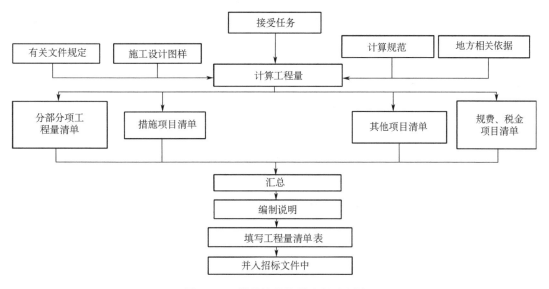

图 1-1　工程量清单编制流程示意图

(四) 工程量清单的编制步骤

1. 熟悉了解情况，做好各方面准备工作

掌握了工程量清单的编制要求后，要熟悉了解情况做好准备工作，具体做法如下：

1) 应掌握各省市有关规定、文件。

2) 熟悉了解施工图样、标准图集、地质勘察报告等资料，并对施工现场做好踏勘、咨询工作。

3) 做好有关计算方面的准备工作。

2. 分部分项工程量的计算

工程量的计算依据是工程图样，按工程量计算规则计算，除另有规定外，所有清单项目的工程量都是以实体工程量为准。实体工程量是指图示尺寸，不外加任何附加因素和条件。

在计算分部分项工程量清单时，一定要按分部分项工程量清单要求的顺序和分部来汇总各个分项。

3. 汇总全部工程量清单

工程量计算后，应按规范的规定进行工程量汇总。在进行全部工程量清单汇总时，应按工程本身的分部分项工程量清单、措施项目清单、其他项目清单、规费项目清单、税金项目清单进行归类整理，再按规定要求进行排序、编码、汇总。在汇总中尽量做到不出现重、漏、错工程量的现象。

4. 编制补充的工程量清单

根据"计价规范"及细则规定：编制工程量清单，出现了附录 A、B 中未包括的项目，编制人可作相应补充，并应报省级或行业工程造价管理机构备案，省级或行业工程造价管理机构应汇总报住房和城乡建设部标准定额研究所。

5. 编写总说明

在完成上述工作的基础上，编写总说明，以便将有关方面的问题、需要说明的共性问题阐述清楚。总说明一般包括：

1）工程概况。一般包括建设规模、工程特征、计划工期、施工现场实际情况（如三通一平、构件加工等）、自然地理条件、环境保护要求等。

2）工程招标和分包范围。一般说明工程总包、专业分包。

3）工程质量、材料施工等的特殊要求。

4）工程量清单编制依据。

5）其他需要说明的问题。

6. 填写封面

封面的填写应按照"计价规范"要求的统一格式进行。

二、工程量清单内容组成及格式

"计价规范"规定了招标工程量清单的统一格式和填写要求。

（一）内容组成

1. 封面

2. 招标工程量清单扉页

3. 总说明

4. 分部分项工程和单价措施项目清单与计价表

5. 总价措施项目清单与计价表

6. 其他项目清单与计价汇总表

7. 暂列金额明细表

8. 材料（工程设备）暂估单价及调整表

9. 专业工程暂估价及结算价表

10. 计日工表

11. 总承包服务费计价表

12. 规费、税金项目计价表

13. 发包人提供材料和工程设备一览表

14. 承包人提供主要材料和工程设备一览表（适用于造价信息差额调整法）

15. 承包人提供主要材料和工程设备一览表（适用于价格指数差额调整法）

（二）工程量清单格式

1. 封面（表 1-1）

表 1-1 招标工程量清单封面

_____工程

招 标 工 程 量 清 单

招　标　人：_____
　　　　　　　　（单位盖章）

造价咨询人：_____
　　　　　　　　（单位盖章）

年　　　月　　　日

2. 招标工程量清单扉页（表 1-2）

表 1-2 招标工程量清单扉页

_____工程

招 标 工 程 量 清 单

招　标　人：_____
　　　　　　（单位盖章）

造价咨询人：_____
　　　　　　（单位资质专用章）

法定代表人
或其授权人：_____
　　　　　　（签字或盖章）

法定代表人
或其授权人：_____
　　　　　　（签字或盖章）

编　制　人：_____
　　　　　　（造价人员签字盖专用章）

复　核　人：_____
　　　　　　（造价工程师签字盖专用章）

编 制 时 间：　年　月　日

复 核 时 间：　年　月　日

3. 总说明（表1-3）

表 1-3 总 说 明

总 说 明

工程名称：   第　页共　页

4. 分部分项工程和单价措施项目清单与计价表（表 1-4）

表 1-4 分部分项工程和单价措施项目清单与计价表

工程名称： 标段： 第 页 共 页

序号	项目编码	项目名称	项目特征描述	计量单位	工程量	金额/元		
						综合单价	合价	其中暂估价
	本页小计							
	合 计							

注：为计取规费等的使用，可在表中增设其中："定额人工费"。

5. 总价措施项目清单与计价表（表1-5）

表1-5 总价措施项目清单与计价表

工程名称： 标段： 第 页共 页

序号	项目编码	项目名称	计算基础	费率(%)	金额/元	调整费率(%)	调整后金额/元	备注
1		安全文明施工费						
2		夜间施工增加费						
3		二次搬运费						
4		冬雨季施工增加费						
5		已完工程及设备保护费						
合 计								

编制人（造价人员）： 复核人（造价工程师）：

注：1. "计算基础"中安全文明施工费可为"定额基价"、"定额人工费"或"定额人工费+定额机械费"，其他项目可为"定额人工费"或"定额人工费+定额机械费"。

2. 按施工方案计算的措施费，若无"计算基础"和"费率"的数值，也可只填"金额"数值，但应在备注栏说明施工方案出处或计算方法。

6. 其他项目清单与计价汇总表（表1-6）

表1-6 其他项目清单与计价汇总表

工程名称：　　　　　　　　　　　标段：　　　　　　　　　第　页共　页

序号	项目名称	金额/元	结算金额/元	备 注
1	暂列金额			明细详见 暂列金额明细表
2	暂估价			
2.1	材料（工程设备）暂估价/结算价	—		明细详见 材料（工程设备） 暂估单价表及调整表
2.2	专业工程暂估价/结算价			明细详见 专业工程暂估价及结算价表
3	计日工			明细详见 计日工表
4	总承包服务费			明细详见 总承包服务费计价表
5	索赔与现场签证	—		明细详见 索赔与现场签证计价汇总表
合 计				—

注：材料（工程设备）暂估单价进入清单项目综合单价，此处不汇总。

7. 暂列金额明细表（表 1-7）

表 1-7 暂列金额明细表

工程名称：   标段：   第 页共 页

序号	项 目 名 称	计 量 单 位	暂定金额/元	备 注
1				
2				
3				
4				
5				
6				
7				
8				
9				
10				
11				
合 计				—

注：此表由招标人填写，如不能详列，也可只列暂定金额总额，投标人应将上述暂列金额计入投标总价中。

8. 材料（工程设备）暂估单价表及调整表（表 1-8）

表 1-8　材料（工程设备）暂估单价表及调整表

工程名称：　　　　　　　　　　　　　标段：　　　　　　　　　　　第　页共　页

序号	材料（工程设备）名称、规格、型号	计量单位	数量		暂估/元		确认/元		差额±/元		备注
			暂估	确认	单价	合价	单价	合价	单价	合价	

注：此表由招标人填写"暂估单价"，并在备注栏说明暂估价的材料、工程设备拟用在哪些清单项目上，投标人应将上述材料、工程设备暂估单价计入工程量清单综合单价报价中。

9. 专业工程暂估价及结算价表（表1-9）

表1-9　专业工程暂估价及结算价表

工程名称：　　　　　　　　　　标段：　　　　　　　　　　第　页共　页

序号	工 程 名 称	工 程 内 容	暂估金额/元	结算金额/元	差额±/元	备　　注
合　　计					—	

注：此表"暂估金额"由招标人填写，投标人应将"暂估金额"计入投标总价中。结算时按合同约定结算金额填写。

10. 计日工表（表1-10）

表 1-10 计 日 工 表

工程名称：　　　　　　　　　　　　　标段：　　　　　　　　　　　　　第　页共　页

编　号	项目名称	单位	暂定数量	实际数量	综合单价/元	合价/元	
						暂定	实际
一	人工						
1							
2							
3							
4							
	人工小计						
二	材料						
1							
2							
3							
4							
5							
6							
	材料小计						
三	施工机械						
1							
2							
3							
4							
	施工机械小计						
四、企业管理费和利润							
	总计						

注：此表项目名称、暂定数量由招标人填写，编制招标控制价时，单价由招标人按有关计价规定确定；投标时，单价由投标人自主报价，按暂定数量计算合价计入投标总价中。结算时，按发承包双方确认的实际数量计算合价。

11. 总承包服务费计价表（表1-11）

表1-11 总承包服务费计价表

工程名称：　　　　　　　　　　　标段：　　　　　　　　第 页共 页

序号	项 目 名 称	项目价值/元	服务内容	计算基础	费率（%）	金额/元
1	发包人发包专业工程					
2	发包人提供材料					
合　　计		—	—	—	—	

注：此表项目名称、服务内容由招标人填写，编制招标控制价时，费率及金额由招标人按有关计价规定确定；投标时，费率及金额由投标人自主报价，计入投标总价中。

12. 规费、税金项目计价表（表 1-12）

表 1-12　规费、税金项目计价表

工程名称：　　　　　　　　　　　　标段：　　　　　　　　第 页共 页

序号	项 目 名 称	计 算 基 础	计算基数	费率（%）	金额/元
1	规费	定额人工费			
1.1	社会保险费	定额人工费			
(1)	养老保险费	定额人工费			
(2)	失业保险费	定额人工费			
(3)	医疗保险费	定额人工费			
(4)	工伤保险费	定额人工费			
(5)	生育保险费	定额人工费			
1.2	住房公积金	定额人工费			
1.3	工程排污费	按工程所在地环境保护部门收取标准，按实计入			
2	税金	分部分项工程费+措施项目费+其他项目费+规费-按规定不计税的工程设备金额			
合　　计					

编制人（造价人员）：　　　　　　　　　　　　复核人（造价工程师）：

13. 发包人提供材料和工程设备一览表（表1-13）

表1-13　发包人提供材料和工程设备一览表

工程名称：　　　　　　　　　　标段：　　　　　　　　　第　页共　页

序号	材料（工程设备）名称、规格、型号	单位	数量	单价/元	交货方式	送达地点	备注

注：此表由招标人填写，供投标人在投标报价、确定总承包服务费时参考。

14. 承包人提供主要材料和工程设备一览表（表1-14、表1-15）

表1-14 承包人提供主要材料和工程设备一览表
（适用于造价信息差额调整法）

工程名称：　　　　　　　　　标段：　　　　　　　　　第 页共 页

序号	名称、规格、型号	单位	数量	风险系数（%）	基准单价/元	投标单价/元	发承包人确认单价/元	备注

注：1. 此表由招标人填写除"投标单价"栏的内容，投标人在投标时自主确定投标单价。

2. 招标人应优先采用工程造价管理机构发布的单价作为基准单价，未发布的，通过市场调查确定其基准单价。

表 1-15 承包人提供主要材料和工程设备一览表

（适用于价格指数差额调整法）

工程名称： 标段： 第 页共 页

序号	名称、规格、型号	变值权重 B	基本价格指数 F_0	现行价格指数 F_1	备注
定值权重 A			—	—	
合计		1	—	—	

注：1. "名称、规格、型号" 和 "基本价格指数" 栏由招标人填写，基本价格指数应首先采用工程造价管理机构发布的价格指数，没有时，可采用发布的价格代替。如人工、机械费也采用本法调整，由招标人在 "名称" 栏填写。

2. "变值权重" 栏由投标人根据该项人工、机械费和材料、工程设备价值在投标总报价中所占的比例填写，1 减去其比例为定值权重。

3. "现行价格指数" 按约定的付款证书相关周期最后一天的前 42 天的各项价格指数填写，该指数应首先采用工程造价管理机构发布的价格指数，没有时，可采用发布的价格代替。

教学内容 2   建筑面积的计算

建筑面积是指建筑物外墙勒脚以上各层结构外围水平投影面积的总和。建筑面积包括使用面积、辅助面积和结构面积三部分。它是衡量建筑技术经济效果的重要指标。依据建筑面积，可以计算单位面积的造价以及单位面积的人工消耗指标和主要材料消耗指标。建筑面积是划分建筑工程类别的标准之一，如某省的公共建筑划分标准如下：建筑面积大于等于20000m² 的为特大型工程、建筑面积大于等于 15000m² 的为一类工程、建筑面积大于等于8000m² 的为二类工程、建筑面积大于等于 3000m² 的为三类工程、建筑面积小于 3000m² 的为四类工程。同时，建筑面积也是控制工程进度和完成竣工任务的重要指标。建筑面积的计算结果为有些分项工程项目的工程量计算打下了基础，如计算平整场地、室内回填土、建筑物的垂直运输、楼地面等分项工程量。因此，正确计算建筑面积，对提高建筑工程计量与计价的编制质量具有十分重要的意义。本节内容根据国家标准《建筑工程建筑面积计算规范》编制，适用于新建、扩建、改建的工业与民用建筑工程的建筑面积计算。

一、相关术语

（1）勒脚   勒脚是建筑物外墙与室外地面接触部位加厚墙体的部分。

（2）层高   层高指上下相邻两层的楼面或楼面与地面之间的垂直距离。

（3）净高   净高指楼面或地面至上部楼板底面或吊顶底面之间的垂直距离。

（4）单层建筑物的高度   单层建筑物的高度指室内地面标高至屋面板板面之间的垂直距离。遇有以屋面板找坡的平屋顶单层建筑物，其高度指室内地面标高至屋面板最低处板面结构标高之间的垂直距离。

（5）结构标高   结构标高指结构设计图中所标注的标高。

（6）自然层   自然层指按楼板、地板结构分层的楼层。

（7）夹层、插层   夹层、插层指建筑在房屋内部空间的局部层次，是安插于上、下两个正式楼层中间的附层。

（8）技术层   技术层指建筑物内专门用于设置管道、设备的楼层或地下层。

（9）永久性顶盖   永久性顶盖指与建筑物同期设计，经规划部门批准的，结构牢固、永久使用的顶盖。

（10）围护性幕墙   围护性幕墙指直接作为外墙起围护作用的幕墙。

（11）装饰性幕墙   装饰性幕墙指设置在建筑物墙体外起装饰作用的幕墙。

（12）围护结构   围护结构指围合建筑空间四周的墙体、门、窗等。

（13）外墙结构   外墙结构指不包括装饰层、保温隔热层、防潮层、保护墙等附加层厚度的外墙本身结构。

（14）地下室   地下室指房间地平面低于室外地平面的高度超过该房间净高的 1/2 者。

（15）半地下室   半地下室指房间地平面低于室外地平面的高度超过该房间净高的 1/3，且不超过 1/2 者。

（16）变形缝   变形缝是伸缩缝（温度缝）、沉降缝和抗震缝的统称。

（17）使用面积   使用面积是指建筑物各层平面布置中可直接为生产或生活使用的净面

积总和。

（18）辅助面积　辅助面积是指建筑物各层平面布置中为辅助生产或生活服务所占的净面积总和，如楼梯间、走廊、电梯井等。

（19）结构面积　结构面积是指建筑物各层平面布置中的墙体、柱、垃圾道、通风道等所占的净面积总和。

（20）架空层　架空层指建筑物深基础或坡地建筑吊脚架空部位不回填土石方形成的建筑空间。

（21）走廊　走廊指建筑物的水平交通空间。

（22）挑廊　挑廊指挑出建筑物外墙的水平交通空间。

（23）檐廊　檐廊指设置在建筑物底层出檐下的水平交通空间。

（24）回廊　回廊指建筑物门厅、大厅内设置在二层或二层以上的回形走廊。

（25）门斗　门斗指建筑物出入口设置的起分隔、挡风、御寒等作用的建筑过渡空间。

（26）建筑物通道　建筑物通道指为道路穿过建筑物而设置的建筑空间。

（27）架空走廊　架空走廊指建筑物与建筑物之间，在二层或二层以上专门为水平交通设置的走廊。

（28）落地橱窗　落地橱窗指突出外墙面根基落地的橱窗。

（29）阳台　阳台指供使用者进行活动和晾晒衣物的建筑空间。

（30）眺望间　眺望间指设置在建筑物顶层或挑出房间的供人们远眺或观察周围情况的建筑空间。

（31）雨篷　雨篷指设置在建筑物进出口上部的遮雨、遮阳篷。

（32）飘窗　飘窗指为房间采光和美化造型而设置的突出外墙的窗。

（33）骑楼　骑楼指楼层部分跨在人行道上的临街楼房。

（34）过街楼　过街楼指有道路穿过建筑空间的楼房。

二、建筑面积的计算规则

（一）计算建筑面积的范围

1）单层建筑物的建筑面积，应按其外墙勒脚以上结构外围水平面积计算，并应符合下列规定：

① 单层建筑物高度在2.20m及以上者应计算全面积；高度不足2.20m者应计算1/2面积。

② 利用坡屋顶内空间时，净高超过2.10m的部位应计算全面积；净高在1.20~2.10m的部位应计算1/2面积；净高不足1.20m的部位不应计算面积。

2）单层建筑物内设有局部楼层者（图1-2），局部楼层的二层及以上楼层，有围护结构的应按其围护结构外围水平面积计算，无围护结构的应按其结构底板水平面积计算。层高在2.20m及以上者应计算全面积；层高不足2.20m者应计算1/2面积。

其建筑面积可用下式表示

$$S = LB + ab$$

式中　S——局部带楼层的单层建筑物面积；

L——勒脚以上围护结构外围水平长度；

B——勒脚以上围护结构外围水平宽度；

a、b——局部楼层结构外表面之间水平距离。

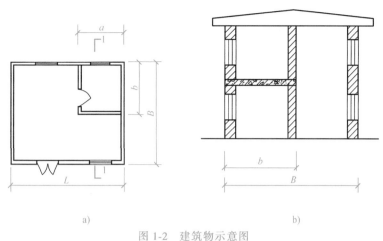

图 1-2　建筑物示意图

a）建筑物平面图　b）1—1 剖面图

3）多层建筑物首层应按其外墙勒脚以上结构外围水平面积计算；二层及二层以上楼层应按其外墙结构外围水平面积计算。层高在 2.20m 及以上者应计算全面积；层高不足 2.20m 者应计算 1/2 面积。

例 1-1　根据课题 3 案例施工图计算建筑面积。

解：

$$S_{底} = (28.90 \times 22.00) \text{m}^2 = 635.80 \text{m}^2$$

$$S_{全} = (635.80 \times 2) \text{m}^2 = 1271.60 \text{m}^2$$

4）多层建筑坡屋顶内和场馆看台下，当设计加以利用时，净高超过 2.10m 的部位应计算全面积；净高在 1.20～2.10m 的部位应计算 1/2 面积；当设计不利用或室内净高不足 1.20m 时不应计算面积。

5）地下室、半地下室（车间、商店、车站、车库、仓库等），包括相应的有永久性顶盖的出入口，应按其外墙上口（不包括采光井、外墙防潮层及其保护墙）外边线所围水平面积计算。层高在 2.20m 及以上者应计算全面积；层高不足 2.20m 者应计算 1/2 面积。地下室及出入口如图 1-3 所示。

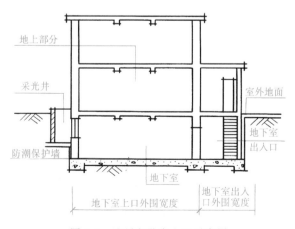

图 1-3　地下室及出入口示意图

6）坡地的建筑物吊脚架空层、深基础架空层，当设计加以利用并有围护结构的，层高在 2.20m 及以上的部位应计算全面积，如图 1-4 和图 1-5 所示；层高不足 2.20m 的部位应计算 1/2 面积。设计加以利用、无围护结构的建筑吊脚架空层，应按其利用部位水平面积的 1/2 计算；设计不利用的深基础架空层、坡地吊脚架空层、多层建筑坡屋顶内、场馆看台下的空间不应计算面积。

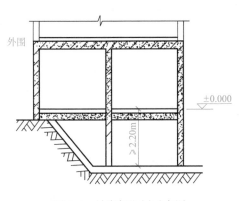

图 1-4 吊脚架空层示意图

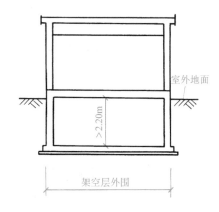

图 1-5 深基础架空层示意图

7）建筑物的门厅、大厅按一层计算建筑面积。门厅、大厅内设有回廊时，应按其结构底板水平面积计算。层高在 2.20m 及以上者应计算全面积；层高不足 2.20m 者应计算 1/2 面积。

例 1-2 某实验综合楼设有六层大厅带回廊，其平面图和剖面图如图 1-6 所示。试计算其大厅和回廊的建筑面积。

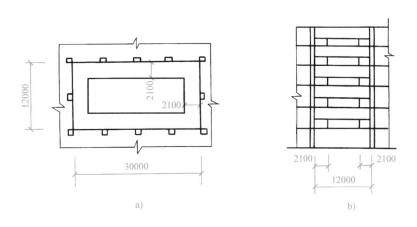

a)

b)

图 1-6 某实验楼平面图和剖面图
a）平面图 b）剖面图

解：

大厅部分建筑面积为：$12.00\text{m} \times 30.00\text{m} = 360.00\text{m}^2$

回廊部分建筑面积为：$(30.00 - 2.10 + 12.00 - 2.10)\text{m} \times 2.10\text{m} \times 2 \times 5 = 793.80\text{m}^2$

8）建筑物间有围护结构的架空走廊，应按其围护结构外围水平面积计算。层高在

2.20m 及以上者应计算全面积，层高不足 2.20m 者应计算 1/2 面积，有永久性顶盖无围护结构的应按其结构底板水平面积的 1/2 计算。

9）立体书库、立体仓库、立体车库，无结构层的应按一层计算，有结构层的应按其结构层面积分别计算。层高在 2.20m 及以上者应计算全面积；层高不足 2.20m 者应计算 1/2 面积。

10）有围护结构的舞台灯光控制室，应按其围护结构外围水平面积计算。层高在 2.20m 及以上者应计算全面积；层高不足 2.20m 者应计算 1/2 面积。

11）建筑物外有围护结构的落地橱窗、门斗、挑廊、走廊、檐廊，应按其围护结构外围水平面积计算。层高在 2.20m 及以上者应计算全面积；层高不足 2.20m 者应计算 1/2 面积，有永久性顶盖无围护结构的应按其结构底板水平面积的 1/2 计算。

12）有永久性顶盖但无围护结构的场馆看台应按其顶盖水平投影面积的 1/2 计算。

13）建筑物顶部有围护结构的楼梯间、水箱间、电梯机房等，层高在 2.20m 及以上者应计算全面积；层高不足 2.20m 者应计算 1/2 面积。

14）设有围护结构，不垂直于水平面而超出底板外沿的建筑物，应按其底板面的外围水平面积计算。层高在 2.20m 及以上者应计算全面积；层高不足 2.20m 者应计算 1/2 面积。

15）建筑物内的室内楼梯间、电梯井、观光电梯井、提物井、管道井、通风排气竖井、垃圾道、附墙烟囱应按建筑物的自然层计算。

例 1-3　某建筑物内设有电梯，其平面图和剖面图如图 1-7 所示，试计算该建筑物的建筑面积。

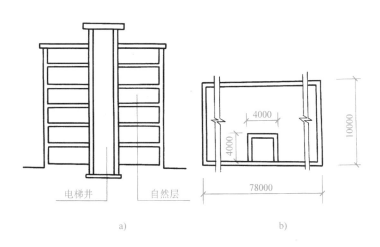

图 1-7　设有电梯的某建筑物示意图
a）剖面图　b）平面图

解：依据图 1-7 所示，其建筑面积计算如下：

$$S = 78.00\text{m} \times 10.00\text{m} \times 6 + 4.00\text{m} \times 4.00\text{m} = 4696\text{m}^2$$

16）雨篷结构的外边线至外墙结构外边线的宽度超过 2.10m 者，应按雨篷结构板的水平投影面积的 1/2 计算。有柱雨篷和无柱雨篷计算应一致。

17）有永久性顶盖的室外楼梯，应按建筑物自然层的水平投影面积的 1/2 计算。最上层楼梯无永久性顶盖，或不能完全遮盖楼梯的雨篷，最上层楼梯不计算面积，上层楼梯可视为下层楼梯的永久性顶盖，下层楼梯应计算面积。

18）建筑物的阳台均应按其水平投影面积的1/2计算。

19）有永久性顶盖但无围护结构的车棚、货棚、站台、加油站、收费站等，应按其顶盖水平投影面积的1/2计算。

20）高低联跨的建筑物，应以高跨结构外边线为界分别计算建筑面积；其高低跨内部连通时，其变形缝应计算在低跨面积内。如图1-8所示，该图为某高低联跨的单层厂房示意图，高低跨处的柱应计算在高跨的建筑面积内。可按下式计算：

高跨部分的建筑面积为

$$S_1 = LB_2$$

低跨部分的建筑面积为

$$S_2 = L(B_1 + B_3)$$

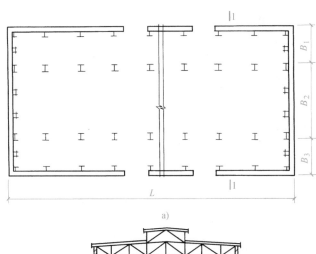

图1-8 某高低联跨单层厂房示意图

a）平面图 b）1-1断面图

例1-4 某单层厂房平面图和剖面图如图1-9所示，该厂房总长为60500mm；高低跨柱的中心线长分别为15000mm和9000mm，中柱及高跨边柱断面尺寸为400mm×600mm，低跨边柱断面尺寸为400mm×400mm，墙厚为370mm，试分别计算该厂房高跨和低跨的建筑面积。

解：

高跨部分的建筑面积：$S_1 = 60.50\text{m} \times (15.00 + 0.30 + 0.30 + 0.37)\text{m} = 966.19\text{m}^2$

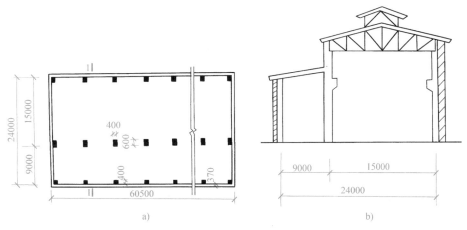

图1-9 某单层厂房平面和剖面示意图

a）平面图 b）1—1断面图

低跨部分的建筑面积：$S_2 = 60.50\text{m} \times (9.00-0.30+0.20+0.37)\text{m} = 560.84\text{m}^2$

21）以幕墙作为围护结构的建筑物，应按幕墙外边线计算建筑面积。

22）建筑物外墙外侧有保温隔热层的，应按保温隔热层外边线计算建筑面积。

23）建筑物内的变形缝，应依其缝宽按自然层合并在建筑物面积内计算。

建筑面积的计算量

（二）不应计算建筑面积的范围

1）建筑物通道，骑楼、过街楼的底层。

2）建筑物内的设备管道夹层。

3）建筑物内分隔的单层房间，舞台及后台悬挂幕布，布景的天桥、挑台等。

4）屋顶水箱、花架、凉棚、露台、露天游泳池。

5）建筑物内的操作平台、上料平台、安装箱和罐体的平台。

6）勒脚、附墙柱、垛、台阶、墙面抹灰、装饰面、镶贴块料面层、装饰性幕墙、空调室外机搁板（箱）、飘窗、构件、配件、宽度在2.10m及以内的雨篷以及与建筑物内不相连通的装饰性阳台、挑廊等。

7）无永久性顶盖的架空走廊、室外楼梯和用于检修、消防等的室外钢楼梯、爬梯等。

8）自动扶梯、自动人行道。

9）独立烟囱、烟道、地沟、油（水）罐、气柜、水塔、储油（水）池、储仓、栈桥、地下人防通道、地铁隧道等构筑物。

教学内容3 分部分项工程量清单的编制

在分部分项工程量清单的编制中，必须载明项目编码、项目名称、项目特征、计量单位和工程量。因此，必须按照"计算规范"规定的项目编码、项目名称、项目特征、计量单位和工程量计算规则计算工程量，并填写分部分项工程量清单计价表。

1. 项目编码

项目编码是分部分项工程和措施项目工程量清单项目名称的阿拉伯数字标识。用 12 位阿拉伯数字表示第一至第九位应按"计算规范"规定设置，第十、十一、十二位应根据拟建工程的工程量清单项目名称设置，表示清单项目名称顺序码，主要区别同一分项工程具有不同特征的项目。

工程量清单项目表中每个项目有各自不同的编码，前九位在"计算规范"中已给定，编制工程量清单时，应严格按"计算规范"清单项目表中的相应编码设置，不得改动。第十、十一、十二位项目编码及项目名称由清单编制人根据实际情况设置，如同一规格、同一材质的项目，具有不同的特征时，应分别列项。

当同一标段（或合同段）的一份工程量清单中含有多个单位工程且工程量清单是以单位工程为编制对象时，在编制工程量清单时应特别注意对项目编码十至十二位的设置不得有重码的规定。

2. 项目名称

项目名称应严格按照"计算规范"规定，并结合拟建工程的实际确定，不得随意更改。

3. 项目特征

项目特征是构成分部分项工程量清单项目、措施项目自身价值的本质特征，是确定一个清单项目综合单价不可缺少的重要依据，在编制工程量清单时，必须对项目特征进行准确和全面的描述。项目特征应从不同的工程部位、施工工艺、材料品种、规格等方面进行详细的描述。项目特征具体来讲主要反映以下两个方面：

（1）项目的自身特征　这一特征主要是反映项目的材质、型号、规格、品牌等，这些特征对工程计价影响较大，如果不加以区分，就会造成计价的混乱。

（2）项目的施工方法特征　这一特征主要是反映项目的施工操作工艺方法。

有些项目特征用文字往往难以进行准确地全面地描述清楚。因此，为达到规范、简捷、准确、全面描述项目特征的要求，在描述工程量清单项目特征时，应按以下原则进行。

1）项目特征描述的内容应按"计算规范"中的规定，结合拟建工程的实际，能满足确定综合单价的需要。

2）若采用标准图集或施工图样能够全部或部分满足项目特征描述的要求，项目特征描述可直接采用详见××图集或××图号的方式。对不能满足项目特征描述要求的部分，仍应用文字描述。

4. 计量单位

1）计算质量以"t"为单位，结果应保留小数点后三位数字，第四位四舍五入。

2）计算体积以"m^3"为单位，结果应保留小数点后两位数字，第三位四舍五入。

3）计算面积以"m^2"为单位，结果应保留小数点后两位数字，第三位四舍五入。

4）计算长度以"m"为单位，结果应保留小数点后两位数字，第三位四舍五入。

5）其他以"个""件""组""系统"等为单位，结果应取整数。

5. 计算规则

工程量清单中，分部分项工程量的计算应严格按"计算规范"中规定的工程量计算规则计算清单项目的工程量。

随着工程建设中新材料、新技术、新工艺等的不断涌现，"计算规范"中所列的工程量

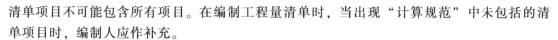

清单项目不可能包含所有项目。在编制工程量清单时，当出现"计算规范"中未包括的清单项目时，编制人应作补充。

补充项目的编码由代码 01 与 B 和三位阿拉伯数字组成，并应从 01B001 起顺序编制，同一招标工程的项目不得重码。工程量清单中需附有补充项目的名称、项目特征、计量单位、工程量计算规则、工作内容。

一、土石方工程

土石方工程适用于建筑物和构筑物的土石方开挖及回填工程，包括平整场地、挖一般土石方、挖沟槽土石方、土（石）方回填等项目。

（一）相关说明

1）挖土石方平均厚度应按自然地面测量标高至设计地坪标高间的平均厚度确定。基础土方开挖深度应按基础垫层底表面标高至交付施工场地标高确定，无交付施工场地标高时，应按自然地面标高确定。

2）建筑物场地厚度小于等于 ±300mm 的挖、填、运、找平，应按平整场地项目编码列项。厚度大于 ±300mm 的竖向布置挖土或山坡切土应按挖一般土方项目编码列项。

3）沟槽、基坑、一般土方的划分为：底宽小于等于 3m 且底长大于 3 倍底宽为沟槽；底长小于等于 3 倍底宽且底面积小于等于 20m² 为基坑；超出上述范围则为一般土方。

4）挖土方如需截桩头时，应按桩基工程相关项目编码列项。

5）弃、取土运距可以不描述，但应注明由投标人根据施工现场实际情况自行考虑，决定报价。

6）土壤的分类应按表 1-16 确定，如土壤类别不能准确划分时，招标人可注明为综合，由投标人根据地勘报告决定报价。

7）土方体积应按挖掘前的天然密实体积计算。非天然密土方应按表 1-17 折算。

8）挖沟槽、基坑、一般土方因工作面和放坡增加的工程量（管沟工作面增加的工程量）是否并入各土方工程量中，应按各省、自治区、直辖市或行业建设主管部门的规定实施，如并入各土方工程量中，办理工程结算时，按经发包人认可的施工组织设计规定计算，编制工程量清单时，可按表 1-18～表 1-20 规定计算。

9）挖方出现流砂、淤泥时，如设计未明确，在编制工程量清单时，其工程数量可为暂估量。结算时，应根据实际情况由发包人与承包人双方现场签证确认工程量。

10）挖石应按自然地面测量标高至设计地坪标高的平均厚度确定。基础石方开挖深度应按基础垫层底表面标高至交付施工现场地标高确定，无交付施工场地标高时，应按自然地面标高确定。

11）厚度大于 ±300mm 的竖向布置挖石或山坡凿石应按挖一般石方项目编码列项。

12）弃碴运距可以不描述，但应注明由投标人根据施工现场实际情况自行考虑，决定报价。

13）岩石的分类应按表 1-21 确定。

14）石方体积应按挖掘前的天然密实体积计算。非天然密实石方应按表 1-22 折算。

15）管沟土方项目适用于管道（给排水、工业、电力、通信）、光（电）缆沟（包括：人（手）孔、接口坑）及连接井（检查井）等。管沟石方项目适用于管道（给排水、工业、电力、通信）、光（电）缆沟 [包括：人（手）孔、接口坑] 及连接井（检查井）等。

表 1-16　土壤分类表

土壤分类	土壤名称	开挖方法
一、二类土	粉土、砂土(粉砂、细砂、中砂、粗砂、砾砂)、粉质黏土、弱中盐渍土、软土(淤泥质土、泥炭、泥炭质土)、软塑红黏土、冲填土	用锹,少许用镐、条锄开挖。机械能全部直接铲挖满载者
三类土	黏土、碎石土(圆砾、角砾)混合土、可塑红黏土、硬塑红黏土、强盐渍土、素填土、压实填土	主要用镐、条锄,少许用锹开挖。机械需部分刨松方能铲挖满载者或可直接铲挖但不能满载者
四类土	碎石土(卵石、碎石、漂石、块石)、坚硬红黏土、超盐渍土、杂填土	全部用镐、条锄挖掘,少许用撬棍挖掘。机械须普遍刨松方能铲挖满载者

注：本表土的名称及其含义按国家标准《岩土工程勘察规范》(GB 50021—2001)(2009 年版)定义。

表 1-17　土方体积折算系数表

天然密实度体积	虚方体积	夯实后体积	松填体积
0.77	1.00	0.67	0.83
1.00	1.30	0.87	1.08
1.15	1.50	1.00	1.25
0.92	1.20	0.80	1.00

注：1. 虚方指未经碾压、堆积时间小于等于 1 年的土壤。

2. 本表按《全国统一建筑工程预算工程量计算规则》(GJDGZ-101—1995)整理。

3. 设计密实度超过规定的,填方体积按工程设计要求执行;无设计要求按各省、自治区、直辖市或行业建设主管部门规定的系数执行。

表 1-18　放坡系数表

土　类　别	放坡起点/m	人工挖土	机械挖土		
			在坑内作业	在坑上作业	顺沟槽在坑上作业
一、二类土	1.20	1 : 0.50	1 : 0.33	1 : 0.75	1 : 0.50
三类土	1.50	1 : 0.33	1 : 0.25	1 : 0.67	1 : 0.33
四类	2.00	1 : 0.25	1 : 0.10	1 : 0.33	1 : 0.25

注：1. 沟槽、基坑中土类别不同时,分别按其放坡起点、放坡系数,依不同土类别厚度加权平均计算。

2. 计算放坡时,在交接处的重复工程量不予扣除,原槽、坑作基础垫层时,放坡自垫层上表面开始计算。

表 1-19　基础施工所需工作面宽度计算表

基础材料	每边各增加工作面宽度/mm	基础材料	每边各增加工作面宽度/mm
砖基础	200	混凝土基础支模板	300
浆砌毛石、条石基础	150	基础垂直面做防水层	1000(防水层面)
混凝土基础垫层支模板	300		

注：本表按《全国统一建筑工程预算工程量计算规则》(GJDGZ-101—1995)整理。

表 1-20　管沟施工每侧所需工作面宽度计算表

管沟材料	管道结构宽/mm			
	≤500	≤1000	≤2500	>2500
混凝土及钢筋混凝土管道/mm	400	500	600	700
其他材质管道/mm	300	400	500	600

注：管道结构宽的计算：有管座的按基础外缘计算,无管座的按管道外径计算。

表 1-21 岩石分类表

岩石分类		代表性岩石	开挖方法
极软岩		1. 全风化的各种岩石 2. 各种半成岩	部分用手凿工具、部分用爆破法开挖
软质岩	软岩	1. 强风化的坚硬岩或较硬岩 2. 中等风化—强风化的较软岩 3. 未风化—微风化的页岩、泥岩、泥质砂岩等	用风镐和爆破法开挖
	较软岩	1. 中等风化—强风化的坚硬岩或较硬岩 2. 未风化—微风化的凝灰岩、千枚岩、泥灰岩、砂质泥岩等	用爆破法开挖
硬质岩	较硬岩	1. 微风化的坚硬岩 2. 未风化—微风化的大理岩、板岩、石灰岩、白云岩、钙质砂岩等	用爆破法开挖
	坚硬岩	未风化—微风化的花岗岩、闪长岩、辉绿岩、玄武岩、安山岩、片麻岩、石英岩、石英砂岩、硅质砾岩、硅质石灰岩等	用爆破法开挖

注：本表依据国家标准《工程岩体分级标准》（GB 50218—1994）和《岩土工程勘察规范》（GB 50021—2001）（2009 年版）整理。

表 1-22 石方体积折算系数表

石方类别	天然密实度体积	虚方体积	松填体积	码方
石方	1.0	1.54	1.31	
块石	1.0	1.75	1.43	1.67
砂夹石	1.0	1.07	0.94	

注：本表按住建部颁发《爆破工程消耗量定额》（GYD-102—2008）整理。

（二）土方工程量清单编制

1. 平整场地（010101001）

（1）适用范围 平整场地项目适用于建筑场地厚度在 ±300mm 以内的挖、填、运、找平。

（2）工程量计算规则 平整场地工程量按设计图示尺寸以建筑物首层建筑面积计算，计算式如下：

$$S = 建筑物首层建筑面积$$

（3）项目特征 需描述土壤类别、弃土运距、取土运距。其中，土壤类别共分四类，详见"计算规范"。弃土运距、取土运距是指在工程中，有时可能出现场地 ±300mm 以内全部是挖方或填方，且需外运土方或回运土方，这时应描述弃土运距或取土运距，并将此运输费用包含在报价中。

（4）工作内容 包含土方挖填、场地找平及运输。

（5）注意事项 当施工组织设计规定超面积平整场地时，清单工程量仍按建筑物首层面积计算，只是投标人在报价时，施工方案工程量按超面积平整计算，且超出部分包含在报价中。

例 1-5 根据课题 3 案例施工图计算平整场地的清单工程量。

解：

$$S = 底层建筑面积 = 28.90m \times 22.00m = 635.80m^2$$

注：平整场地项目工程量清单编制详见课题 3 案例。

2. 挖一般土方（010101002）

（1）适用范围 挖土方项目适用于 ±300mm 以外的竖向布置挖土或山坡切土，是指室外地坪标高以上的挖土，并包括指定范围内的土方运输。

（2）工程量计算 挖一般土方工程量按设计图示尺寸以体积计算，计算式如下：

$$V=挖土平均厚度×挖土平面面积$$

（3）项目特征 需描述土壤类别、挖土深度、弃土运距。

（4）工作内容 包含排地表水、土方开挖、围护（挡土板）拆除、基底钎探、运输。

（5）注意事项

1）挖土平均厚度应按自然地面测量标高至设计地坪标高间的平均厚度确定。

2）若由于地形起伏变化大，不能提供平均厚度时，应提供方格网法或断面法施工的设计文件。

3. 挖沟槽土方（010101003）、挖基坑土方（010101004）

（1）适用范围 挖沟槽、基坑土方项目适用于基础土方开挖（包括人工挖孔桩土方），是指室外设计地坪以下的土方开挖，并包括指定范围内的土方运输。

（2）工程量计算 挖沟槽土方挖基坑土方工程量按设计图示尺寸以基础垫层底面积乘以挖土深度计算，构筑物按最大水平指引面积乘以挖土深度（原地面平均标高至坑底高度）以体积计算。计算式如下：

$$V=基础垫层长×基础垫层宽×挖土深度$$

1）当基础为条形基础时，$V=L×b×H$。

式中　V——挖基础土方体积（m^3）；

　　　L——基础垫层的长度（m），外墙基础垫层长取外墙中心线长，内墙基础垫层长取内墙基础垫层净长；

　　　b——基础垫层的宽度（m）；

　　　H——挖土深度（m）；挖土深度应按基础垫层底表面标高至交付施工场地标高确定，无交付施工场地标高时，应按自然地面标高确定。

例1-6 如图1-10所示，计算槽深为2.00m，土壤性质为Ⅲ类土，毛石基础底宽度为

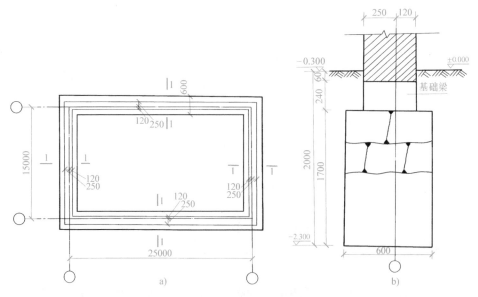

图1-10 某建筑物基础平面及剖面示意图

a）平面图 b）1-1断面图

0.60m，毛石基础底面采用素混凝土垫层厚 0.10m，每边宽出基础 0.10m，土方运距为 3km，试编制挖沟槽土方工程量清单。

解：$L = (25.00m+0.25m×2-0.37m)×2+(15.00m+0.25m×2-0.37m)×2 = 80.52m$

$V = L×b×H = 80.52m×(0.60m+0.10m×2)×2.10m = 135.27m^3$

挖地槽土方工程量清单见表 1-23。

表 1-23 分部分项工程和单价措施项目清单与计价表

工程名称：×××　　　　　　　　　　　　　　　　　　　　　　　　　　　　　第　页共　页

序号	项目编码	项目名称	项目特征描述	计量单位	工程量	金额/元		其中：暂估价
						综合单价	合价	
1	010101003001	挖沟槽土方	土壤类别：Ⅲ类土 基础类型：毛石条形基础 素混凝土垫层：长度 80.52m，宽度 0.80m 挖土深度：2.10m 弃土运距：3km	m^3	135.27			

2）当基础为独立基础时，方形或长方形地坑（长方体），$V = a×b×H$；圆形地坑（图 1-11），

$$V = \pi×R^2×H$$

式中　V——挖基础土方体积（m^3）；

a、b——方形基础垫层底面尺寸（m）；

R——圆形基础垫层底半径（m）；

H——挖土深度（m）。

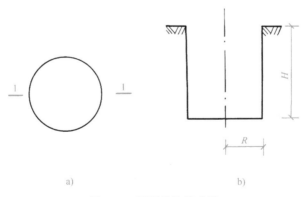

a)　　　　　　　　　　　　　　b)

图 1-11　圆形地坑示意图

a）平面图　b）1—1 断面图

（3）项目特征　需描述土壤类别、挖土深度、弃土运距。

（4）工作内容　包含排地表水、土方开挖、围护（挡土板）及拆除、基底钎探、运输。

（5）注意事项

1）条形基础的挖土应按不同底宽和深度，独立基础和满堂基础应按不同底面积和深度分别编码列项。

2）工程量中未包括根据施工方案规定的放坡、操作工作面和机械挖土进出施工工作面的坡道等增加的挖土量，其挖土增量及相应弃土增量的费用应包括在基础土方报价内。

3）从项目特征中可发现，挖基础土方项目不考虑不同施工方法（即人挖或机挖及机械种类）对土方工程量的影响。投标人在报价时，应根据施工组织设计，结合本企业施工水平，考虑竞争需要进行报价。

4）从工程内容可以看出，本项目报价应包含指定范围内的土方一次或多次运输、装卸以及基底夯实、修理边坡、清理现场等全部施工工序。

例 1-7 根据课题 3 案例施工图（结施 2、结施 3），计算地梁挖土的清单工程量。

解：地梁挖土工程量 $V=$ 垫层底面宽度×地梁长度×挖土深度

1）计算地梁长度。

①、⑤轴 $L_{DL1}=[21.30-(0.80+0.30)-(0.90+0.30)\times2]\text{m}\times2$

$\qquad\qquad =17.80\text{m}\times2=35.60\text{m}$

②轴 $L_{DL2}=[21.30-(0.90+0.30)\times3]\text{m}\times1=17.70\text{m}$

③、④轴 $L_{DL3}=[21.30-(0.90+0.30)\times3]\text{m}\times2=35.40\text{m}$

Ⓐ、Ⓓ轴 $L_{DL4}=[(28.90-0.35\times2)-1.10-1.20\times3]\text{m}\times1=23.50\text{m}$

$\qquad\qquad L_{DL7}=L_{DL4}=23.50\text{m}$

Ⓒ轴 $L_{DL5}=[28.20-1.20\times1-1.30\times3]\text{m}\times1=23.10\text{m}$

$\qquad\qquad L_{DL6}=[28.20-1.20\times1-1.30\times3]\text{m}\times1=23.10\text{m}$

LL_1 $L=(7.10-0.02-0.175)\text{m}\times2=6.905\text{m}\times2=13.81\text{m}$

LL_3（2） $L=(6.90-0.02-0.175)\text{m}=6.705\text{m}$

LL_4（1） $L=(3.60-0.02-0.15)\text{m}=3.43\text{m}$

注：按施工规范地梁下做 200mm 厚炉渣垫层，每边宽出地梁 100mm。

2）计算地梁挖土工程量。

$$V=[(0.35+0.20)\text{m}\times(35.60+23.50+23.50)\text{m}+(0.35+0.20)\text{m}\times$$
$$(17.70+35.40+23.10+23.10)\text{m}]\times(0.80-0.45+0.60+0.20)\text{m}$$
$$=0.55\text{m}\times(82.6+99.3)\text{m}\times1.15\text{m}$$
$$=115.05\text{m}^3$$

$2LL_1$ $V=(0.25+0.20)\text{m}\times13.81\text{m}\times(0.80-0.45+0.55+0.20)\text{m}=6.84\text{m}^3$

LL_3（2） $V=(0.30+0.20)\text{m}\times6.705\text{m}\times(0.80-0.45+0.60+0.20)\text{m}=3.86\text{m}^3$

LL_4（1） $V=(0.25+0.20)\text{m}\times3.43\text{m}\times(0.80-0.45+0.35+0.20)\text{m}=1.39\text{m}^3$

3）计算挖土清单工程量。

$$V=(115.05+6.84+3.86+1.39)\text{m}^3=127.14\text{m}^3$$

注：地梁挖土项目工程量清单编制详见课题 3 案例。

例 1-8 根据课题 3 案例施工图（结施 3），计算桩帽挖土的清单工程量。

解：

$$V_{wz-1}=[(0.80+0.30)^2-3.14\times0.40^2]\text{m}^2\times(0.80+1.00-0.45)\text{m}\times4$$
$$=0.7076\text{m}^2\times1.35\text{m}\times4=3.82\text{m}^3$$

$$V_{wz-2}=[(0.90+0.30)^2-3.14\times0.45^2]\text{m}^2\times1.35\text{m}\times10$$

$$= 0.80415 \text{m}^2 \times 1.35 \text{m} \times 10 = 10.86 \text{m}^3$$

$$V_{\text{wz-3}} = \left[(1.00+0.30)^2 - 3.14 \times 0.50^2 \right] \text{m}^2 \times 1.35 \text{m} \times 6$$

$$= 0.905 \text{m}^2 \times 1.35 \text{m} \times 6 = 7.33 \text{m}^3$$

$$V_{\text{总}} = (3.82+10.86+7.33) \text{m}^3 = 22.01 \text{m}^3$$

注：桩帽挖土项目工程量清单编制详见课题 3 案例。

4. 冻土开挖（010101005）

（1）工程量计算　按设计图示尺寸开挖面积乘厚度以体积计算。

（2）项目特征　需描述冻土厚度弃土运距。

（3）工作内容　包括爆破，开挖，清理，运输。

5. 挖淤泥、流砂（010101006）

淤泥是一种稀软状、不易成形的灰黑色、有臭味，含有半腐朽植物遗体（占 60%以上）、置于水中有动植物残体渣滓浮于水面并常有气泡由水中冒出的泥土。当土方开挖至地下水位时，有时坑底下面的土层会形成流动状态，随地下水涌入基坑，这种现象称为流砂。

（1）工程量计算　按设计图示位置、界限以体积计算。

（2）项目特征　需描述挖掘深度，弃淤泥、流砂距离。

（3）工作内容　包含开挖、运输。

6. 管沟土方（010101007）

（1）适用范围　管沟土方项目适用于管沟土方开挖。

（2）工程量计算　管沟土方按设计图示以管道中心线长度计算；也可以按设计图示管低垫层面积乘以挖土深度计算，无管底垫层按管外径的水平投影面积乘以挖土深度计算。

（3）项目特征　需描述土壤类别、管外径、挖沟深度、回填要求。

（4）工作内容　包含排地表水、土方开挖、围护（挡土板）支撑、运输、回填。

（5）注意事项

1）管沟土方工程量不论有无管沟设计均按长度计算。其开挖加宽的工作面、放坡和接口处加宽的工作面，应包括在管沟土方的报价内。

2）管沟的宽窄不同，施工费用就有所不同，计算时应注意区分。

3）挖沟平均深度按以下规定计算：有管沟设计时，平均深度以沟垫层底表面标高至交付施工标高计算；无管沟设计时，直埋管（无沟盖板，管道安装好后，直接回填土）深度应按管底外表面标高至交付施工场地标高的平均高度计算。

（三）石方工程量清单编制

1. 挖一般石方（010102001）

（1）工程量计算　挖一般石方工程量按设计图示尺寸以体积计算。

（2）项目特征　需描述岩石类别、开凿深度、弃碴运距。

（3）工作内容　包含排地表水、凿石、运输。

2. 挖沟槽石方（010102002）

（1）工程量计算　挖沟槽石方工程量按设计图示尺寸沟槽底面积乘以挖石深度以体积计算。

（2）项目特征　需描述岩石类别、开凿深度、弃碴运距。

（3）工作内容　包含排地表水、凿石、运输。

3. 挖基坑石方（010102003）

（1）工程量计算 挖基坑石方工程量按设计图示尺寸基坑底面积乘以挖石深度以体积计算。

（2）项目特征 需描述岩石类别、开凿深度、弃碴运距。

（3）工作内容 包含排地表水、凿石、运输。

4. 挖管沟石方（010102005）

（1）工程量计算 挖管沟石方工程量可以按设计图示以管道中心线长度以米计算，也可以按设计图示截面积乘以长度以立方米计算。

（2）项目特征 需描述岩石类别、管外径、挖沟深度。

（3）工作内容 包含排地表水、凿石、回填、运输。

（四）回填工程量清单编制

1. 回填方（010103001）

（1）适用范围 土方回填项目适用于场地回填、室内回填和基础回填，并包括指定范围内的土方运输以及借土回填的土方开挖。

（2）工程量计算 按设计图示尺寸以体积计算。

1）场地回填计算公式：V=回填面积×平均回填厚度。

2）室内回填计算公式：V=主墙间面积×回填厚度。

式中 主墙——结构厚度在120mm以上（不含120mm）的各类墙体，不扣除间隔墙。

3）基础回填计算公式：V=挖方体积–自然地坪以下埋设物的体积（包括基础垫层及其他构筑物）。

（3）项目特征 需描述密实度要求、填方材料品种、填方粒径要求、填方来源、运输距离。

（4）工作内容 包含运输、回填、夯实。

（5）注意事项

1）填方密实度要求，在无特殊要求的情况下，项目特征可描述为满足设计和规范的要求。

2）填方材料品种可以不描述，但应注明由投标人根据设计要求验方后方可填入，并符合相关工程的质量规范要求。

3）填方粒径要求，在无特殊要求情况下，项目特征可以不描述。

2. 余方弃置（010103002）

（1）工程量计算 余方弃置工程量按挖方清单项目工程量减利用回填方体积（正数）计算。

（2）项目特征 需描述废弃料品种、运距。

（3）工作内容 包括余方点装料运输至弃置点。

例1-9 根据课题3案例施工图计算回填土方的清单工程量。

解：1）计算基槽回填土方。

$$V_回 = V_挖 - V_基 - V_垫层$$

依例1-7和例1-8计算所得地梁和桩帽总挖土方工程量为：

$$V_挖 = (127.14+22.01)\mathrm{m}^3 = 149.15\mathrm{m}^3$$

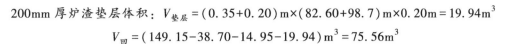

200mm 厚炉渣垫层体积：$V_{\text{垫层}} = (0.35 + 0.20)\text{m} \times (82.60 + 98.7)\text{m} \times 0.20\text{m} = 19.94\text{m}^3$

$$V_{\text{回}} = (149.15 - 38.70 - 14.95 - 19.94)\text{m}^3 = 75.56\text{m}^3$$

注：38.70m^3、14.95m^3 为设计室外地坪以下埋设物地梁、砖砌体的体积。

2）计算室内土方回填。

$$V = (S_{\text{底}} - S_{\text{墙}}) \times (\text{室内外高差} - \text{地面构造层厚度})$$

$$S_{\text{墙}} = 100.32\text{m} \times 0.37\text{m} + (29.48 + 0.45 \times 4)\text{m} \times 0.24\text{m} = 44.63\text{m}^2$$

$$V = (635.80 - 44.63)\text{m}^2 \times (0.45 - 0.26)\text{m} = 591.17\text{m}^2 \times 0.19\text{m} = 112.32\text{m}^3$$

注：土方回填项目工程量清单编制详见课题3案例。

二、地基处理与边坡支护工程

（一）相关说明

1）地层情况按表1-12和表1-17的规定，并根据岩土工程勘察报告按单位工程各地层所占比例（包括范围值）进行描述。对无法准确描述的地层情况，可注明由投标人根据岩土工程勘察报告自行决定报价。

2）项目特征中的桩长应包括桩尖，空桩长度=孔深−桩长，孔深为自然地面至设计桩底的深度。

3）高压喷射注浆类型包括旋喷、摆喷、定喷，高压喷射注浆方法包括单管法、双重管法、三重管法。

4）复合地基的检测费用按国家相关取费标准单独计算，不在本清单项目中。

5）如采用泥浆护壁成孔，工作内容包括土方、废泥浆外运，如采用沉管灌注成孔，工作内容包括桩尖制作、安装。

6）弃土（不含泥浆）清理、运输按土石方工程中相关项目编码列项。

7）其他锚杆是指不施加预应力的土层锚杆和岩石锚杆。置入方法包括钻孔置入、打入或射入等。

8）基坑与边坡的检测、变形观测等费用按国家相关取费标准单独计算，不在本清单项目中。

9）地下连续墙和喷射混凝土的钢筋网及咬合灌注桩的钢筋笼制作、安装，按混凝土及钢筋混凝土中相关项目编码列项。

10）本分部未列的基坑与边坡支护的排桩按桩基工程中相关项目编码列项。

11）水泥土墙、坑内加固按地基处理相关项目编码列项。

12）砖、石挡土墙、护坡按砌筑工程中相关项目编码列项。

13）混凝土挡土墙按混凝土及钢筋混凝土中相关项目编码列项。

14）弃土（不含泥浆）清理、运输按土石方工程中相关项目编码列项。

桩与地基基础工程适用于地基与边坡的处理、加固，包括混凝土桩、其他桩和地基与边坡的处理等项目。

（二）地基处理工程量清单编制

1. 换填垫层（010201001）

（1）工程量计算　换填垫层工程量按设计图示尺寸以体积计算。

（2）项目特征　需描述材料种类及配比、压实系数、掺加剂品种。

（3）工作内容　包含分层铺填，碾压、振密或夯实，材料运输。

2. 铺设土工合成材料（010201002）

（1）工程量计算　铺设土工合成材料工程量按设计图示尺寸以面积计算。

（2）项目特征　需描述部位、品种、规格。

（3）工作内容　包含挖填锚固沟，铺设，固定，运输。

3. 预压地基（010201003）、强夯地基（010201004）、振冲密实（不填料）（010201005）

（1）工程量计算　按设计图示处理范围以面积计算。

（2）项目特征　预压地基需描述排水竖井种类、断面尺寸、排列方式、间距、深度，预压方法，预压荷载、时间，砂垫层厚度。强夯地基需描述夯击能量，夯击遍数，夯击点布置形式、间距，地耐力要求，夯填材料种类。振冲密实（不填料）需描述地层情况，振密深度，孔距。

（3）工作内容　预压地基包含设置排水竖井、盲沟、滤水管，铺设砂垫层、密封膜，堆载、卸载或抽气设备安拆、抽真空，材料运输。强夯地基包含铺设夯填材料，强夯，夯填材料运输。振冲密实（不填料）包含振冲加密，泥浆运输。

4. 振冲桩（填料）（010201006）

（1）工程量计算　振冲桩（填料）工程量按设计图示尺寸以桩长计算，也可按设计桩截面乘以桩长以体积计算。

（2）项目特征　需描述地层情况，空桩长度、桩长，桩径，填充材料种类。

（3）工作内容　包含振冲成孔、填料、振实，材料运输，泥浆运输。

5. 砂石桩（010201007）

（1）工程量计算　砂石桩工程量按设计图示尺寸以桩长（包括桩尖）计算，也可按设计桩截面乘以桩长（包括桩尖）以体积计算。

（2）项目特征　需描述地层情况，空桩长度、桩长，桩径，成孔方法，材料种类、级配。

（3）工作内容　包含成孔，填充、振实，材料运输。

6. 水泥粉煤灰碎石桩（010201008）

（1）工程量计算　水泥粉煤灰碎石桩工程量按设计图示尺寸以桩长（包括桩尖）计算。

（2）项目特征　需描述地层情况，空桩长度、桩长，桩径，成孔方法，混合料强度等级。

（3）工作内容　包含成孔，混合料制作、灌注、养护，材料运输。

7. 深层搅拌桩（010201009）、粉喷桩（010201010）

（1）工程量计算　两者工程量均按设计图示尺寸以桩长计算。

（2）项目特征　深层搅拌桩需描述地层情况，空桩长度、桩长，桩截面尺寸，水泥强度等级、掺量。粉喷桩需描述地层情况，空桩长度、桩长，桩径，粉体种类、掺量，水泥强度等级、石灰粉要求。

（3）工作内容　深层搅拌桩包含预搅下钻、水泥浆制作、喷浆搅拌提升成桩，材料运输。粉喷桩包含预搅下钻、喷粉搅拌提升成桩，材料运输。

8. 夯实水泥土桩（010201011）

（1）工程量计算　夯实水泥土桩工程量按设计图示尺寸以桩长（包括桩尖）计算。

（2）项目特征 需描述地层情况，空桩长度、桩长，桩径，成孔方法，水泥强度等级，混合料配比。

（3）工作内容 包含成孔、夯底，水泥土拌合、填料、夯实，材料运输。

9. 高压喷射注浆桩（010201012）

（1）工程量计算 高压喷射注浆桩工程量按设计图示尺寸以桩长计算。

（2）项目特征 需描述地层情况，空桩长度、桩长，桩截面，注浆类型、方法，水泥强度等级。

（3）工作内容 包含成孔，水泥浆制作、高压喷射注浆，材料运输。

10. 石灰桩（010201013）、灰土（土）挤密桩（010201014）

（1）工程量计算 石灰桩、灰土（土）挤密桩工程量按设计图示尺寸以桩长（包括桩尖）计算。

（2）项目特征 石灰桩需描述地层情况，空桩长度、桩长，桩径，成孔方法，掺和料种类、配合比灰土（土）挤密桩需描述地层情况，空桩长度、桩长，桩径，成孔方法，灰土级配。

（3）工作内容 石灰桩包含成孔，混合料制作、运输、夯填。灰土（土）挤密桩包含成孔，灰土拌和、运输、填充、夯实。

11. 柱锤冲扩桩（010201015）

（1）工程量计算 柱锤冲扩桩工程量按设计图示尺寸以桩长计算。

（2）项目特征 需描述地层情况，空桩长度、桩长，桩径，成孔方法，桩体材料种类、配合比。

（3）工作内容 包含安、拔套管，冲孔、填料、夯实，桩体材料制作、运输。

12. 注浆地基（010201016）

（1）工程量计算 注浆地基工程量按设计图示尺寸以钻孔深度以米计算，也可按设计图示尺寸以加固体积以立方米计算。

（2）项目特征 需描述地层情况，空钻深度、注浆深度，注浆间距，浆液种类及配比，注浆方法，水泥强度等级。

（3）工作内容 包含成孔，注浆导管制作、安装，浆液制作、压浆，材料运输。

13. 褥垫层（010201017）

（1）工程量计算 褥垫层工程量按设计图示尺寸以铺设面积以平方米计算，也可按设计图示尺寸以体积以立方米计算。

（2）项目特征 需描述厚度，材料品种及比例。

（3）工作内容 包含材料拌合、运输、铺设、压实。

（三）基坑及边坡支护工程量清单编制

1. 地下连续墙（010202001）

（1）工程量计算 地下连续墙工程量按设计图示墙中心线长乘以厚度乘以槽深以体积计算。

（2）项目特征 需描述地层情况，导墙类型、截面，墙体厚度，成槽深度，混凝土类别、强度等级，接头形式。

（3）工作内容 包含导墙挖填、制作、安装、拆除，挖土成槽、固壁、清底置换，混凝土制作、运输、灌注、养护，接头处理，土方、废泥浆外运，打桩场地硬化及泥浆池、泥浆沟。

2. 咬合灌注桩（010202002）

（1）工程量计算　咬合灌注桩工程量按设计图示尺寸以桩长以米计算，也可按设计图示数量以根计算。

（2）项目特征　需描述地层情况，桩长，桩径，混凝土类别、强度等级，部位。

（3）工作内容　包含成孔、固壁，混凝土制作、运输、灌注、养护，套管压拔，土方、废泥浆外运，打桩场地硬化及泥浆池、泥浆沟。

3. 圆木桩（010202003）、预制钢筋混凝土板桩（010202004）

（1）工程量计算　圆木桩、预制钢筋混凝土板桩工程量按设计图示尺寸以桩长（包括桩尖）以米计算，按设计图示数量以根计算。

（2）项目特征　圆木桩需描述地层情况，桩长，材质，尾径，桩倾斜度。预制钢筋混凝土板桩需描述地层情况，送桩深度、桩长，桩截面，沉桩方法，连接方式，混凝土强度等级。

（3）工作内容　圆木桩包含工作平台搭拆，桩机移位，桩靴安装，沉桩。预制钢筋混凝土板桩包含工作平台搭拆、桩机移位、沉桩、板桩连接。

4. 型钢桩（010202005）

（1）工程量计算　型钢桩工程量按设计图示质量以吨计算，也可按设计图示数量以根计算。

（2）项目特征　需描述地层情况或部位，送桩深度、桩长，规格型号，桩倾斜度，防护材料种类，是否拔出。

（3）工作内容　包含工作平台搭拆，桩机移位，打（拔）桩，接桩，刷防护材料。

5. 钢板桩（010202006）

（1）工程量计算　钢板桩工程量按设计图示尺寸以质量以吨计算，也可按设计图示墙中心线长乘以桩长以面积以平方米计算。

（2）项目特征　需描述地层情况，桩长，板桩厚度。

（3）工作内容　包含工作平台搭拆，桩机移位，打拔钢板桩。

6. 锚杆（锚索）（010202007）、土钉（010202008）

（1）工程量计算　锚杆（锚索）、土钉工程量按设计图示尺寸以钻孔深度以米计算，也可按设计图示数量以根计算。

（2）项目特征　锚杆（锚索）需描述地层情况，锚杆（锚索）类型、部位，钻孔深度，钻孔直径，杆体材料品种、规格、数量，浆液种类、强度等级。土钉需描述地层情况，钻孔深度，钻孔直径，置入方法杆体材料品种，规格、数量，浆液种类、强度等级。

（3）工作内容　锚杆（锚索）包含钻孔、浆液制作、运输、压浆，锚杆（锚索）制作、安装，张拉锚固，锚杆（锚索）施工平台搭设、拆除。土钉包含钻孔、浆液制作、运输、压浆，土钉制作、安装，土钉施工平台搭设、拆除。

7. 喷射混凝土、水泥砂浆（010202009）

（1）工程量计算　喷射混凝土、水泥砂浆工程量按设计图示尺寸以面积计算。

（2）项目特征　需描述部位，厚度，材料种类，混凝土（砂浆）类别、强度等级。

（3）工作内容　包含修整边坡，混凝土（砂浆）制作、运输、喷射、养护，钻排水孔、安装排水管，喷射施工平台搭设、拆除。

8. 钢筋混凝土支撑（010202010）

（1）工程量计算　钢筋混凝土支撑工程量按设计图示尺寸以体积计算。

（2）项目特征　需描述部位，混凝土种类，混凝土强度等级。

（3）工作内容　包含模板（支架或支撑）制作、安装、拆除、堆放、运输及清理模内杂物、刷隔离剂等，混凝土制作、运输、浇筑、振捣、养护。

9. 钢支撑（010202011）

（1）工程量计算　钢支撑工程量按设计图示尺寸以质量计算。不扣除孔眼质量，焊条、铆钉、螺栓等不另增加质量。

（2）项目特征　需描述部位，钢材品种、规格，探伤要求。

（3）工作内容　包含支撑、铁件制作（摊销、租赁），支撑、铁件安装，探伤，刷漆，拆除、运输。

三、桩基工程

（一）相关说明

1. 地层情况按表 1-12 和表 1-17 的规定，并根据岩土工程勘察报告按单位工程各地层所占比例（包括范围值）进行描述。对无法准确描述的地层情况，可注明由投标人根据岩土工程勘察报告自行决定报价。

2. 项目特征中的桩截面（桩径）、混凝土强度等级、桩类型等可直接用标准图代号或设计桩型进行描述。桩长应包括桩尖，空桩长度 = 孔深 − 桩长，孔深为自然地面至设计桩底的深度。

3. 预制钢筋混凝土方桩、预制钢筋混凝土管桩项目以成品桩编制，应包括成品桩购置费，如果用现场预制桩，应包括现场预制的所有费用。

4. 打试验桩和打斜桩应按相应项目编码单独列项，并应在项目特征中注明试验桩或斜桩（斜率）。

5. 泥浆护壁成孔灌注桩是指在泥浆护壁条件下成孔，采用水下灌注混凝土的桩。其成孔方法包括冲击钻成孔、冲抓锥成孔、回旋钻成孔、潜水钻成孔、泥浆护壁的旋挖成孔等。

6. 沉管灌注桩的沉管方法包括捶击沉管法、振动沉管法、振动冲击沉管法、内夯沉管法等。

7. 干作业成孔灌注桩是指不用泥浆护壁和套管护壁的情况下，用钻机成孔后，下钢筋笼，灌注混凝土的桩，适用于地下水位以上的土层使用。其成孔方法包括螺旋钻成孔、螺旋钻成孔扩底、干作业的旋挖成孔等。

8. 混凝土灌注桩的钢筋笼制作、安装，按混凝土和钢筋混凝土中相关项目编码列项。

9. 混凝土种类：指清水混凝土、彩色混凝土、水下混凝土等，如在同一地区既使用预拌（商品）混凝土，又允许现场搅拌混凝土时，也应注明。这一说明适用于所有项目特征中关于混凝土种类的描述。

（二）打桩工程量清单编制

1. 预制钢筋混凝土方桩（010301001）、预制钢筋混凝土管桩（010301002）

（1）工程量计算　预制钢筋混凝土方桩、管桩工程量按设计图示尺寸以

桩基础的
工程量计算

桩长（包括桩尖）以米计算，也可按设计图示数量以根计算。

（2）项目特征　预制钢筋混凝土方桩需描述地层情况，送桩深度、桩长，桩截面，桩倾斜度，沉桩方法，接桩方式，混凝土强度等级。预制钢筋混凝土管桩需描述地层情况，送桩深度、桩长，桩外径、壁厚，桩倾斜度，沉桩方法，桩尖类型，混凝土强度等级，填充材料和防护材料种类。

（3）工作内容　预制钢筋混凝土方桩包含工作平台搭拆，桩机竖拆、移位，沉桩，接桩，送桩。预制钢筋混凝土管桩包含工作平台搭拆，桩机竖拆、移位，沉桩，接桩，送桩，桩尖制作安装，填充材料、刷防护材料。

2. 钢管桩（010301003）

（1）工程量计算　钢管桩工程量按设计图示尺寸质量以吨计算，也可按设计图示数量以根计算。

（2）项目特征　需描述地层情况，送桩深度、桩长，材质，管径、壁厚，桩倾斜度，沉桩方法，填充材料种类，防护材料种类。

（3）工作内容　包含工作平台搭拆，桩机竖拆、移位，沉桩，接桩，送桩，切割钢管、精割盖帽，管内取土，填充材料、刷防护材料。

3. 截（凿）桩头（010301004）

（1）工程量计算　截（凿）桩头工程量按设计桩截面乘以桩头长度以体积计算，也可按设计图示数量以根计算。

（2）项目特征　需描述桩类型，桩头截面、高度，混凝土强度等级，有无钢筋。

（3）工作内容　包含截（切割）桩头，凿平，废料外运。

（三）灌注桩工程量清单编制

1. 泥浆护壁成孔灌注桩（010302001）、沉管灌注桩（010302002）、干作业成孔灌注桩（010302003）

（1）工程量计算　工程量均按设计图示尺寸以桩长（包括桩尖）以米计算，或按不同截面在桩上范围内以体积以立方米计算，也可按设计图示数量以根计算。

（2）项目特征　泥浆护壁成孔灌注桩需描述地层情况，空桩长度、桩长，桩径，成孔方法，护筒类型、长度，混凝土种类、强度等级。沉管灌注桩需描述地层情况，空桩长度、桩长，复打长度、沉管方法、桩尖类型混凝土种类、强度等级。干作业成孔灌注桩需描述地层情况，空桩长度、桩长，桩径，扩孔直径、高度，成孔方法，混凝土种类、强度等级。

（3）工作内容　泥浆护壁成孔灌注桩包含护筒埋设，成孔、固壁，混凝土制作、运输、灌注、养护，土方、废泥浆外运，打桩场地硬化及泥浆池、泥浆沟。沉管灌注桩包含打（沉）拔钢管，桩尖制作、安装，混凝土制作、运输、灌注、养护。干作业成孔灌注桩包含成孔、扩孔，混凝土制作、运输、灌注、振捣、养护。

2. 挖孔桩土（石）方（010302004）

（1）工程量计算　挖孔桩土（石）方工程量按设计图示尺寸（含护壁）截面面积乘以挖孔深度以立方米计算。

（2）项目特征　需描述地层情况，挖孔深度，弃土（石）运距。

（3）工作内容　包含排地表水，挖土、凿石，基底钎探，运输。

3. 人工挖孔灌注桩（010302005）

（1）工程量计算　人工挖孔灌注桩工程量按桩芯混凝土体积以立方米计算，也可按设计图示数量以根计算。

（2）项目特征　需描述桩芯长度，桩芯直径、扩底直径、扩底高度，护壁厚度、高度，护壁混凝土种类、强度等级，桩芯混凝土种类、强度等级。

（3）工作内容　包含护壁制作，混凝土制作、运输、灌注、振捣、养护。

4. 钻孔压浆桩（010302006）

（1）工程量计算　钻孔压浆桩工程量按设计图示尺寸桩长以米计算，也可按设计图示数量以根计算。

（2）项目特征　需描述地层情况，空钻长度、桩长，钻孔直径，水泥强度等级。

（3）工作内容　包含钻孔、下注浆管、投放骨料、浆液制作、运输、压浆。

5. 灌注桩后压浆（010302007）

（1）工程量计算　灌注桩后压浆工程量按设计图示以注浆孔数计算。

（2）项目特征　需描述注浆导管材料、规格，注浆导管长度，单孔注浆量，水泥强度等级。

（3）工作内容　包含注浆导管制作、安装，浆液制作、运输、压浆。

四、砌筑工程

（一）相关说明

1）标准墙计算厚度按表 1-24 计算。

表 1-24　标准墙计算厚度

砖数/厚度	1/4	1/2	3/4	1	1.5	2	2.5	3
计算厚度/mm	53	115	180	240	365	490	615	740

2）基础与墙身按表 1-25 划分。

表 1-25　基础与墙身划分原则

砖砌体	基础与墙（柱）身使用同一种材料	设计室内地坪为界（有地下室的以地下室室内设计地面为界），以下为基础，以上为墙柱身
	基础与墙（柱）身使用不同材料	位于设计室内地面高度≤300mm 时，以不同材料为分界线；高度>±300mm 时，以设计室内地面为分界线
	砖围墙	设计室外地坪为界，以下为基础，以上为墙身
石	基础与勒脚	设计室外地坪为界，以下为基础，以上为勒脚
	勒脚与墙身	设计室内地面为界，以下为勒脚，以上为墙身
	石围墙	围墙内外地坪标高不同时，应以较低地坪标高为界，以下为基础；围墙内外标高之差为挡土墙时，挡土墙以上为墙身

3）框架外表面的镶贴砖部分，按零星项目编码列项。

4）附墙烟囱、通风道、垃圾道、应按设计图示尺寸以体积（扣除孔洞所占体积）计算并入所依附的墙体体积内。当设计规定孔洞内需抹灰时，应按墙、柱面装饰与隔断、幕墙工程中零星抹灰项目编码列项。

5）空斗墙的窗间墙、窗台下、楼板下、梁头下等的实砌部分，按零星砌砖项目编码列项。"空花墙"项目适用于各种类型的空花墙，使用混凝土花格砌筑的空花墙，实砌墙体与混凝土花格应分别计算，混凝土花格按混凝土及钢筋混凝土中预制构件相关项目编码列项。

6）台阶、台阶挡墙、梯带、锅台、炉灶、蹲台、池槽、池槽腿、砖胎模、花台、花池、楼梯栏板、阳台栏板、地垄墙、≤0.3m^2 的孔洞填塞等，应按零星砌砖项目编码列项。砖砌锅台与炉灶可按外形尺寸以个计算，砖砌台阶可按水平投影面积以平方米计算，小便槽、地垄墙可按长度计算、其他工程按立方米计算。

7）砖砌体内钢筋加固，应按混凝土及钢筋混凝土工程中相关项目编码列项。

8）砖砌体勾缝按墙、柱面装饰与隔断、幕墙工程中相关项目编码列项。

9）检查井内的爬梯按混凝土及钢筋混凝土工程中相关项目编码列项；井内的混凝土构件按混凝土及钢筋混凝土工程中混凝土及钢筋混凝土预制构件编码列项。

10）砌块排列应上、下错缝搭砌，如果搭错缝长度满足不了规定的压搭要求，应采取压砌钢筋网片的措施，具体构造要求按设计规定。若设计无规定时，应注明由投标人根据工程实际情况自行考虑。钢筋网片按金属结构工程中相关项目编码列项。

11）砌体垂直灰缝宽>30mm 时，采用 C20 细石混凝土灌实。灌注的混凝土应按混凝土及钢筋混凝土工程相关项目编码列项。

(二) 砖砌体工程量清单编制

1. 砖基础（010401001）

(1) 适用范围　砖基础项目适用于各种类型砖基础，包括柱基础、墙基础、管道基础等。

(2) 工程量计算　按设计图示尺寸以体积计算。

1）带形砖基础工程量计算公式：

$$V=L\times S+应增加体积-应扣除体积$$

式中　L——基础长度（m），外墙按外墙中心线计算，内墙按内墙净长线计算；

S——断面面积（m^2）。

断面面积计算公式：

$$S=基础墙墙厚\times基础高度+大放脚增加面积$$

$$S=基础墙墙厚\times（基础高度+折加高度）$$

$$折加高度=\frac{大放脚增加面积}{基础墙墙厚}$$

砖基础等高不等高大放脚折加高度和增加断面面积见表 1-26，砖基础应增加、扣除或不增加、不扣除的体积见表 1-27。

2）独立砖基础工程量计算式如下：

$$V=h\times S+应增加体积-应扣除体积$$

(3) 项目特征　需描述砖品种、规格、强度等级，基础类型，砂浆强度等级，防潮层材料种类。

(4) 工作内容　包含砂浆制作、运输，砌砖，防潮层铺设，材料运输。

表 1-26 砖基础等高不等高大放脚折加高度和增加断面面积

放脚层高	折加高度/m												增加断面/m²	
	$\frac{1}{2}$ 砖		1 砖		$1\frac{1}{2}$ 砖		2 砖		$2\frac{1}{2}$ 砖		3 砖			
	等高	间隔式	等高	间隔式	等高	间隔式	等高	间隔式	等高	间隔式	等高	间隔式	等高	间隔式
一	0.137	0.137	0.066	0.066	0.043	0.043	0.032	0.032	0.026	0.026	0.021	0.021	0.01575	0.01575
二	0.411	0.342	0.197	0.164	0.129	0.108	0.096	0.080	0.077	0.064	0.064	0.053	0.04725	0.03938
三			0.394	0.328	0.259	0.216	0.193	0.161	0.154	0.128	0.128	0.106	0.0945	0.07875
四			0.656	0.525	0.432	0.345	0.321	0.253	0.256	0.205	0.213	0.170	0.1575	0.126
五			0.984	0.788	0.647	0.518	0.482	0.380	0.384	0.307	0.319	0.255	0.2363	0.189
六			1.378	1.083	0.906	0.712	0.672	0.530	0.538	0.419	0.447	0.351	0.3308	0.2599
七			1.838	1.444	1.208	0.949	0.900	0.707	0.717	0.563	0.596	0.468	0.441	0.3465
八			2.363	1.838	1.553	1.208	1.157	0.900	0.922	0.717	0.766	0.596	0.567	0.4411
九			2.953	2.297	1.942	1.510	1.447	1.125	1.153	0.896	0.958	0.745	0.7088	0.5513
十			3.610	2.789	2.372	1.834	1.768	1.366	1.409	1.088	1.171	0.905	0.8663	0.6694

表 1-27 砖基础应增加、扣除或不增加、不扣除的体积

增加的体积	附墙垛基础宽出部分体积
扣除的体积	地梁(圈梁)、构造柱所占体积
不增加的体积	靠墙暖气沟的挑檐
不扣除的体积	基础大放脚 T 形接头处的重叠部分,嵌入基础内的钢筋、铁件、管道、基础砂浆防潮层和单个面积在 0.3m² 以内的孔洞所占体积

例 1-10 根据课题 3 案例施工图计算砌砖基础的清单工程量。

解: M5 水泥砂浆砌砖基础 $(-0.800 \sim \pm 0.000)$ m

1) 外墙 (370mm) 砖基础。

计算长度:
$$L = L_{中} - 柱所占长度$$
$$= 101.80m - (0.45 \times 14)m = 95.50m$$

工程量:
$$V_{外} = 0.365m \times 0.80m \times 95.50m = 27.89m^3$$

2) 内墙 (240mm) 砖基础。

计算长度: $L = (28.90 - 0.35 \times 2 - 0.45 \times 4 - 2.2 - 2.015 + 0.225 + 0.12)m$
$$+ [(6.98 - 0.02 - 0.015) \times 3]m = 22.53m + 20.835m = 43.37m$$

工程量:
$$V_{内240} = 0.24m \times 0.80m \times 43.37m = 8.33m^3$$

3) ±0.000 以下柱外镶包砖实心砌体。

工程量:
$$V = (0.45 \times 14 \times 0.80 \times 0.125) \ m^3 = 0.63m^3$$

4) 室外地坪以下砖砌体体积 (-0.450m 以下)。

$$H = (0.80 - 0.45)m = 0.35m$$

$$V = (27.89 + 8.33 + 0.63)m^3 \times 0.35/0.80 = 36.85m^3 \times 0.35/0.80 = 16.12m^3$$

砖基础的清单工程量 $V = 27.89m^3 + 8.33m^3 = 36.22m^3$

注: 砖基础项目工程量清单编制详见课题 3 案例。

2. 砖砌挖孔桩护壁（010401002）

（1）工程量计算　按设计图示尺寸以立方米计算。

（2）项目特征　需描述砖品种、规格、强度等级，砂浆强度等级。

（3）工作内容　砂浆制作、运输，砌砖，材料运输。

3. 实心砖墙（010401003）、多孔砖墙（010401004）、空心砖墙（010401005）

（1）适用范围　适用于各种类型的砖墙，包括外墙、内墙、围墙等。

（2）工程量计算　按设计图示尺寸以体积计算，计算公式：

$$V = 墙厚 \times (墙高 \times 墙长 - 洞口面积) - 埋设构件体积 + 应增加体积$$

1）墙长的确定。外墙按中心线长、内墙按净长线长、女儿墙按女儿墙中心线长计算。

2）墙高的确定。墙高确定见表1-28。

表1-28　建筑物中墙体计算高度的规定

墙体名称	屋面类型		墙体高度计算规定
外墙	坡屋面	无檐口天棚	算至屋面板底
		有屋架且室内外均有天棚	算至屋架下弦另加200mm
		有屋架无天棚	算至屋架下弦另加300mm
		出檐宽度≥600mm	按实砌高度计算
		有钢筋混凝土楼板隔层者	算至板顶
	平屋面		算至钢筋混凝土板底
女儿墙	砖压顶		屋面板上表面算至压顶上表面
	钢筋混凝土压顶		屋面板上表面算至压顶下表面
内、外山墙			按平均高度计算
内墙	有钢筋混凝土楼板隔层		算至楼板板顶
	有框架梁		算至梁底
	位于屋架下弦		算至屋架下弦底
	无屋架		算至天棚底另加100mm

3）墙体应增减体积见表1-29。

（3）项目特征　需描述砖品种、规格、强度等级，墙体类型，砂浆强度等级、配合比。

（4）工作内容　包含砂浆制作、运输，砌砖，刮缝，砖压顶砌筑，材料运输。

表1-29　墙体体积计算的相关规定

扣除体积	门窗洞口、嵌入墙内的钢筋混凝土柱、梁、圈梁、挑梁、过梁及凹进墙内的壁龛、管槽、暖气槽、消火栓箱所占体积
增加体积	凸出墙面的砖垛及附墙烟囱、通风道、垃圾道(扣除孔洞所占体积)的体积
不扣除体积	梁头、板头、檩头、垫木、木楞头、沿椽木、木砖、门窗走头、砖墙内的加固钢筋、木筋、铁件、钢管及单个面积≤0.3m² 的孔洞所占体积
不增加体积	凸出墙面的腰线、挑檐、压顶、窗台线、虎头砖、门窗套的体积

（5）注意事项

1）当实心砖墙类型不同，砌筑砂浆的种类及强度等级不同时，其报价就不同，因而清单编制人在描述项目特征时必须详细，以便投标人准确报价。

2）附墙烟囱、通风道、垃圾道，应按设计图示尺寸以体积（扣除孔洞所占体积）计算，并入所依附的墙体体积内。当设计规定孔洞内需抹灰时，应按墙面抹灰中相关项目编码列项。

3）不论三皮砖以上或以下的腰线、挑檐，其体积都不计算；压顶突出墙面部分不计算体积，凹进墙面部分也不扣除。

4）墙内砖平碹、砖拱碹、砖过梁体积不扣除，其费用包含在墙体报价中。

5）内墙算至楼板隔层板顶。

6）女儿墙的砖压顶、围墙的砖压顶突出墙面部分不计算体积，压顶顶面凹进墙面部分也不扣除（包括一般围墙的抽屉檐、棱角檐、仿砖瓦檐等）。

例 1-11　一房屋外墙墙厚 370mm，墙高 6m，外墙中心线长度为 93m。已知外墙有 C-1 窗八樘，规格为 1500mm×1800mm，窗上过梁八根，规格为 370mm×120mm×2500mm；M-1 门二樘，规格为 1500mm×2700mm，门上过梁二根，规格为 370mm×370mm×2000mm，附墙砖垛共 10 个，砖垛平面尺寸为 370mm×240mm，M10 标准砖、M5 混合砂浆砌筑，试列出墙体的工程量清单。

解：1）工程量计算。

墙体工程量：$V_1 = 0.365\text{m} \times (6.00\text{m} \times 93.00\text{m} - 1.50\text{m} \times 1.80\text{m} \times 8 - 1.50\text{m} \times 2.70\text{m} \times 2) -$

$$0.37\text{m} \times 0.12\text{m} \times 2.50\text{m} \times 8 - 0.37\text{m} \times 0.37\text{m} \times 2.00\text{m} \times 2 = 191.40\text{m}^3$$

附墙砖垛工程量：$V_2 = 0.365\text{m} \times 0.24\text{m} \times 6.00\text{m} \times 10 = 5.26\text{m}^3$

$$V = V_1 + V_2 = 191.40\text{m}^3 + 5.26\text{m}^3 = 196.66\text{m}^3$$

2）工程量清单。墙体工程量清单见表 1-30。

表 1-30　分部分项工程和单价措施项目清单与计价表

工程名称：×××　　　　　　　　　　标段：×××　　　　　　　　　第　页共　页

序号	项目编码	项目名称	项目特征描述	计量单位	工程量	金额/元		
						综合单价	合价	其中：暂估价
1	010401003001	实心砖墙	M10 标准砖,370mm 厚围墙,M5 混合砂浆砌筑	m³	196.66			

例 1-12　一小区围墙砌砖，砖柱为 370mm×370mm，高 1.5m，柱间净空面积 3.00m×1.20m，墙厚 240mm，已知共有 18 个围墙柱，16 个空间墙，求围墙砖砌体工程量。

解：围墙砖柱工程量：$V_1 = 0.365\text{m} \times 0.365\text{m} \times 1.5\text{m} \times 18 = 3.60\text{m}^3$

围墙工程量：$V_2 = 3.0\text{m} \times 1.2\text{m} \times 0.24\text{m} \times 16 = 13.82\text{m}^3$

围墙砖砌体清单工程量：

$$V = V_1 + V_2 = 3.60\text{m}^3 + 13.82\text{m}^3 = 17.42\text{m}^3$$

例 1-13　某五层住宅，每层 6 户，每户设一个厨房，厨房烟道平面尺寸如图 1-12 所示，已知层高 3.0m，烟道处内墙净长 2.76m，厚度 240mm，M10 标准砖，M5 混合砂浆砌筑，要求 1）列出墙体的工程量清单；2）计算清单工程量。

解：1）列清单项目。墙体工程量清单项目见表 1-31。

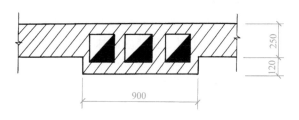

图 1-12 墙内烟道示意图

表 1-31 分部分项工程量清单项目

工程名称：×××　　　　　　　　　　　　　　　　　　　　　　　　　　　　　第　页 共　页

序号	项目编码	项目名称	项目特征描述
1	010401003001	实心砖墙	M10 标准砖,M5 混合砂浆,砌筑 240mm 厚内墙,烟道 900mm×120mm

2）工程量计算。

① 内墙砌体工程量：$V_1 = 2.76\text{m} \times 0.24\text{m} \times 3.0\text{m} \times 30 = 59.62\text{m}^3$

② 墙内烟道砌体工程量：$V_2 = 0.12\text{m} \times 0.9\text{m} \times 3.0\text{m} \times 30 = 9.72\text{m}^3$

$$V = 59.62\text{m}^3 + 9.72\text{m}^3 = 69.34\text{m}^3$$

墙体工程量清单见表 1-32。

表 1-32 分部分项工程和单价措施项目清单与计价表

工程名称：×××　　　　　　　标段：×××　　　　　　　　　　　　　第　页 共　页

序号	项目编码	项目名称	项目特征描述	计量单位	工程量	金额/元 综合单价	金额/元 合价	金额/元 其中：暂估价
1	010401003001	实心砖墙	M10 标准砖,M5 混合砂浆,砌筑 240mm 厚内墙,烟道 900mm×120mm	m³	69.34			

例 1-14　根据课题 3 案例施工图计算女儿墙实心砖的清单工程量。

解：女儿墙实心砖（未包括转角处）：$V = 22.00\text{m} \times 2 \times (1.12 - 0.08)\text{m} \times 0.24\text{m} = 10.98\text{m}^3$

注：女儿墙项目工程量清单编制详见课题 3 案例。

4. 空斗墙（010401006）

（1）适用范围　空斗墙项目适用于各种砌法（如一斗一眠、无眠空斗等）的空斗墙。

（2）工程量计算

1）工程量按设计图示尺寸以空斗墙外形体积计算，包括墙脚、内外墙交接处、门窗洞口立边、窗台砖、屋檐处的实砌部分体积。

2）窗间墙、窗台下、楼板下等实砌部分另行计算，按零星砌砖项目编码列项。

（3）项目特征　需描述砖品种、规格、强度等级，墙体类型，砂浆强度等级、配合比。

（4）工作内容　包含砂浆制作、运输，砌砖，装填充料，刮缝，材料运输。

5. 空花墙（010401007）

（1）适用范围　空花墙项目适用于各种类型的空花墙。

（2）工程量计算

1）工程量按设计图示尺寸以空花部分外形体积计算，不扣除空洞部分体积。

2）使用混凝土花格砌筑的空花墙，应分实砌墙体和混凝土花格分别计算工程量，混凝土花格按混凝土及钢筋混凝土预制零星构件编码列项。

（3）项目特征　需描述砖品种、规格、强度等级，墙体类型，砂浆强度等级、配合比。

（4）工作内容　包含砂浆制作、运输，砌砖，装填充料，刮缝，材料运输。

例 1-15　如图 1-13 所示，已知墙体长 150m，M10 标准砖，M5 混合砂浆砌筑，试编制该空花墙体工程量清单。

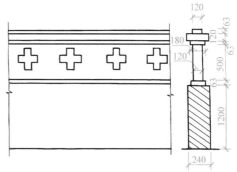

图 1-13　空花墙示意图

解：1）工程量计算。

空花部分工程量：$V_1 = 0.12\text{m} \times 0.5\text{m} \times 150\text{m} = 9.00\text{m}^3$

实砌部分工程量：$V_2 = (0.12\text{m} \times 0.063\text{m} + 0.24\text{m} \times 0.12\text{m} + 0.18\text{m} \times 0.063\text{m} \times 2 + 0.24\text{m} \times 1.2\text{m}) \times 150\text{m} = 52.06\text{m}^3$

2）编制工程量清单。空花墙体工程量清单见表 1-33。

表 1-33　分部分项工程和单价措施项目清单与计价表

工程名称：×××　　　　　　　　　　标段：×××　　　　　　　　第　页共　页

序号	项目编码	项目名称	项目特征描述	计量单位	工程量	综合单价	合价	其中：暂估价
1	010402001001	实心砖墙	M10 标准砖，240mm 厚，M5 混合砂浆砌筑	m³	52.06			
2	010401007001	空花墙	M10 标准砖，120mm 厚，M5 混合砂浆砌筑	m³	9.00			

6. 填充墙（010401008）

（1）适用范围　填充墙项目适用于机制砖砌筑，墙体中形成空腔，填充以轻质材料的墙体。

（2）工程量计算　工程量按设计图示尺寸以填充墙外形体积计算。

（3）项目特征　需描述砖品种、规格、强度等级，墙体类型，填充材料种类及厚度，砂浆强度等级、配合比。

（4）工作内容　包含砂浆制作、运输，砌砖，装填充料，刮缝，材料运输。

7. 实心砖柱（010401009）、多孔砖柱（010401010）

（1）工程量计算　按设计图示尺寸以体积计算。扣除混凝土及钢筋混凝土梁垫、梁头板头所占体积。

（2）项目特征　需描述砖品种、规格、强度等级，砂浆强度等级、配合比。

（3）工作内容 砂浆制作、运输，砌砖，刮缝，材料运输。

8. 砖检查井（010401011）

（1）工程量计算 按设计图示数量以座计算。

（2）项目特征 需描述井截面、深度，砖品种、规格、强度等级，垫层材料种类、厚度，底板厚度，井盖安装，混凝土强度等级，砂浆强度等级，防潮层材料种类。

（3）工作内容 砂浆制作、运输，铺设垫层，底板混凝土制作、运输、浇筑、振捣、养护，砌砖，刮缝，井池底、壁抹灰，抹防潮层，材料运输。

9. 零星砌砖（010401012）

（1）适用范围 零星砌砖项目适用于台阶、台阶挡墙、梯带、锅台、炉灶、蹲台、池槽、池槽腿、砖胎模、花台、花池、楼梯栏板、阳台栏板、地垄墙等。

（2）工程量计算

1）台阶：按水平投影面积≤$0.3m^2$的孔洞填塞以平方米计算（不包括梯带或台阶挡墙）。

2）锅台、炉灶：按外形尺寸以个计算，并以"长×宽×高"的顺序标明其外形尺寸。

3）小便槽、地垄墙：按长度计算。

4）其他零星项目：按设计图示尺寸截面面积乘以长度以立方米计算，如梯带、台阶挡墙。

（3）项目特征 需描述零星砌砖名称、部位，砖品种、规格、强度等级，砂浆强度等级、配合比。

（4）工作内容 包含砂浆制作、运输，砌砖，刮缝，材料运输。

（5）注意事项 框架外表面的镶贴砖部分，按零星项目编码列项。

10. 砖散水、地坪（010401013）

（1）工程量计算 按设计图示尺寸以面积计算。

（2）项目特征 需描述砖品种、规格、强度等级，垫层材料种类、厚度，散水、地坪厚度，面层种类、厚度，砂浆强度等级。

（3）工作内容 包含土方挖、运、填，地基找平、夯实，铺设垫层，砌砖散水、地坪，抹砂浆面层。

（4）注意事项 砖散水、地坪的工程量清单项目报价应包括垫层、结合层、面层等工序的费用。

11. 砖地沟、明沟（010401014）

（1）工程量计算 按设计图示以中心线长度计算。

（2）项目特征 需描述砖品种、规格、强度等级，沟截面尺寸，垫层材料种类、厚度，混凝土强度等级，砂浆强度等级。

（3）工作内容 包含土方挖、运、填，铺设垫层，底板混凝土制作、运输、浇筑、振捣、养护，砌砖，刮缝，抹灰，材料运输。

例1-16 根据课题3案例施工图计算零星砌砖的清单工程量。

解：1）框架柱镶包砖。

柱外部分：-0.800~7.800m 实心砖

$V = (0.45×18+0.125×4)m×(7.68+0.80-0.24)m×0.125m = 70.864m^2×0.125m = 8.86m^3$

2) 框架梁外镶包砖。

① 一层框架梁外包砖（结施 8、结施 10、结施 6、结施 7）：

梁高 $H = 0.70$ m

$$V = (101.80 - 0.35 \times 8 - 0.45 \times 14) \text{m} \times (0.70 - 0.12) \text{m} \times 0.175 \text{m} = 9.41 \text{m}^3$$

② 二层框架梁外包砖：梁高 $H = 0.70$ m

$$V = 92.70 \text{m} \times (0.70 - 0.12 - 0.12) \text{m} \times 0.175 \text{m} = 7.46 \text{m}^3$$

③ 雨篷梁外包砖（结施 10）：

$$V = [3.775 \text{m} \times (0.23 - 0.09) \text{m} + 3.885 \text{m} \times (0.28 - 0.09) \text{m} +$$
$$2.625 \text{m} \times (0.18 - 0.09) \text{m}] \times 0.175 \text{m} = 0.26 \text{m}^3$$

④ 凸出圆柱体积：

$$V = (3.14 \times 0.20^2) \text{m}^2 \times 1/2 \times 5 \times (7.68 - 0.25) \text{m} + (3.14 \times 0.25^2) \text{m}^2 \times 1/2 \times 5 \times 0.25 \text{m}$$
$$= 2.46 \text{m}^3$$

零星砌砖的清单工程量：$V = 8.86 \text{m}^3 + 9.41 \text{m}^3 + 7.46 \text{m}^3 + 0.26 \text{m}^3 + 2.46 \text{m}^3 = 28.45 \text{m}^3$

注：零星砌砖项目工程量清单编制详见课题 3 案例。

（三）砌块砌体工程量清单编制

1. 砌块墙（010402001）

（1）适用范围　适用于各种规格砌块砌筑的各种类型墙体。

（2）工程量计算　按设计图示尺寸以体积计算，计算公式：

$$V = 墙长 \times 墙厚 \times 墙高 - 应扣除体积 + 应增加体积$$

式中，墙厚按设计尺寸计算；墙长、墙高及墙体中应扣除体积或增加体积的规定同实心砖墙；嵌入空心砖墙、砌块墙中的实心砖不扣除。

（3）项目特征　需描述砌块品种、规格、强度等级，墙体类型，砂浆强度等级。

（4）工作内容　包含砂浆制作、运输，砌砖、砌块，勾缝，材料运输。

2. 砌块柱（010402002）

（1）工程量计算　按设计图示尺寸以体积计算，扣除混凝土及钢筋混凝土梁垫、梁头、板头所占体积。

（2）项目特征　需描述砌块品种、规格、强度等级，墙体类型，砂浆强度等级。

（3）工作内容　包含砂浆制作、运输，砌砖、砌块，勾缝，材料运输。

例 1-17　如图 1-14 所示，计算框架结构间砌体工程量，已知结构间砌多孔砖墙厚为 240mm，净空面积为 5.5m×3.2m，求图示框架结构间砌砖工程量。

解：框架结构间砌砖工程量为：

$$V = 5.5 \text{m} \times 3.2 \text{m} \times 0.24 \text{m} \times 12 = 50.69 \text{m}^3$$

例 1-18　根据课题 3 案例施工图计算 370mm 厚空心砖墙，M5 混合砂浆的清单工程量。

解：370mm 厚空心砖墙，M5 混合砂浆

$$V = [(L_中 - 柱所占长度) \times 砌筑高度 - 门、窗洞口面积] \times 墙厚 - 埋件体积(现浇过梁)$$
$$= [(100.32 - 0.45 \times 14) \times (7.8 - 0.7 - 0.7) - 231.28] \text{m}^2 \times 0.365 \text{m} - 1.33 \text{m}^3$$
$$= [94.02 \times 6.40 - 231.28] \text{m}^2 \times 0.365 \text{m} - 1.33 \text{m}^3$$
$$= (601.73 - 231.28) \text{m}^2 \times 0.365 \text{m} - 1.33 \text{m}^3$$
$$= 370.45 \text{m}^2 \times 0.365 \text{m} - 1.33 \text{m}^3$$

$$= 135.21\text{m}^3 - 1.33\text{m}^3$$

$$= 133.88\text{m}^3$$

注：370mm厚空心砖墙项目工程量清单编制详见课题3案例。

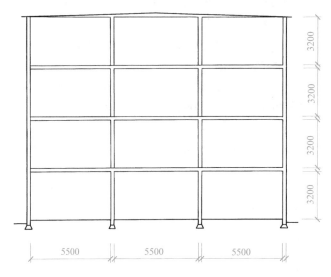

图 1-14　框架结构间砌体

例1-19　根据课题3案例施工图计算240mm厚空心砖墙，M5混合砂浆的清单工程量。

解：$V = (墙长 \times 墙高 - 洞口面积) \times 墙厚 - 埋件体积$

1）计算一层内墙。

$$L_{C轴} = 28.90\text{m} - 0.35\text{m} \times 2 - 2.20\text{m} - 2.015\text{m} + 0.225\text{m} + 0.12\text{m} - 0.45\text{m} \times 4 = 22.53\text{m}$$

$$V_{C轴} = [22.53\text{m} \times (4.15 - 0.65)\text{m} - 1.50\text{m}^2 \times 2 - 1.00\text{m} \times 2.70\text{m}] \times 0.24\text{m}$$

$$= 73.155\text{m}^2 \times 0.24\text{m}$$

$$= 17.56\text{m}^3$$

①/②轴①/③轴：　　　$L = (6.98\text{m} - 0.02\text{m} - 0.015\text{m}) \times 2 = 13.89\text{m}$

$$V = [13.89\text{m} \times (4.15 - 0.6)\text{m} - 1.3 \times 2.0] \times 0.24\text{m} = 11.21\text{m}^3$$

③轴：　　　　　　　$L = 6.98\text{m} - 0.225\text{m} \times 2 = 6.53\text{m}$

$$V = 6.53\text{m} \times (4.15 - 0.65)\text{m} \times 0.24\text{m} = 5.49\text{m}^3$$

①/C轴：　　　　　　$L = 6.30\text{m} - 0.02\text{m} - 0.06\text{m} = 6.22\text{m}$

$$V = [6.22\text{m} \times (4.15 - 0.6)\text{m} - 0.9\text{m} \times 2.7\text{m} \times 2] \times 0.24\text{m} = 17.221\text{m}^2 \times 0.24\text{m} = 4.13\text{m}^3$$

①/①轴：　　　　　　$L = 3.60\text{m} - 0.02\text{m} - 0.12\text{m} = 3.46\text{m}$

$$V = 3.46\text{m} \times (4.15 - 0.35)\text{m} \times 0.24\text{m} = 3.16\text{m}^3$$

一层内墙小计：$V = (17.56 + 11.21 + 5.49 + 4.13 + 3.16)\text{m}^3 = 41.55\text{m}^3$

2）计算二层内墙。

③轴、ⓒ~ⓓ轴：　　　　　$L = 6.53\text{m}（同一层）$

$$V_3 = 6.53\text{m} \times (3.65 - 0.55)\text{m} \times 0.24\text{m} = 4.86\text{m}^3$$

①/③轴ⓒ~ⓓ轴：　　　　$L = 7.10\text{m} + 0.225\text{m} - 0.02\text{m} = 7.305\text{m}$

$$V_{1/3} = 7.305\text{m} \times (3.65-0.55)\text{m} \times 0.24\text{m} = 5.43\text{m}^3$$

①/C轴：
$$L = 6.22\text{m}$$

$$V_{1/C} = [6.22\text{m} \times (3.65-0.6)\text{m} - 0.9\text{m} \times 2.7\text{m} \times 2] \times 0.24\text{m}$$
$$= 14.111\text{m}^2 \times 0.24\text{m} = 3.39\text{m}^3$$

①/①轴：
$$L = 3.46\text{m}$$

$$V_{1/1} = 3.46\text{m} \times (3.65-0.35)\text{m} \times 0.24 = 11.418\text{m}^2 \times 0.24\text{m} = 2.74\text{m}^3$$

二层内墙小计：$V = 4.86\text{m}^3 + 5.43\text{m}^3 + 3.39\text{m}^3 + 2.74\text{m}^3 = 16.42\text{m}^3$

240mm 厚空心砖墙清单工程量 $V = 41.55\text{m}^3 + 16.42\text{m}^3 = 57.97\text{m}^3$

注：240mm 厚空心砖墙项目工程量清单编制详见课题 3 案例。

例 1-20　根据课题 3 案例施工图计算 120mm 厚粉煤灰墙，M5 混合砂浆的清单工程量。

解：$V = ($墙长 $\times$ 墙高 $-$ 洞口面积$) \times$ 墙厚 $-$ 埋件体积

$$V_{过梁} = (0.029 \times 1 + 0.022 \times 7)\text{m}^3 = 0.183\text{m}^3$$

ⓒ轴：梁高 $H = 0.65\text{m}$

$$L = (6.90-0.45)\text{m} \times 2 + (7.20-0.45)\text{m} + (3.00-0.12)\text{m} = 22.53\text{m}$$

②、④轴：梁高 $H = 0.55\text{m}$

$$L = 10.765\text{m} \times 2 = 21.53\text{m}$$

$$V = [22.53\text{m} \times (3.65-0.65)\text{m} + 21.53\text{m} \times (3.65-0.55)\text{m} - 21.90\text{m}^2] \times 0.12\text{m} - 0.183\text{m}^3$$
$$= (134.333-21.9)\text{m}^2 \times 0.12\text{m} - 0.183\text{m}^3$$
$$= 13.492\text{m}^3 - 0.183\text{m}^3$$
$$= 13.31\text{m}^3$$

注：120mm 厚粉煤灰墙项目工程量清单编制详见课题 3 案例。

（四）石砌体工程量清单编制

1. 石基础（010403001）

（1）适用范围　石基础项目适用于各种规格（粗料石、细料石等）、各种材质（砂石、青石等）和各种类型（柱基、墙基、直形、弧形等）基础。

（2）工程量计算　按设计图示尺寸以体积计算，包括附墙垛基础宽出部分体积，不扣除基础砂浆防潮层及单个面积 $\leq 0.3\text{m}^2$ 的孔洞所占体积，靠墙暖气沟的挑檐不增加体积。基础长度：外墙按中心线，内墙按净长线计算。

（3）项目特征　需描述石料种类、规格，基础类型，砂浆强度等级。

（4）工作内容　包含砂浆制作、运输，吊装，砌石，防潮层铺设，材料运输。

（5）注意事项　基础垫层、剔打石料头、地座荒包、搭拆简易起重架等工序都包括在基础项目报价内。

例 1-21　已知如图 1-15 所示基础平面及基础剖面，M10 水泥砂浆，C15 素混凝土垫层 80mm 厚，每边宽出基础 100mm，试编制毛石基础工程量清单。

解：1）工程量计算。

外墙中心线长为：$L_中 = [(12.5\text{m}-0.37\text{m}) + (6.5\text{m}-0.37\text{m})] \times 2 = 36.52\text{m}$

内墙净长线长为：$L_净 = (6.0\text{m}-0.12\text{m} \times 2) \times 2 = 11.52\text{m}$

1-1 断面：$V = (1.07\text{m} \times 0.8\text{m} + 0.67\text{m} \times 0.4\text{m}) \times 36.52\text{m} = 41.04\text{m}^3$

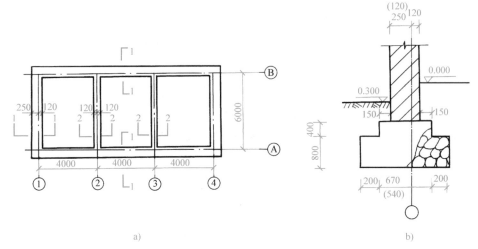

图 1-15 基础平面及剖面示意图

a）平面图 b）1—1（2—2）剖面图

2-2 断面：$V=(0.94\text{m}\times0.8\text{m}+0.54\text{m}\times0.4\text{m})\times11.52\text{m}=11.16\text{m}^3$

毛石基础清单工程量：$41.04\text{m}^3+11.16\text{m}^3=52.20\text{m}^3$

2）编制工程量清单。毛石基础工程量清单见表 1-34。

表 1-34 分部分项工程和单价措施项目清单与计价表

工程名称：×××　　　　　　　　　　标段：×××　　　　　　　　　第　页共　页

序号	项目编码	项目名称	项目特征描述	计量单位	工程量	金额/元		
						综合单价	合价	其中：暂估价
1	010403001001	毛石条形基础	M10 水泥砂浆砌筑,基础高 1.20m,C15 素混凝土垫层 80mm 厚,外墙垫层宽 1.27m,内墙垫层宽 1.14m	m³	52.20			

2. 石勒脚（010403002）、石墙（010403003）

（1）适用范围 石勒脚、石墙项目适用于各种规格（粗料石、细料石等）、各种材质（砂石、青石、大理石、花岗石等）和各种类型（直形、弧形等）勒脚和墙体。

（2）工程量计算

1）石勒脚：按设计图示尺寸以体积计算，扣除单个面积 >0.3m² 孔洞所占的体积。

2）石墙：同实心砖墙。

（3）项目特征 需描述石料种类、规格，石表面加工要求，勾缝要求，砂浆强度等级、配合比。

（4）工作内容 包含砂浆制作、运输，吊装，砌石，石表面加工，勾缝，材料运输。

3. 石挡土墙（010403004）、石柱（010403005）、石栏杆（010403006）

（1）工程量计算

1）石挡土墙、石柱按设计图示尺寸以体积计算。

2）石栏杆按设计图示以长度计算。

（2）项目特征　需描述石料种类、规格，石表面加工要求，勾缝要求，砂浆强度等级、配合比。

（3）工作内容

1）石挡土墙包含砂浆制作、运输，吊装，砌石，变形缝、泄水孔、压顶抹灰，滤水层，勾缝，材料运输。

2）石柱、石栏杆包含砂浆制作、运输，吊装，砌石、石表面加工要求，勾缝，材料运输。

4.石护坡（010403007）、石台阶（010403008）、石坡道（010403009）。

（1）工程量计算

1）石护坡、石台阶按设计图示尺寸以体积计算。

2）石坡道按设计图示以水平投影面积计算。

（2）项目特征　需描述垫层材料种类、厚度，石料种类、规格，护坡厚度、高度，石表面加工要求，勾缝要求，砂浆强度等级、配合比。

（3）工作内容

1）石护坡包含砂浆制作、运输，吊装，砌石，石表面加工要求，勾缝，材料运输。

2）石台阶、石坡道包含铺设垫层，石料加工，砂浆制作、运输，砌石，石表面加工，勾缝，材料运输。

5.石地沟、明沟（010403010）

（1）工程量计算　按设计图示以中心线长度计算。

（2）项目特征　需描述沟截面尺寸，土壤类别、运距，垫层材料种类、厚度，石料种类、规格，石表面加工要求，勾缝要求，砂浆强度等级、配合比。

（3）工作内容　包含土方挖、运，砂浆制作、运输，铺设垫层，砌石，石表面加工，勾缝，回填，材料运输。

五、混凝土及钢筋混凝土工程

（一）相关说明

1）预制混凝土构件或预制钢筋混凝土构件，如施工图设计标注做法见标准图集时，项目特征注明标准图集的编码、页号及节点大样即可。

2）现浇或预制混凝土和钢筋混凝土构件，不扣除构件内钢筋、螺栓、预埋铁件、张拉孔道所占体积，但应扣除劲性骨架的型钢所占体积。

（二）现浇混凝土基础工程量清单编制

1.垫层（010501001）

（1）工程量计算　按设计图示尺寸以体积计算。不扣除伸入承台基础的桩头所占体积。

（2）项目特征　需描述混凝土种类，混凝土强度等级。

（3）工作内容　包含模板及支撑制作、安装、拆除、堆放、运输及清理模内杂物、刷隔离剂等，混凝土制作、运输、浇筑、振捣、养护。

2.带形基础（010501002）

（1）适用范围　带形基础项目适用于各种带形基础，墙下的板式基础包括浇筑在一字排桩上面的带形基础。

（2）工程量计算　各种基础按设计图示尺寸以体积计算，不扣除伸入承台基础的桩头所占体积。其工程量计算式如下：

$$V = 基础断面积×基础长度$$

式中，基础长度的取值为外墙基础按外墙中心线长度计算，内墙基础按基础间净长线计算，如图1-16所示。

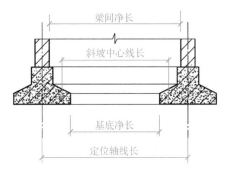

（3）项目特征　需描述混凝凝土种类，混凝土强度等级。

（4）工作内容　包含混凝土制作、运输、浇筑、振捣、养护。

（5）注意事项

1）有肋带形基础、无肋带形基础应分别编码列项，并注明肋高。

图1-16　内墙基础计算长度示意图

2）工程量不扣除浇入带形基础体积内的桩头体积。

3. 独立基础（010501003）

（1）适用范围　独立基础项目适用于块体柱基、杯基、无筋倒圆台基础、壳体基础、电梯井基础等。

独立基础形式如图1-17所示。

（2）工程量计算　按设计图示尺寸以体积计算。其工程量计算式如下：

$$V = \frac{h_1}{6}\left[A×B+a×b+(A+a)(B+b)\right]+A×B×h_2$$

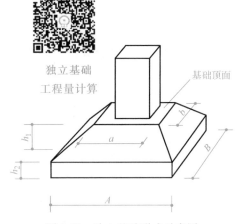

（3）项目特征　需描述混凝土种类，混凝土强度等级。

（4）工作内容　包含混凝土制作、运输、浇筑、振捣、养护。

例1-22　如图1-18所示，计算50个钢筋混凝土杯形基础清单工程量。

图1-17　独立基础形式示意图

解：$V = \{2×2.2×0.2+1.15×1.35×0.3+0.35/6×[2×2.2+(2+1.15)×$
$(2.2+1.35)+(1.15×1.35)]-0.65/6×[0.55×0.75+(0.55+0.4)×$
$(0.75+0.60)+0.4×0.6]\}m^3×50=(0.88+0.47+1-0.21)m^3×50=107.00m^3$

4. 满堂基础（010501004）

（1）适用范围　满堂基础项目适用于箱式基础、筏片基础等。

（2）工程量计算　按设计图示尺寸以体积计算。其工程量计算公式如下：

$$无梁式满堂基础工程量=基础底板体积+柱墩体积$$

式中　柱墩体积的计算与角锥形独立基础的体积计算方法相同。

$$有梁式满堂基础工程量=基础底板体积+梁体积$$

（3）项目特征　需描述混凝土种类，混凝土强度等级。

（4）工作内容　混凝土制作、运输、浇筑、振捣、养护。

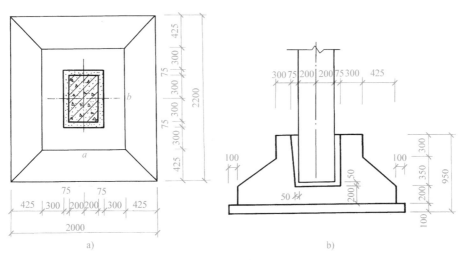

图 1-18　钢筋混凝土杯形基础示意图

a）平面图　b）剖面图

（5）注意事项　箱式满堂基础中柱、梁、墙、板分别按相应项目编码列项，计算工程量。

例 1-23　如图 1-19 所示，计算板式满堂基础混凝土清单工程量。

解：

$$V=底板体积+柱脚体积$$

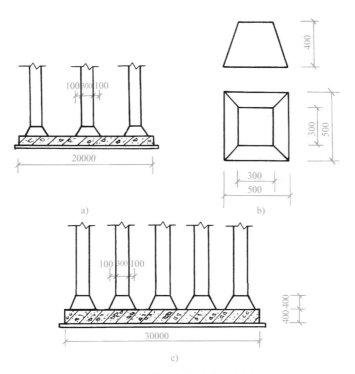

图 1-19　板式满堂基础示意图

a）横向剖面图　b）纵向剖面图　c）柱脚尺寸示意图

底板混凝土体积：$V_1 = 30\text{m} \times 20\text{m} \times 0.4\text{m} = 240.00\text{m}^3$

柱脚混凝土体积：$V_2 = H/6[A \times B + (A+a)(B+b) + ab] = 0.4/6[0.5 \times 0.5 +$

$(0.5+0.3) \times (0.5+0.3) + 0.3 \times 0.3]\text{m}^3 \times 15 = 0.98\text{m}^3$

则 $V = V_1 + V_2 = 240.98\text{m}^3$

例 1-24 计算梁板式满堂基础混凝土清单工程量，如图 1-20 所示。

$V = $ 底板体积 + 梁体积

底板混凝土体积：

$V_1 = 30\text{m} \times 20\text{m} \times 0.4\text{m} = 240\text{m}^3$

梁混凝土体积：

$V_2 = 0.5\text{m} \times 0.3\text{m} \times (30 - 0.3 \times 6)\text{m} \times 4 +$

$0.5\text{m} \times 0.3\text{m} \times (20 - 0.3 \times 4)\text{m} \times 6$

$= 33.84\text{m}^3$

则 $V = V_1 + V_2 = 273.84\text{m}^3$

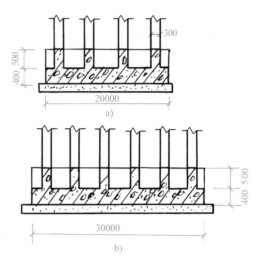

图 1-20 梁板式满堂基础示意图

a) 横向剖面图 b) 纵向剖面图

5. 桩承台基础（010501005）

（1）适用范围 桩承台基础项目适用于浇筑在组桩（如梅花桩）上的承台。

（2）工程量计算 各种基础按设计图示尺寸以体积计算。不扣除构件内钢筋、预埋铁件和伸入承台基础的桩头所占体积。

（3）项目特征 需描述混凝土种类，混凝土强度等级。

（4）工作内容 包含混凝土制作、运输、浇筑、振捣、养护。

6. 设备基础（010501006）

（1）适用范围 设备基础项目适用于设备的块体基础、框架式基础等。

（2）工程量计算 各种基础按设计图示尺寸以体积计算。不扣除构件内钢筋、预埋铁件所占体积。

（3）项目特征 需描述混凝土种类，混凝土强度等级，灌浆材料及其强度等级。

（4）工作内容 包含混凝土制作、运输、浇筑、振捣、养护，地脚螺栓二次灌浆。

（5）注意事项 框架式设备基础中柱、梁、墙、板分别按相应项目编码列项，计算工程量，基础部分按该项目列项。

例 1-25 计算如图 1-21 所示 8 个独立柱下桩承台混凝土清单工程量。

解：

$$V = [0.15 \times (1.2 \times 1.2 + 0.9 \times 0.9) + 0.1 \times 0.6 \times 0.6]\text{m}^3 \times 8 = 2.99\text{m}^3$$

例 1-26 根据课题 3 案例施工图计算桩承台混凝土的清单工程量。

解：桩帽混凝土（结施1、结施2）：

$$V = [(0.80+0.30)^2 \times 4 + (0.90+0.30)^2 \times 10 + (1.00+0.30)^2 \times 6]\text{m}^2 \times 1.00\text{m} = 29.38\text{m}^3$$

注：桩承台混凝土项目工程量清单编制详见课题 3 案例。

（三）现浇混凝土柱工程量清单编制

（1）适用范围 现浇混凝土柱包括矩形柱（010502001）、构造柱（010502002）、异形

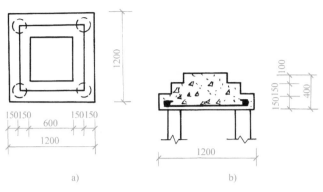

图 1-21　独立桩承台示意图

a）平面图　b）剖面图

柱（010502003）。

（2）工程量计算　按设计图示尺寸以体积计算。其工程量计算公式：

现浇混凝土柱工程量=柱断面面积×柱高

构造柱工程量=构造柱断面积×构造柱高+马牙槎体积

式中　柱高按表 1-35 规定计算。

表 1-35　柱高的规定

名　称	柱高度取值
有梁板的柱高	自柱基上表面（或楼板上表面）至上一层楼板上表面之间的高度
无梁板的柱高	自柱基上表面（或楼板上表面）至柱帽下表面之间的高度
框架柱的柱高	自柱基上表面至柱顶高度
构造柱的柱高	全高

注：1. 有梁板是指现浇密肋板、井字梁板（即由同一平面内相互正交或斜交的梁与板所组成的结构构件）。

2. 无梁板是指没有梁、直接支撑在柱上的板。柱帽体积计入板工程量内。

（3）项目特征　需描述混凝土种类，混凝土强度等级。

（4）工作内容　包含混凝土制作、运输、浇筑、振捣、养护。

（5）注意事项

1）构造柱与墙连接马牙槎处的混凝土体积并入构造柱体积内。由于构造柱的计算高度取全高，即层高，但马牙槎只留设至圈梁底，故马牙槎的计算高度取至圈梁底。通常构造柱根据其设置的位置和形式，常采用的尺寸有 370mm×370mm、370mm×240mm、240mm×240mm 三种。在砖混结构中常用较多的是 240mm×240mm。

2）薄壁柱也称为隐壁柱，指在框剪结构中，隐藏在墙体中的钢筋混凝土柱。单独的薄壁柱根据其截面形状，确定以矩形柱或异形柱编码列项。

3）混凝土种类：指清水混凝土、彩色混凝土等，如在同一地区既使用预拌（商品）混凝土，又允许现场搅拌混凝土时，应必须注明。

4）混凝土柱上的钢牛腿按本节"六、金属结构工程"中的零星钢构件编码列项。

例 1-27　根据课题 3 案例施工图计算矩形柱混凝土的清单工程量。

解：矩形框架柱混凝土（结施 4、结施 5）：柱高从地梁顶-0.80~7.80m

$$V=0.45\text{m}\times0.45\text{m}\times(7.80+0.80)\text{m}\times(4+10+6)=34.83\text{m}^3$$

楼梯矩形柱（T_2）$n=3$ 个　250mm×250mm　　（结施 6、结施 11）

$$V=0.25\text{m}\times0.25\text{m}\times(2.40+0.80)\text{m}\times3=0.60\text{m}^3$$

注：矩形柱混凝土项目工程量清单编制详见课题 3 案例。

框架柱的
工程量计算

例 1-28　已知某三层房屋，二层板面至三层板面高为 3.6m，圈梁高 300mm，圈梁与板平齐，墙厚 240mm。在内横墙与外纵墙的 T 形交接处设 240mm×240mm 构造柱共 20 个，构造柱截面如图 1-22 所示。试计算二、三层间构造柱清单工程量。

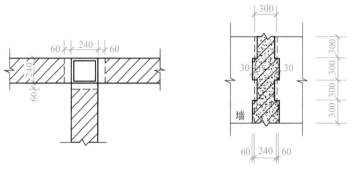

图 1-22　构造柱计算尺寸示意图

解：如图 1-22 所示的虚线表示构造柱与墙连接时砖墙砌筑的马牙槎。构造柱的计算高度取全高，即层高；马牙槎只留设至圈梁底，故马牙槎的计算高度取至圈梁底。

构造柱清单工程量：$V=\left[0.24\text{m}\times0.24\text{m}\times3.60\text{m}+\dfrac{1}{2}\times0.06\text{m}\times0.24\text{m}\times3\times(3.60-0.30)\ \text{m}\right]\times20$

$$=5.57\text{m}^3$$

（四）现浇混凝土梁工程量清单编制

现浇混凝土梁包括基础梁（010503001）、矩形梁（010503002）、异形梁（010503003）、圈梁（010503004）、过梁（010503005）、弧形及拱形梁（010503006）。

（1）适用范围

1）基础梁项目适用于独立基础间架设的，承受上部墙传来荷载的梁。

2）圈梁项目适用于为了加强结构整体性，构造上要求设置的封闭型的水平梁。

3）过梁项目适用于建筑物门窗洞口上所设置的梁。

4）矩形梁、异形梁、弧形及拱形梁项目，适用于除了以上三种梁外的截面为矩形、异形及形状为弧形、拱形的梁。

（2）工程量计算　按设计图示尺寸以体积计算。伸入墙内的梁头、梁垫并入梁体积内。其工程量计算公式：

$$V=梁断面面积\times梁长$$

式中　梁长可按表 1-36 规定计算。

表 1-36　梁长的规定

名　称	梁　长　取　值
梁与柱连接	算至柱侧面
主梁与次梁连接	次梁算至主梁侧面（即截面小的梁长算至截面大的梁侧面）

（3）项目特征　需描述混凝土种类，混凝土强度等级。

（4）工作内容　包含混凝土制作、运输、浇筑、振捣、养护。

例 1-29　根据课题 3 案例施工图计算地梁混凝土的清单工程量。

解：V = 地梁断面积 × 地梁长度

$$V_{DL} = 0.37m \times 0.60m \times (35.60+23.50+23.50)m + 0.35m \times 0.60m \times (17.70+$$
$$35.40+23.10+23.10)m = 39.19m^3$$

$$V_{LL} = 0.25m \times 0.55m \times 13.81m + 0.30m \times 0.60m \times 6.705m + 0.25m \times$$
$$0.35m \times 3.43m = 3.41m^3$$

小计：
$$V_{总} = 39.19m^3 + 3.41m^3 = 42.60m^3$$

注：地梁混凝土项目工程量清单编制详见课题 3 案例。

例 1-30　根据课题 3 案例施工图计算框架梁混凝土的清单工程量。

解：1）一层框架梁混凝土清单工程量。

Ⓐ ～ Ⓓ轴线间框架梁净长：$L = 21.30m - 0.45m \times 3 = 19.95m$

① ～ ⑤轴线间框架梁净长：$L = 28.20m - 0.45m \times 4 = 26.40m$

$$V = 梁截面积 \times 梁净长 \times 根数$$

$$V_{KL_1} = 0.35m \times 0.70m \times 19.95m = 4.89m^3$$

$$V_{KL_2} = 0.35m \times 0.70m \times (19.95+2.325+0.125-0.225)m = 5.43m^3$$

$$V_{KL_3} = 0.35m \times 0.65m \times 22.175m = 5.04m^3$$

$$V_{KL_4} = V_{KL_3} = 5.04m^3$$

$$V_{KL_5} = V_{KL_1} = 4.89m^3$$

$$V_{KL_6} = V_{KL_7} = 0.35m \times 0.70m \times 26.4m = 6.47m^3$$

$$V_{KL_8} = 0.35m \times 0.65m \times 26.4m \times 2 = 12.01m^3$$

一层框架梁工程量计算小计：$V = 4.89m^3 + 5.43m^3 + 5.04m^3 + 5.04m^3 + 4.89m^3 + 6.47m^3 \times 2 + 12.01m^3 = 50.24m^3$

2）二层框架梁混凝土清单工程量。

$$V_{KL_9} = 0.35m \times 0.70m \times 19.95m \times 4 = 19.55m^3$$

$$V_{KL_{10}} = 0.35m \times 0.70m \times 19.95m = 4.89m^3$$

$$V_{KL_{11}} = 0.35m \times 0.70m \times 26.40m \times 2 = 12.94m^3$$

$$V_{KL_{12}} = 0.35m \times 0.65m \times 26.40m \times 2 = 12.01m^3$$

二层框架梁工程量计算小计：$V = (19.55+4.89+12.94+12.01)m^3 = 49.39m^3$

3）框架梁挑檐混凝土清单工程量。

$$V = [(28.20-0.45 \times 4+21.30-0.45 \times 3) \times 2 \times 0.175 \times 0.12+(0.45 \times 14+0.175 \times$$
$$4) \times 0.125 \times 0.12+3.14 \times 0.20^2 \times 0.50 \times 0.12 \times 5]m^3 \times 2+(3.14 \times 0.25^2 \times$$
$$0.50 \times 5)m^3+(0.50 \times 0.175 \times 0.12 \times 5)m^3$$

$$= (1.9467+0.105+0.03768)m^3 \times 2+0.491m^3+0.053m^3$$

$$= 4.179m^3+0.491m^3+0.053m^3$$

$$= 4.72m^3$$

4）框架梁混凝土清单工程量。

$$V = 50.24m^3 + 49.39m^3 + 4.72m^3 = 104.35m^3$$

注：框架梁混凝土项目工程量清单编制详见课题 3 案例。

例 1-31 如图 1-23 所示，计算连续梁混凝土清单工程量。

现浇钢筋混凝土框架梁的工程量计算

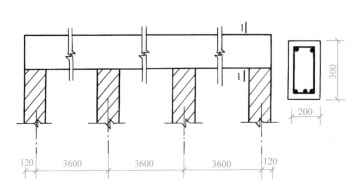

图 1-23 连续梁示意图

解：

$$V = 梁断面积 \times 梁长$$

$$V = 0.3m \times 0.2m \times (3.6 \times 3 + 0.12 \times 2)m = 0.66m^3$$

例 1-32 如图 1-24 所示，计算 30 根异形梁混凝土清单工程量。

解：

$$V = 梁断面积 \times 梁长$$

$$V = (0.90 \times 0.25 + 0.1 \times 0.15 \times 2)m^2 \times 12.0m \times 30 = 3.06m^3 \times 30 = 91.80m^3$$

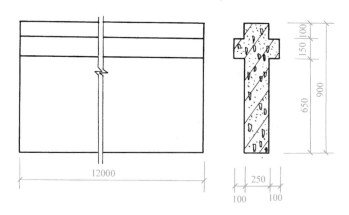

图 1-24 异形梁示意图

（五）现浇混凝土墙工程量清单编制

现浇混凝土墙包括直形墙（010504001）、弧形墙（010504002）、短肢剪力墙（010504003）、挡土墙（010504004）。

（1）工程量计算 按设计图示尺寸以体积计算。扣除门窗洞口及单个面积>0.3m² 孔洞所占的体积，墙垛及突出墙面部分并入墙体体积内计算。

（2）项目特征　需描述混凝土种类，混凝土强度等级。

（3）工作内容　包含混凝土制作、运输、浇筑、振捣、养护。

（4）注意事项　短肢剪力墙是指截面厚度不大于 300mm，各肢截面高度与厚度之比最大值大于 4 但不大于 8 的剪力墙。各肢截面高度与厚度之比最大值不大于 4 的剪力墙按柱项目列项。

（六）现浇混凝土板工程量清单编制

现浇混凝土板包括有梁板（010505001），无梁板（010505002），平板（010505003），拱板（010505004），薄壳板（010505005），栏板（010505006），天沟（檐沟）、挑檐板（010505007），雨篷、悬挑板、阳台板（010505008），空心板（010505009），其他板（010505010）等。

1. 有梁板（010505001）

（1）适用范围　有梁板项目适用于密肋板、井字梁板。

（2）工程量计算　按设计图示尺寸梁（包括主、次梁）、板体积之和计算。不扣除单个面积 $\leq 0.3m^2$ 的柱、垛及孔洞所占体积。

（3）项目特征　需描述混凝土强度等级，混凝土种类。

（4）工作内容　包含混凝土制作、运输、浇筑、振捣、养护。

例 1-33　如图 1-25 所示，计算有梁板混凝土清单工程量。

解：梁的工程量：$V_1 = (0.3m-0.08m) \times 0.2m \times (6.0m+0.12m \times 2) \times 2 = 0.55m^3$

板的工程量：$V_2 = (3.6m \times 3+0.12m \times 2) \times (6.0m+0.12m \times 2) \times 0.08m = 5.51m^3$

有梁板混凝土工程量：$V = 0.55m^3 + 5.51m^3 = 6.06m^3$

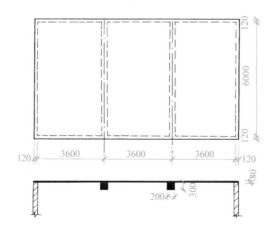

图 1-25　有梁板示意图

2. 无梁板（010505002）

（1）适用范围　无梁板项目适用于直接支撑在柱上的板。

（2）工程量计算　按设计图示尺寸板与柱帽体积之和计算，伸入墙内的板头并入板体积内。不扣除单个面积 $\leq 0.3m^2$ 的柱、垛以及孔洞所占体积。

$$V=板体积+柱帽体积$$

（3）项目特征　需描混凝土的种类，混凝土强度等级。

（4）工作内容 包含混凝土制作、运输、浇筑、振捣、养护。

3. 平板（010505003）、拱板（010505004）

（1）适用范围 平板项目适用于直接支撑在墙上（或圈梁上）的板。

（2）工程量计算 按设计图示尺寸以体积计算，不扣除单个面积≤0.3m² 的柱、垛及孔洞所占体积，计算公式：

$$V=板长×板宽×板厚$$

式中 板长取全长，板宽取全宽。

（3）项目特征 需描述混凝土种类、强度等级。

（4）工作内容 包含混凝土制作、运输、浇筑、振捣、养护。

例1-34 根据课题3案例施工图计算现浇平板混凝土的清单工程量。

解：现浇平板C30（结施6、结施7、结施8、结施9）

1）一层板。

现浇板的
工程量计算

$$V = [(28.20-0.175×2-0.35×2-0.30×2-0.25)×(23.10-0.35×3)-$$
$$0.30×(6.90-0.35)-0.25×(3.60-0.175-0.15)-(6.90-1.375+$$
$$0.2-0.175)×(4.20-0.175-0.15)]m^2×0.12m$$
$$= 555.625m^2×0.12m$$
$$= 66.68m^3$$

$$V_{雨板} = (7.20-0.35)m×(2.325-0.175-0.125)m×22×0.10m = 2.77m^3$$

2）二层板。

$$V = (28.20-0.35×3-0.25×4)m×(23.10-0.35×3)m×0.12m = 576.61m^2×0.12m = 69.19m^3$$

合计： $$V = 66.68m^3 + 2.77m^3 + 69.19m^3 = 138.64m^3$$

注：现浇平板项目工程量清单编制详见课题3案例。

4. 薄壳板（010505005）

（1）适用范围 薄壳板项目适用于各种形式带有肋及基梁结构的薄壳板。

（2）工程量计算 薄壳板按板、肋和基梁体积之和计算。

（3）项目特征 需描述混凝土种类、强度等级。

（4）工作内容 包含混凝土制作、运输、浇筑、振捣、养护。

5. 栏板（010505006）

（1）适用范围 栏板项目适用于楼梯或阳台上所设的安全防护板。

（2）工程量计算 按设计图示尺寸以体积计算。

（3）项目特征 需描述混凝土种类、强度等级。

（4）工作内容 包含混凝土制作、运输、浇筑、振捣、养护。

6. 天沟（檐沟）、挑檐板（010505007）

（1）适用范围 天沟、挑檐板项目适用于各种为屋面排水需要而设置钢筋混凝土的天沟（檐沟）、挑檐板项目。

（2）工程量计算 按设计图示尺寸以体积计算。

（3）项目特征 需描述混凝土种类、强度等级。

（4）工作内容 包含混凝土制作、运输、浇筑、振捣、养护。

（5）注意事项

1) 当天沟、挑檐板与板（屋面板）连接时，以外墙外边线为界线，外边线以外为天沟、挑檐。

2) 当天沟、挑檐板与圈梁（包括其他梁）连接时，以梁外边线为界线，外边线以外为天沟、挑檐。

例 1-35 根据课题 3 案例施工图计算挑檐板混凝土的清单工程量。

解：天沟挑檐板 C30（结施 10）

$$V = 1.175\text{m}×0.12\text{m}×(28.90+2+22.00×2+0.45)\text{m}+1.329\text{m}×0.08\text{m}×$$
$$(28.90+1.00+22.00×2+1.00+0.40)\text{m}+0.08\text{m}×0.08\text{m}×[28.90+$$
$$0.96×2+(22.00+0.96+0.45)×2]\text{m}+0.20\text{m}×0.08\text{m}×[28.90-0.20+$$
$$(22.00-0.10)×2]\text{m}+(0.45+0.175+0.12)\text{m}×0.06\text{m}×(28.90+0.4)\text{m}$$
$$= 10.624\text{m}^3+8.006\text{m}^3+0.497\text{m}^3+1.16\text{m}^3+1.310\text{m}^3$$
$$= 21.60\text{m}^3$$

注：挑檐板项目工程量清单编制详见课题 3 案例。

7. 雨篷、悬挑板、阳台板（010505008）

（1）适用范围 雨篷、悬挑板、阳台板项目适用于各种形式的现浇雨篷、悬挑板、阳台板。

（2）工程量计算 按设计图示尺寸以墙外部分体积计算，包括伸出墙外的牛腿和雨篷反挑檐的体积。

（3）项目特征 需描述混凝土种类、混凝土强度等级。

（4）工作内容 包含混凝土制作、运输、浇筑、振捣、养护。

（5）注意事项

1) 当雨篷、悬挑板、阳台板与楼板、屋面板连接时，以外墙外边线为界线。

2) 当雨篷、悬挑板、阳台板与圈梁（包括其他梁）连接时，以梁外边线为界线，外边线以外为雨篷、悬挑板、阳台。

例 1-36 根据课题 3 案例施工图计算雨篷、挑檐板混凝土的清单工程量。

解：1) 雨篷、挑檐板清单工程量。

$$V = 0.50\text{m}×0.10\text{m}×[7.20×2+0.35+0.50+(2.325-0.35+0.125+0.25)×2]\text{m}+$$
$$1.529\text{m}×0.10\text{m}×[7.20×2+(2.325-0.35+0.125)×2]\text{m}+0.20\text{m}×0.10\text{m}×$$
$$[7.20×2-0.60×2+(2.325-0.35+0.125-0.6)×2]\text{m}+0.10\text{m}×0.10\text{m}×$$
$$[7.20×2+0.45×2+(2.325-0.35+0.125+0.45)×2]\text{m}$$
$$= 0.9975\text{m}^3+2.844\text{m}^3+0.324\text{m}^3+0.204\text{m}^3$$
$$= 4.37\text{m}^3$$

2) 现浇混凝土雨篷 YP-1 $L=4.00\text{m}$

$$V = \text{伸出墙外的水平投影面积×平均厚度}$$

$$V = (4.00\text{m}×1.00\text{m}+2.50\text{m}×1.00\text{m}+1.90\text{m}×1.00\text{m})×(0.06\text{m}+0.09\text{m})/2$$
$$= 8.40\text{m}^2×0.075\text{m}$$
$$= 0.63\text{m}^3$$

注：雨篷、挑檐板项目工程量清单编制详见课题 3 案例。

8. 空心板 (010505009)

(1) 适用范围　空心板适用于现浇的空心楼板、尾面板等。

(2) 工程量计算　按设计图示尺寸以体积计算。空心板 (GBF 高强薄壁蜂巢芯板等) 应扣除空心部分体积。

(3) 项目特征　需描述混凝土种类、混凝土强度等级。

(4) 工作内容　包含混凝土制作、运输、浇筑、振捣、养护。

9. 其他板 (010505010)

(1) 适用范围　其他板项目适用于除了以上各种板外的其他板。

(2) 工程量计算　按设计图示尺寸以体积计算。

(3) 项目特征　需描述混凝土种类、混凝土强度等级。

(4) 工作内容　包含混凝土制作、运输、浇筑、振捣、养护。

(七) 现浇混凝土楼梯工程量清单编制

现浇混凝土楼梯分为直形楼梯 (010506001) 和弧形楼梯 (010506002)。

(1) 工程量计算　按设计图示尺寸以水平投影面积计算。不扣除宽度小于 500mm 的楼梯井，伸入墙内部分不计算；或按设计图示尺寸以体积计算。钢筋混凝土整体楼梯如图 1-26 所示。

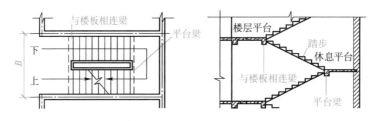

图 1-26　钢筋混凝土整体楼梯示意图

其计算公式：

$$楼梯工程量 = \sum_{i=1}^{n} L_i \times B_i - 各层梯井所占面积 （梯井宽>500mm 时）$$

式中　i 指楼梯层数。

当楼梯各层水平投影面积相等时，

楼梯工程量 $= L \times B \times 楼梯层数 - 各层梯井所占面积 （梯井宽>500mm 时）$

(2) 项目特征　需描述混凝土种类、混凝土强度等级。

(3) 工作内容　包含混凝土制作、运输、浇筑、振捣、养护。

(4) 注意事项

1) 整体楼梯水平投影面积包括休息平台、平台梁、斜梁以及楼梯的连接梁。

2) 当整体楼梯与现浇楼板无梯梁连接时，以楼梯的最后一个踏步边缘加 300mm 为界。

例 1-37　根据课题 3 案例施工图计算整体楼梯清单工程量。

解：

$$S = (2.425+3.3+0.2)m \times (1.85 \times 2+0.155)m + 1.35m \times 1.85m$$
$$= 22.84m^2 + 2.4975m^2 = 25.34m^2$$

注：整体楼梯项目工程量清单编制详见课题 3 案例。

楼梯的工程量计算

（八）现浇混凝土其他构件工程量清单编制

1. 散水、坡道（010507001）

（1）适用范围　散水、坡道项目适用于结构层为混凝土的散水、坡道。

（2）工程量计算　散水、坡道工程量按设计图示尺寸以水平设计面积计算。不扣除单个面积≤0.3m² 的孔洞所占面积。其计算公式：

$$散水工程量=散水中心线长×散水宽-台阶所占面积$$

（3）项目特征　需描述垫层材料种类、厚度，面层厚度，混凝土强度等级，混凝土种类，变形填塞材料种类。

（4）工作内容　包含地基夯实，铺设垫层，混凝土制作、运输、浇筑、振捣、养护，变形缝填塞。

（5）注意事项　散水、坡道项目内包括垫层、结构层、面层及变形缝的填塞等内容。

例1-38　根据课题3案例施工图计算散水、坡道混凝土的清单工程量。

解：1）散水清单工程量。

$$散水清单工程量=散水中心线长×散水宽-台阶所占面积$$

$$S=(L_{外}+4×散水宽-台阶所占长度)×散水宽度$$

$$=[101.80m+4×0.90m-(4.00+2.50+1.90+14.40+0.37)m]×0.90m$$

$$=82.29m×0.90m$$

$$=74.06m^2$$

2）坡道清单工程量。

$$S=4.00m×1.80m=7.20m^2$$

注：散水、坡道项目工程量清单编制详见课题3案例。

2. 室外地坪（010507002）

（1）工程量计算　按设计图示尺寸以水平投影面积计算，不扣除单个≤0.3m² 的孔洞所占面积。

（2）项目特征　需描述地坪厚度，混凝土强度等级。

（3）工作内容　同散水、坡道。

3. 电缆沟、地沟（010507003）

（1）适用范围　电缆沟、地沟项目适用于沟壁为混凝土的地沟项目。

（2）工程量计算　电缆沟、地沟工程量按设计图示以中心线长度计算。

（3）项目特征　需描述土壤类别，沟截面净空尺寸，垫层材料种类、厚度，混凝土强度等级，混凝土种类，防护材料种类。

（4）工作内容　包含挖填、运土石方，铺设垫层，混凝土制作、运输、浇筑、振捣、养护，刷防护材料。

（5）注意事项

1）电缆沟、地沟项目内包括挖填运土石方、铺设垫层、混凝土浇筑等内容。

2）若电缆沟、地沟的挖填运土石方按管沟土方编码列项，则此项目不能再考虑挖运土石方。

4. 台阶（010507004）

（1）适用范围　台阶项目适用于各种形式的现浇混凝土台阶。架空式混凝土台阶，按现浇楼梯计算。

（2）工程量计算　台阶工程量可按设计图示尺寸水平投影面积计算，也可按设计图示尺寸以体积计算。

（3）项目特征　需描述踏步高、宽，混凝土种类，混凝土强度等级。

（4）工作内容　包含混凝土制作、运输、浇筑、振捣、养护。

5. 扶手、压顶（010507005）

（1）工程量计算　扶手、压顶工程量按设计图示的中心线延长米计算，或按设计图示尺寸以体积计算。

（2）项目特征　需描述断面尺寸，混凝土种类，混凝土强度等级。

（3）工作内容　包含模板及支架（撑）制作、安装、拆除、堆放、运输及清理模内杂物、刷隔离剂等，混凝土制作、运输、浇筑、振捣、养护。

6. 化粪池、检查井（010507006）

（1）工程量计算　化粪池、检查井工程量按设计图示尺寸以体积计算，也可按设计图示数量以座计量。

（2）项目特征　需描述部位，混凝土强度等级，防水、抗渗要求。

（3）工作内容　包含模板及支架（撑）制作、安装、拆除、堆放、运输及清理模内杂物、刷隔离剂等，混凝土制作、运输、浇筑、振捣、养护。

7. 其他构件（010507007）

（1）适用范围　其他构件项目适用于小型池槽、垫块、门框等。

（2）工程量计算　其他构件工程量按设计图示尺寸以体积计算，也可按设计图示数量以座计量。

（3）项目特征　需描述构件的类型，构件规格，部位，混凝土强度等级，混凝土种类。

（4）工作内容　包含混凝土制作、运输、浇筑、振捣、养护。

例 1-39　如图 1-27 所示，计算洗涤池清单工程量。

解：

$$V = 0.8m \times 0.6m \times 0.06m + (0.92m + 0.6m) \times 2 \times 0.66m \times 0.06m = 0.15m^3$$

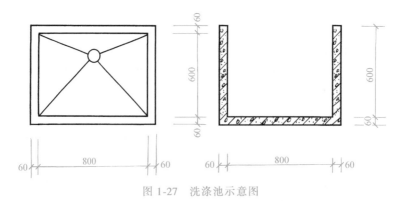

图 1-27　洗涤池示意图

（九）后浇带工程量清单编制

后浇带（010508001）是在不允许留设柔性变形缝部位设置的、宽在 700～1000mm 之间的刚性变形缝。

（1）工程量计算　按设计图示尺寸以体积计算。

（2）项目特征　需描述混凝土强度等级，混凝土种类。

（3）工作内容　包含混凝土制作、运输、浇筑、振捣、养护及混凝土交接面、钢筋等的清理。

（十）预制混凝土柱工程量清单编制

预制混凝土柱分为矩形柱（010509001）和异形柱（010509002）。

（1）工程量计算　按设计图示尺寸以体积计算，也可按设计图示尺寸数量以根计算。

（2）项目特征　需描述图代号，单件体积，安装高度，混凝土强度等级，砂浆（细石混凝土）配合比、强度等级。

（3）工作内容　包含混凝土制作、运输、浇筑、振捣、养护，构件运输、安装，砂浆制作、运输，接头灌缝、养护。

（4）注意事项

1）预制构件的制作、运输、安装、接头灌缝等工序的费用都应包括在相应项目的报价内，不需分别编码列项。

2）预制构件施工用吊装机械（如履带式起重机、塔式起重机等）不包含在内，应列入措施项目费。

例 1-40　某单层厂房采用预制钢筋混凝土工字形牛腿柱 22 根，预制混凝土 C30，柱截面如图 1-28 所示，试编制工字形牛腿柱的工程量清单。

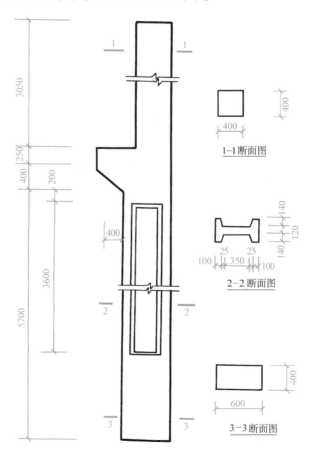

图 1-28　钢筋混凝土工字形柱

解：

$$V = \{(6.35×0.6×0.4)\,m^3+(3.05×0.4×0.4)\,m^3+(0.25+0.65)\,m×0.4m×$$
$$0.4m/2-1/6×0.14m×[0.35×3.55+0.4×3.6+(3.6+3.55)×(0.4+0.35)×$$
$$3.6]\,m^2×2\}×22=37.62m^3$$

工字形牛腿柱清单工程量见表1-37。

表1-37 分部分项工程和单价措施项目清单与计价表

工程名称：××× 　　　　　　标段：××× 　　　　第 页共 页

序号	项目编码	项目名称	项目特征描述	计量单位	工程量	金额/元		
						综合单价	合价	其中：暂估价
1	010509002001	预制混凝土异形柱	工字形牛腿柱,预制混凝土C30,单根体积1.71m³	m³（根）	37.62（22）			

（十一）预制混凝土梁工程量清单编制

预制混凝土梁分为矩形梁（010510001）、异形梁（010510002）、过梁（010510003）、拱形梁（010510004）、鱼腹式吊车梁（010510005）、其他梁（010510006）六个清单项目。

（1）工程量计算　按设计图示尺寸以体积计算，也可按设计图示尺寸数量以根计算。

（2）项目特征　需描述图代号，单件体积，安装高度，混凝土强度等级，砂浆（细石混凝土）强度等级、配合比。

（3）工作内容　包含混凝土制作、运输、浇筑、振捣、养护，构件运输、安装，砂浆制作、运输，接头灌缝、养护。

例1-41　根据课题3案例施工图计算预制过梁的清单工程量。

解：根据案例施工图构件统计表，计算预制过梁清单工程量如下：

GL1.15-2 和 GL1.15-1　$V=0.058m^3+0.029m^3=0.087m^3$

GL1.13-2　$V=0.052m^3$

GL1.10-1　$V=0.022m^3×6=0.132m^3$

GL1.9-2　$V=0.04m^3×4=0.16m^3$

GL2.15-1　$V=0.068m^3$

合计：　　$V_预=(0.087+0.052+0.132+0.16+0.068)m^3=0.50m^3$

注：预制过梁项目工程量清单编制详见课题3案例。

（十二）预制混凝土屋架工程量清单编制

预制混凝土屋架分为折线形屋架（010511001）、组合屋架（010511002）、薄腹屋架（010511003）、门式刚架屋架（010511004）、天窗架屋架（010511005）等。

（1）工程量计算　按设计图示尺寸以体积计算，也可按设计图示尺寸数量以榀计算。

（2）项目特征　需描述图代号，单件体积，安装高度，混凝土强度等级，砂浆（细石混凝土）强度等级、配合比。

（3）工作内容　包含混凝土制作、运输、浇筑、振捣、养护，构件运输、安装，砂浆制作、运输，接头灌缝、养护。

（4）注意事项　组合屋架中钢杆件应按金属结构工程中相应项目编码列项，工程量按质量以"吨"计算。三角形屋架按折线形屋架项目编码列项。

（十三）预制混凝土板工程量清单编制

预制混凝土板包括平板（010512001）、空心板（010512002）、槽形板（010512003）、网架板（010512004）、折线板（010512005）、带肋板（010512006）、大型板（010512007）、沟盖板、井盖板、井圈（010512008）项目。

（1）工程量计算　平板、空心板、槽形板、网架板、折线板、带肋板、大型板工程量按设计图示尺寸以体积计算，不扣除单个面积≤300mm×300mm孔洞所占体积，扣除空心板空洞体积；也可按设计图示尺寸按数量以块计算。沟盖板、井圈、井盖板工程量按设计图示尺寸以体积计算，也可按设计图示尺寸数量以块（套）计算。

（2）项目特征　平板、空心板、槽形板、网架板、折线板、带肋板、大型板需描述图代号、单件体积，安装高度，混凝土强度等级，砂浆、强度等级、配合比。沟盖板、井盖板、井圈需描述单件体积，安装高度，混凝土强度等级，砂浆强度等级、配合比。

（3）工作内容　包含混凝土制作、运输、浇筑、振捣、养护，构件运输、安装，砂浆制作、运输，接头灌缝、养护。

（4）注意事项

1）以块、套计量，必须描述单件体积。

2）不带肋的预制遮阳板、雨篷板、挑檐板、拦板等，应按平板项目编码列项。

3）预制F形板、双T形板、单肋板和带反挑檐的雨篷板、挑檐板、遮阳板等，应按带肋板项目编码列项。

4）预制大型墙板、大型楼板、大型屋面板等，应按大型板项目编码列项。

（十四）预制混凝土楼梯工程量清单编制

（1）适用范围　预制混凝土楼梯（010513001）项目适用于预制的各种形式楼梯。

（2）工程量计算　按设计图示尺寸以体积计算，扣除空心踏步板空洞体积，也可按设计图示数量以段计量。

（3）项目特征　需描述楼梯类型，单件体积，混凝土强度等级，砂浆（细石混凝土）强度等级。

（4）工作内容　包含混凝土制作、运输、浇筑、振捣、养护，构件运输、安装，砂浆制作、运输，接头灌缝、养护。

（十五）其他预制构件工程量清单编制

其他预制构件包括烟道、垃圾道、通风道（010514001），其他构件（010514002）两个项目。其中其他构件指的是预制小型池槽、压顶、扶手、垫块、隔热板、花格等构件。

（1）工程量计算　按设计图示尺寸以体积计算，不扣单个面积≤300mm×300mm的孔洞所占体积，扣除烟道、垃圾道、通风道的孔洞所占体积。

（2）项目特征

1）烟道、垃圾道、通风道需描述单件体积，混凝土强度等级，砂浆强度等级。

2）其他构件需描述单件体积，构件的类型，混凝土强度等级，砂浆强度等级。

（3）工作内容　包含混凝土制作、运输、浇筑、振捣、养护，构件运输、安装，砂浆制作、运输，接头灌缝、养护。

（十六）钢筋工程工程量清单编制

钢筋工程包括现浇构件钢筋（010515001）、预制构件钢筋（010515002）、钢筋网片（010515003）、钢筋笼（010515004）、先张法预应力钢筋（010515005）、后张法预应力钢筋（010515006）、预应力钢丝（010515007）、预应力钢绞线（010515008）、支撑钢筋（铁马）（010515009）、声测管（010515010）十个项目。

1. 钢筋工程量计算相关说明

1）钢筋单位质量见表1-38。

表1-38　钢筋单位质量表

直径/mm	2.5	3	4	5	6	6.5	8	10	12	14
单位质量/（kg/m）	0.039	0.055	0.099	0.154	0.222	0.260	0.395	0.617	0.888	1.208
直径/mm	16	18	20	22	25	28	30	32	36	40
单位质量/（kg/m）	1.578	1.998	2.466	2.984	3.850	4.834	5.549	6.313	7.990	9.865

2）混凝土保护层厚度确定。混凝土保护层厚度按《混凝土结构设计规范》（GB 50010—2010）规定：纵向受力的普通钢筋、预应力钢筋，其混凝土保护层厚度（钢筋外边缘至混凝土表面的距离）不应小于钢筋的公称直径，且应符合表1-39规定。

表1-39　纵向受力钢筋的混凝土保护层最小厚度　　　　　　（单位：mm）

环境类别		墙、板、壳			梁			柱		
		≤C20	C25~C45	≥C50	≤C20	C25~C45	≥C50	≤C20	C25~C45	≥C50
一		20	15	15	30	25	25	30	30	30
二	a	—	20	20	—	30		—	30	30
	b	—	25	20	—	35		—	35	30
三		—	30	25	—	40	35	—	40	35

注：1. 基础中纵向受力钢筋的混凝土保护层厚度不应小于40mm；当无垫层时，不应小于70mm。

2. 板、墙、壳中分布钢筋的保护层不应小于表1-3-20中相应数值减10mm，且不应小于10mm；梁中箍筋和构造钢筋的保护层厚度不应小于15mm。

3. 当梁、柱中纵向受力钢筋的混凝土保护层厚度大于40mm时，应对保护层采取有效的防裂构造措施。

4. 处于二、三类环境中的悬臂板，其上表面应采取有效的保护措施。环境类别划分见表1-40。

表1-40　混凝土结构的环境类别

环境类别		条　件
一		室内正常环境
二	a	室内潮湿环境；非严寒和非寒冷地区的露天环境、与无侵蚀性的水或土壤直接接触的环境
	b	严寒和寒冷地区的露天环境、与无侵蚀性的水或土壤直接接触的环境
三		室内潮湿环境；严寒和寒冷地区的冬季水位变动的环境；冰海室外环境
四		海水环境
五		受人为或自然的侵蚀性物质影响的环境

3）锚固长度确定。现浇构件中伸出构件的锚固钢筋锚固长度见表1-41、表1-42。

表 1-41 受拉钢筋最小锚固长度 l_a (单位：mm)

钢筋种类		混凝土强度等级									
		C20		C25		C30		C35		≥C40	
		$d≤25$	$d>25$	$d≤25$	$d>25$	$d≤25$	$d>25$	$d≤25$	$d>25$	$d≤25$	$d>25$
HPB235	普通钢筋	$31d$	$31d$	$27d$	$27d$	$24d$	$24d$	$22d$	$22d$	$20d$	$20d$
HRB335	普通钢筋	$39d$	$42d$	$34d$	$37d$	$30d$	$33d$	$27d$	$30d$	$25d$	$27d$
HRB400 RRB400	普通钢筋	$46d$	$51d$	$40d$	$44d$	$36d$	$39d$	$33d$	$36d$	$30d$	$33d$

注：1. 表中 d 指钢筋直径。

2. 当钢筋在混凝土施工中易受扰动（如滑模施工）时，其锚固长度应乘以修正系数 1.1。

3. 在任何情况下，锚固长度不得小于 250mm。

4. HPB235 钢筋为受拉时，其末端应做成 180° 弯钩，弯钩平直段长度不应小于 $3d$；当为受压时，可不做弯钩。

表 1-42 纵向受拉钢筋抗震锚固长度 l_{aE} (单位：mm)

钢筋种类与直径			C20		C25		C30		C35		≥C40	
混凝土强度等级与抗震等级			一、二级	三级	一、二级	三级	一、二级	三级	一、二级	三级	一、二级	三级
HPB235	普通钢筋		$36d$	$33d$	$31d$	$28d$	$27d$	$25d$	$25d$	$23d$	$23d$	$21d$
HRB335	普通钢筋	$d≤25$	$44d$	$41d$	$38d$	$35d$	$34d$	$31d$	$31d$	$29d$	$29d$	$26d$
		$d>25$	$49d$	$45d$	$42d$	$39d$	$38d$	$34d$	$34d$	$31d$	$32d$	$29d$
HRB400 RRB400	普通钢筋	$d≤25$	$53d$	$49d$	$46d$	$42d$	$41d$	$37d$	$37d$	$34d$	$34d$	$31d$
		$d>25$	$58d$	$53d$	$51d$	$46d$	$45d$	$41d$	$41d$	$38d$	$38d$	$34d$

注：1. 四级抗震等级，$l_{aE}=l_a$，其值见表 1-3-27。

2. 当弯锚时，有些部位的锚固长度为 ≥$0.4l_{aE}+15d$，见各类构件的标准构造详图。

3. 当 HRB335、HRB400 和 RRB400 级纵向受拉钢筋末端采用机械锚固措施时，包括附加锚固端头在内的锚固长度可取表 1-3-22 和表 1-3-23 中锚固长度的 0.7 倍。机械锚固的形式及构造要求见有关详图。

4. 当钢筋在混凝土施工中易受扰动（如滑模施工）时，其锚固长度应乘以修正系数 1.1。

5. 在任何情况下，锚固长度不得小于 250mm。

4）搭接长度确定。现浇构件中钢筋连接时的搭接长度见表 1-43、表 1-44。

表 1-43 纵向受拉钢筋绑扎搭接长度 l_{lE}、l_l

抗震	非抗震	注：1. 当不同直径的钢筋搭接时，其 l_{lE} 与 l_l 值按较小的直径计算
$l_{lE}=\zeta l_{aE}$	$l_l=\zeta l_a$	2. 在任何情况下，l_l 不得小于 300mm 3. 式中 ζ 为搭接长度修正系数

表 1-44 纵向受拉钢筋搭接长度修正系数

纵向受拉钢筋搭接接头面积百分率(%)	≤25	50	100
ζ	1.2	1.4	1.6

5）弯起钢筋增加长度和弯钩增加长度确定。弯起钢筋的增加长度与弯起角度有关，一般为 45°；当梁较高时，可取 60°；当梁较低时，可取 30°。为了简化计算，可根据弯起角度

预先算出有关数据，见表1-45、表1-46、表1-47。

表1-45　弯起钢筋增加长度表

弯起角度	30°	45°	60°
增加长度/mm	0.268b	0.414b	0.578b

注：b为弯起钢筋扣除构件保护层之间的净高。

表1-46　每个弯钩长度的取值

弯起角度	180°	90°	135°
增加长度/mm	6.25d	3.5d	4.9d

表1-47　箍筋每个弯钩增加长度计算表

弯钩形式		180°	90°	135°
弯钩增加值	一般结构	8.25d	5.5d	6.87d
	有抗震等要求结构	—	—	11.87d

弯钩形式如图1-29所示。

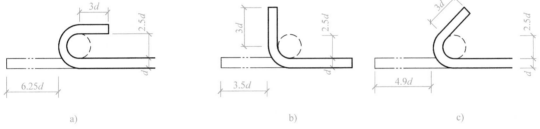

图1-29　钢筋弯钩示意图

a）180°半圆弯钩　b）90°直弯钩　c）135°斜弯钩

6）现浇构件中固定位置的支撑钢筋、双层钢筋用的"铁马"，在编制工程量清单时，如果设计未明确其工程量可为暂估量，结算时按现场签证数量计算。

7）现浇构件中伸出构件的锚固钢筋应并入钢筋工程量内。除设计（包括规范规定）标明的搭接外，其他施工搭接不计算工程量，在综合单价中综合考虑。

2. 现浇构件钢筋（010515001）、预制构件钢筋（010515002）、钢筋网片（010515003）、钢筋笼（010515004）

（1）工程量计算　按设计图示钢筋（网）长度（面积）乘以单位理论质量计算，计算公式：

$$钢筋工程量=钢筋长度×钢筋每米长质量$$

式中　钢筋长度=构件图示长度（高度）-混凝土保护层厚度+弯钩增加长度+

弯起增加长度+搭接增加长度+锚固增加长度

注：该式为钢筋长度计算的通式，实际计算时应根据直钢筋、弯起钢筋、箍筋形状和施工方法进行计算。

各种类型钢筋长度计算如下：

① 直钢筋。

直筋计算长度=构件图示长度-两端混凝土保护层厚度

② 带弯钩直钢筋。

钢筋计算长度=构件图示长度-两端混凝土保护层厚度+弯钩增加长度

③ 弯起钢筋。

钢筋计算长度=构件图示长度-两端混凝土保护层厚度+弯钩增加长度+弯起增加长度

④ 箍筋。

箍筋长度=每根箍筋长度×箍筋个数

$$箍筋个数 = \frac{箍筋设置区域长}{箍筋设置间距} + 1$$

式中   每根箍筋长度的计算与箍筋的设置形式有关。常见的箍筋形式有双肢箍、四肢箍及螺旋箍，如图 1-30 所示。

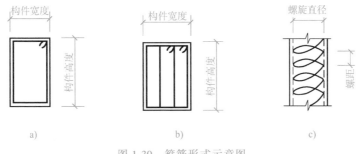

图 1-30   箍筋形式示意图

a）双肢箍   b）四肢箍   c）螺旋箍

双肢箍长度=构件周长-8×混凝土保护层厚度+箍筋弯钩增加长度+8d

四肢箍长度=一个双肢箍长度×2

$$= \left\{ \left[(构件宽度-两端保护层厚度) \times \frac{2}{3} + 构件高度-两端保护层厚度 \right] \times \right.$$

$$\left. 2 + 箍筋弯钩增加长度 + 8d \right\} \times 2$$

$$螺旋箍长度 = \sqrt{(螺距)^2 + (3.14 \times 螺距直径)^2} \times 螺旋圈数$$

1）现浇框架梁钢筋计算。现浇框架梁钢筋的配置情况如图 1-31 所示。

① 每根上部贯通筋的长度=两端柱间净长度+($0.4l_{aE}+15d$)×2

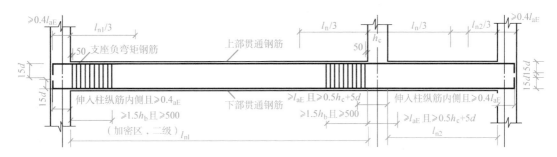

图 1-31   抗震楼层框架梁配筋示意图

l_n—相邻两跨的最大值 h_b—梁的高度

上部贯通筋总长 = 每根上部贯通筋的长度×根数

② 每根下部贯通筋的长度 = 本跨净长度 + 两端支座锚固长度

下部贯通筋总长 = 每根下部贯通筋的长度×根数

③ 边支座处每根负弯矩筋长度 = $\dfrac{l_{n1}}{3}$ + 0.4l_{aE} + 15d

边支座处负弯矩筋总长 = 边支座处每根负弯矩筋长度×根数

④ 中间支座处每根负弯矩筋长度 = $\dfrac{l_n}{3}$×2 + 支座宽度

中间支座处负弯矩筋总长 = 中间支座处每根负弯矩筋长度×根数

例 1-42 根据课题 3 案例施工图（结施 7）编制④轴（KL9（3））钢筋的工程量清单。

解：按案例附图所示，已知该房屋抗震等级为三级，梁的混凝土强度等级为 C30；钢筋 2Φ25 +（2Φ12）；4Φ22；G4Φ12。框架柱的断面尺寸为 450mm×450mm。

1. 读图

KL9（3）350×700：截面宽度 350mm，截面高度 700mm，三跨。

2Φ25：梁的上部贯通筋为 2 根Φ25。

2Φ12：梁的上部 2 根Φ12 架立筋。

G4Φ12：按构造要求配置了 4 根Φ16 的侧面纵向钢筋（即腰筋）。

4Φ22：梁的下部贯通筋为 4 根Φ22。

Φ8-100/200（4）：箍筋直径Φ8，加密区间距 100mm，非加密区间距 200mm，均为四肢箍。

（b）、（e）轴支座处 2Φ25 + 2Φ22：支座负弯矩筋为 2Φ25 + 2Φ22，其中 2 根为上部贯通筋。

（c）、（d）轴支座处 2Φ25 + 2Φ22：配筋含义与（b）轴相同。

2. 计算钢筋长度

1）上部贯通筋 2Φ25。

每根上部贯通筋的长度 = 两端柱间净长度 + [0.4l_{aE}（l_{aE} 见表 1-3-23）+ 15d]×2

= 7.10m×3 − 0.225m×2 +（0.4×31×0.025 + 15×0.025）m×2

= 20.85m + 1.37m = 22.22m

上部贯通筋总长 = 每根上部贯通筋的长度×根数 = 22.22m×2 = 44.44m

同理：2 根Φ12 架立筋总长 = 每根架立筋的长度×根数

= [7.10×3 − 0.225×2 +（0.4×31×0.012 + 15×0.012）×2]m×2

= 21.51m×2 = 43.02m

2）（b）、（e）轴支座处负弯矩筋 2Φ25 + 2Φ22。

（b）、（e）轴支座处负弯矩筋共 2Φ25 + 2Φ22。其中，2Φ25 的上部贯通筋已在①中算出，在此只需计算 2Φ22。

（b）轴支座处每根负弯矩筋长度 = $\dfrac{l_{n1}}{3}$ + 0.4l_{aE} + 15d

= $\dfrac{1}{3}$×（7.1 − 0.225×2）m + 0.4×31×0.022m + 15×0.022m

= 2.22m + 0.60m = 2.82m

（b）轴支座处负弯矩筋总长＝2.82m×2＝5.64m

同理：（e）轴支座处负弯矩筋总长＝2.82m×2＝5.64m

3）（c）轴、（d）轴支座处负弯矩筋 2Φ25+2Φ22。

（c）轴支座处负弯矩筋（Φ22）总长 $=\left(\dfrac{l_n}{3}×2+支座宽度\right)×根数$

$$=\left[\dfrac{1}{3}×(7.1-0.225×2)×2+0.45\right]m×2$$

$$=(4.43+0.45)m×2$$

$$=4.88m×2=9.78m$$

同理：（d）轴支座处负弯矩筋（Φ22）总长＝4.88m×2＝9.78m

4）第一、三跨下部贯通筋 4Φ22。

在（b）、（e）轴支座处，当钢筋不能直锚时，要伸至柱纵筋内侧且≥$0.4l_{aE}$，然后弯折 $15d$。$0.4l_{aE}=0.4×31d=(0.4×31×0.022)m=0.27m$。在（c）、（d）轴支座处的锚固长度应≥$l_{aE}$ 且≥$0.5h_c+5d$。$l_{aE}=31d=(31×0.022)m=0.68m>0.5h_c+5d=(0.5×0.45+5×0.022)m=0.34m$，则

每根下部贯通筋的长度＝本跨净长度+两端支座锚固长度

$$=7.10m-0.225m×2+0.4×31×0.022m+15×0.022m+31×0.022m$$

$$=6.65m+0.27m+0.33m+0.68m=7.93m$$

下部贯通筋总长＝7.93m×4 根×3 跨＝7.93m×4×3＝95.16m

5）腰筋 4Φ12 及拉筋。

按构造要求，当梁腹板高大于 450mm 时，应在梁的两侧沿梁高配置间距小于等于 200mm 的腰筋（图 1-32），其锚固长度取 $15d$。拉筋（图 1-32）间距为非加密区箍筋间距的两倍，当梁宽大于 350mm 时，拉筋直径取 Φ8，当梁宽小于等于 350mm 时，拉筋直径取 Φ6，拉筋弯钩长度取 $10d$ 和 75mm 中的最大值。

因 KL9（3）梁高 700mm，梁宽 350mm，设计配置 4Φ12 腰筋，则

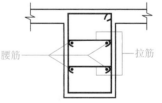

图 1-32 腰筋及拉筋
设置示意图

腰筋长度＝腰筋每根长度×腰筋根数

$$=（支座间净长+两端锚固长度）×腰筋根数$$

$$=(7.10×3-0.225×2+15×0.012×2)m×4$$

$$=21.21m×4=84.84m$$

拉筋弯钩长取 75mm 且>$10d$=10×6mm=60mm

Φ6 拉筋长度＝拉筋每根长度×腰筋根数

$$=（梁宽-两端保护层+两个弯钩长）×\left(\dfrac{腰筋长度}{拉筋间距}+1\right)×梁每侧腰筋根数$$

$$=(0.35-0.025×2+0.075×2)m×\left(\dfrac{21.21}{0.4}+1\right)×2$$

$$≈0.45m×54×2=48.6m$$

6）箍筋 Φ8-100/200（4）。

因 KL9（3）箍筋形式为四肢箍，则

$$每根四肢箍筋长度 = 一个双肢箍长度 \times 2 = \left\{ \left[(构件宽度 - 两端保护层厚度) \times \frac{2}{3} + \right. \right.$$

$$\left. \left. 构件高度 - 两端保护层厚度 \right] \times 2 + 箍筋弯钩增加长度 + 8d \right\} \times 2$$

$$= \left\{ \left[(0.35 - 0.025 \times 2) \times \frac{2}{3} + 0.70 - 0.025 \times 2 \right] \times 2 + 11.87 \times \right.$$

$$\left. 0.008 \times 2 + 8 \times 0.008 \right\} \, m \times 2 = (1.70 + 0.19 + 0.06) \, m \times 2 = 3.90 \, m$$

由于框架梁中箍筋配置有加密区，加密区长度应 $\geq 1.5 h_b$，且 $\geq 500mm$。因 $1.5 h_b = 1.5 \times 700mm = 1050mm > 500mm$，所以加密区长度取 1050mm。又因端部箍筋应距支座 50mm，则

$$各跨箍筋个数 = \frac{箍筋设置区域长}{箍筋间距} - 1$$

$$= \left(\frac{1.05 - 0.05}{0.1} \times 2 + \frac{7.10 - 0.225 \times 2 - 1.05 \times 2}{0.2} + 1 \right) 根$$

$$\approx (20 + 23 + 1) 根 = 44 根$$

箍筋总长度 = 每根箍筋长度 × 根数 × 3 跨 = 3.90m × 44 × 3 = 514.80m

7）计算钢筋工程量。

钢筋工程量 = 钢筋长度 × 钢筋每米长质量

钢筋每米长质量可查表 1-38。

Φ25 钢筋工程量 = 44.44m × 3.850kg/m = 171.09kg

Φ22 钢筋工程量 = (5.64m + 5.64m + 9.78m + 9.78m) × 2.984kg/m = 92.03kg

Φ12 钢筋工程量 = (43.02m + 84.84m) × 0.888kg/m = 113.54kg

Φ8 钢筋工程量 = 514.80m × 0.395kg/m = 203.35kg

Φ6 钢筋工程量 = 48.60m × 0.222kg/m = 10.79kg

钢筋工程量清单见表 1-48。

表 1-48　分部分项工程和单价措施项目清单与计价表

工程名称：×××　　　　　　　　　　　标段：×××　　　　　　　　　　　第　页共　页

序号	项目编码	项目名称	项目特征描述	计量单位	工程量	金额/元		
						综合单价	合价	其中：暂估价
1	010515001001	现浇构件圆钢筋	Φ6 = 0.011t　Φ8 = 0.204t	t	0.215			
2	010515001002	现浇构件螺纹钢筋	Φ12 = 0.114t　Φ22 = 0.091t Φ25 = 0.171t	t	0.376			

例 1-43　依据图 1-33 所给已知条件，编制 20 根该钢筋混凝土 L1 的钢筋工程量清单。

解：如图 1-33 所示，钢筋计算长度如下：

① 号钢筋计算长度为：6300mm - 2 × 25mm + 2 × 6.25 × 18mm = 6475mm

② 号钢筋计算长度为：6300mm - 2 × 25mm + 0.414 × 400mm × 2 + 2 × 6.25 × 20mm = 6831mm

③ 号钢筋计算长度为：6300mm - 2 × 25mm + 2 × 6.25 × 12mm = 6400mm

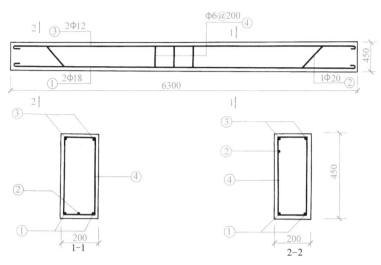

图 1-33　L1 梁配筋示意图

④ 号箍筋计算长度为：（200mm+450mm−2×25mm×2）×2+100mm＝1200mm

$$箍筋数量=\frac{6300mm-2\times25mm}{200mm}+1=32 \text{个}$$

L1 钢筋工程量计算见表 1-49。

表 1-49　L1 钢筋工程量计算表

构件名称	钢筋编号	钢筋符号	直径/mm	单根长度/mm	单件数量	总长度/m	重量/kg
L1	①	ф	18	6475	2	12.95	25.874
	②	ф	20	6831	1	6.831	16.845
	③	ф	12	6400	2	12.8	11.366
	④	ф	6	1200	32	38.4	8.525

20 根该梁钢筋工程量为：ф 6＝20×8.525kg＝0.171t

ф 12＝20×11.366kg＝0.227t

ф 18＝20×25.874kg＝0.518t

ф 20＝20×16.845kg＝0.337t

钢筋工程量清单见表 1-50。

表 1-50　分部分项工程和单价措施项目清单与计价表

工程名称：×××　　　　　　　标段：×××　　　　　第　页共　页

序号	项目编码	项目名称	项目特征描述	计量单位	工程数量	综合单价	合价	其中：暂估价
1	010515001001	现浇构件钢筋	ф 6＝0.171t，ф 12＝0.227t，ф 18＝0.518t，ф 20＝0.337t	t	1.253			

2）现浇框架柱钢筋计算。框架柱钢筋上部伸入屋面框架梁锚固，下部伸入基础锚固，

如图 1-34 所示。层与层之间钢筋采用电渣压焊连接。

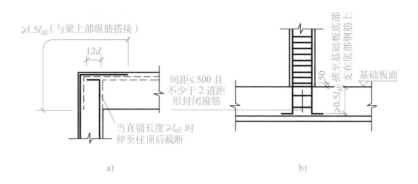

图 1-34 柱钢筋锚固、箍筋设置示意图

a）抗震边柱和角柱柱顶纵向钢筋构造 b）柱插筋构造

① 柱纵筋。

每根纵筋长度=基础板面至屋面框架梁底的距离+柱上、下两端锚固长度

柱外侧纵筋长度=柱外侧每根纵筋长度×根数

柱内侧纵筋长度=柱内侧每根纵筋长度×根数

柱外侧纵筋上端锚固长度=$1.5l_{aE}$

若柱内侧纵筋在梁内直锚长度=梁高−保护层厚<l_{aE}

则柱内侧纵筋上端锚固长度=柱直锚长度+$12d$

柱筋插入基础（或梁）内长度=基础（或梁）高−保护层厚−2×基础钢筋直径

按规范规定，当柱筋插入基础板内长度大于等于 $0.5l_{aE}$ 时，图 1-3-26b 中的弯钩长度 a 应取 $12d$，且大于等于 150mm。

柱纵筋下端锚固长度=柱筋插入基础（或梁）内长度+$12d$

每根纵筋长度=基础板面至屋面框架梁底的距离+柱上、下两端锚固长度

② 箍筋。框架柱箍筋一般设置为大箍套小箍。

每根大箍筋长=柱周长−8×混凝土保护层厚度+箍筋弯钩增加长度+$8d$

$$每根小箍筋长=\left[\frac{1}{3}(柱截面边长-2×混凝土保护层厚度)+柱截面边长-2×\right.$$

$$\left.混凝土保护层厚度\right]×2+箍筋弯钩增加长度+8d$$

箍筋的设置有加密区和非加密区。其中，加密区长度规定为：

自基础顶面，底层柱根加密大于等于$\frac{H_n}{3}$（H_n 为基础顶面至一层梁底）；其他层次梁及

其上下均加密，上下加密大于等于柱长边尺寸且大于等于$\frac{H_n}{6}$（H_n 为各层梁与梁间净高），

且大于等于 500mm。

例 1-44 根据课题 3 案例施工图（结施 4、结施 5），柱层与层之间纵向钢筋采用电渣压焊连接。计算 KZ1 的钢筋清单工程量。

解：1）读图。

根据施工图（结施4、结施5），一层层高为4.20m，屋面板顶标高为7.80m，屋面框架梁截面尺寸为350mm×700mm。地梁高600mm，内配Φ20的钢筋，地梁顶标高为-0.80m。KZ1（C30）的截面尺寸为450mm×450mm，内配纵筋12Φ22，框架柱钢筋上部伸入屋面框架梁锚固，下部伸入地梁锚固。一层箍筋Φ8@100，二层箍筋Φ8@100/200。

2）计算钢筋长度。

① 纵筋。

柱外侧纵筋上端锚固长度 $=1.5l_{aE}=1.5×31d=1.5×31×0.022m=1.023m$

由于柱内侧纵筋在梁内直锚长度 = 梁高-保护层厚

$$=(0.70-0.025)m=0.675m<l_{aE}=31×0.022m$$
$$=0.682m$$

所以柱内侧纵筋上端锚固长度 = 柱直锚长度+12d $=0.675+12×0.022m=0.939m$

柱筋插入地梁内长度 = 地梁高-保护层厚-2×地梁钢筋直径

$$=(0.60-0.04-2×0.025)m$$
$$=0.51m>0.5l_{aE}=0.5×31d=0.341m$$

按规定，当柱筋插入基础内长度大于等于 $0.5l_{aE}$ 时，弯钩长度应取12d，且大于等于150mm。因 $12d=0.264m$，则

柱纵筋下端锚固长度 $=0.51m+0.264m=0.774m$

每根纵筋长度 = 基础底面至屋面框架梁底的距离+柱上、下两端锚固长度

柱外侧纵筋长度 = 柱外侧每根纵筋长度×根数

$$=[(0.60+0.80+7.10)+1.023+0.774]m×7$$
$$=72.08m$$

柱内侧纵筋长度 = 柱内侧每根纵筋长度×根数

$$=[(0.60+0.80+7.10)+0.939+0.774]m×5$$
$$=51.07m$$

每根KZ1纵筋总长度 $=72.08m+51.07m=123.15m$

② 箍筋。

每根大箍筋长 = 柱周长-8×混凝土保护层厚度+箍筋弯钩增加长度+8d

$$=0.45m×4-8×0.03m+(11.87×0.008×2)m+8×0.008m$$
$$=(1.8-0.24+0.19+0.064)m=1.81m$$

每根小箍筋长 $=\left(\dfrac{0.45-0.03×2}{3}+0.45-0.03×2\right)m×2+(11.87×0.008×2)m+8×0.008m$

$$=(1.04+0.19+0.064)m=1.29m$$

一层箍筋Φ8@100全加密，二层梁上下加密，上下加密大于等于柱长边尺寸，且大于等于 $\dfrac{H_n}{6}$（H_n为各层梁与梁间净高），且大于等于500mm。因 $\dfrac{H_n}{6}=\dfrac{7.1-4.15}{6}m=492mm<500mm$，则各层梁上下加密区长应取500mm。

加密区长 $=(0.80+4.20+0.5+0.5+0.70)m=6.70m$

非加密区长 $=(0.80+7.80-6.70)m=1.90m$

$$箍筋设置个数 = \frac{6.7}{0.1} + \frac{1.9}{0.2} + 1 + 2 = 80 \ 个$$

箍筋长度 = (1.81×80+1.29×80×2)m = 351.20m

③ 计算钢筋工程量。

Φ22钢筋工程量 = (123.15×2.984×4)kg = 276.32kg

Φ8钢筋工程量 = (351.20×0.395×4)kg = 554.90kg

3）现浇板钢筋计算。板中通常配置受力钢筋、分布钢筋、负弯矩筋三种钢筋。

① 受力钢筋：每根钢筋长度 = 轴线长度 + 两个弯钩长度。

② 分布钢筋：分布钢筋不设弯钩，每根钢筋长度 = 轴线长度。

③ 负弯矩筋：每根长度 = 直长度 + 两个弯折长度。

式中，弯折长度 = 板厚 - 板上部保护层厚度。

因此，钢筋的根数 = $\dfrac{钢筋设置区域长}{钢筋设置间距}$ + 1

受力钢筋、分布钢筋、负弯矩筋的总长 = 每根钢筋的长度×根数

例1-45　根据课题3案例施工图（结施9），计算②~③轴和（c）~（d）轴围合板内钢筋的清单工程量。

解：1）读图并计算钢筋长度。

②号钢筋（Φ10@200）每根长度 = 7.10m+2×6.25×0.01m = 7.23m

②号钢筋根数 = $\dfrac{7.20-0.175×2-0.05×2}{0.2}$ + 1 ≈ 35 根

②号钢筋（Φ10）总长 = 7.23m×35 = 253.05m

⑧号钢筋（Φ12@200）每根长度 = 1.05m×2+2×（0.12-0.015）m = 2.31m

⑧号钢筋根数 $\dfrac{7.10-0.175×2-0.05×2}{0.2}$ + 1 ≈ 35 根

⑧号钢筋（Φ12）总长 = 2.31m×35 = 80.85m

⑪号钢筋（Φ10@160）每根长度 = 3.20m+2×6.25×0.01m = 3.325m

⑪号钢筋根数 = $\dfrac{7.1-0.175×2-0.05×2}{0.16}$ + 1 ≈ 43 根

⑪号钢筋（Φ10）总长 = 3.325m×43 = 142.98m

2）计算钢筋清单工程量。

②号钢筋（Φ10）清单工程量 = 253.05m×0.617kg/m = 156.13kg

⑧号钢筋（Φ12）清单工程量 = 80.85m×0.888kg/m = 71.80kg

⑪号钢筋（Φ10）清单工程量 = 142.98m×0.617kg/m = 88.22kg

4）砌体拉结钢筋计算。对于抗震多层砖混结构房屋，在房屋的转角及纵横墙交接处均设置了构造柱。墙与柱沿高度每隔500mm加设2Φ6拉结钢筋，伸入墙内不小于1000mm。首先计算每道拉结钢筋的长度，然后计算拉结钢筋设置的道数，再计算拉结钢筋总长度，最后计算拉结钢筋质量。

（2）项目特征　需描述钢筋种类、规格。

（3）工作内容　现浇构件钢筋、预制构件钢筋包含钢筋制作、运输，钢筋安装，焊接

（绑扎）。钢筋网片包含钢筋网制作、运输，钢筋网安装，焊接（绑扎）。钢筋笼包含钢筋笼制作、运输，钢筋笼安装，焊接（绑扎）。

3. 先张法预应力钢筋（010515005）

（1）工程量计算　工程量按设计图示钢筋长度乘以单位理论质量计算。

（2）项目特征　需描述钢筋种类、规格，锚具种类。

（3）工作内容　包含钢筋制作、运输，钢筋张拉。

4. 后张法预应力钢筋（010515006）、预应力钢丝（010515007）、预应力钢绞线（010515008）

（1）工程量计算　工程量按设计图示钢筋（钢丝束、钢绞线）长度乘以单位理论质量计算。

1）低合金钢筋两端均采用螺杆锚具时，钢筋长度按孔道长度减 0.35m 计算，螺杆另行计算。

2）低合金钢筋一端采用墩头插片、另一端采用螺杆锚具时，钢筋长度按孔道长度计算，螺杆另行计算。

3）低合金钢筋一端采用墩头插片、另一端采用帮条锚具时，钢筋长度按孔道长度增加 0.15m 计算；两端均采用帮条锚具时，钢筋长度按孔道长度增加 0.3m 计算。

4）低合金钢筋采用后张混凝土自锚时，钢筋长度按孔道长度增加 0.35m 计算。

5）低合金钢筋（钢绞线）采用 JM、XM、QM 型锚具，孔道长度在 20m 以内时，钢筋长度按孔道长度增加 1m 计算；孔道长度在 20m 以外时，钢筋长度按孔道长度增加 1.8m 计算。

6）碳素钢丝采用锥形锚具，孔道长度在 20m 以内时，钢丝束长度按孔道长度增加 1m 计算；孔道长度在 20m 以外时，钢丝束长度按孔道长度增加 1.8m 计算。

7）碳素钢丝束采用墩头锚具时，钢丝束长度按孔道长度增加 0.35m 计算。

（2）项目特征　需描述钢筋种类、规格，钢丝种类、规格，钢绞线种类、规格，锚具种类，砂浆强度等级。

（3）工作内容　包含钢筋、钢丝、钢绞线制作、运输，钢筋、钢丝、钢绞线安装，预埋管孔道铺设，锚具安装，砂浆制作、运输，孔道压浆、养护。

（十七）螺栓、铁件工程量清单编制

1. 螺栓（010516001）

（1）工程量计算　按设计图示尺寸以质量计算。

（2）项目特征　需描述螺栓种类，规格。

（3）工作内容　包含螺栓制作、运输、安装。

2. 预埋铁件（010516002）

（1）工程量计算　预埋铁件工程量按设计图示尺寸以质量计算。

（2）项目特征　需描述钢材种类，规格，铁件尺寸

（3）工作内容　包含铁件制作、运输、安装

3. 机械连接（010516003）

（1）工程量计算　机械连接工程量按数量以个计算。

（2）项目特征　需描述连接方式，螺纹套筒种类，规格。

（3）工作内容　包含钢筋套丝，套筒连接。

对于螺栓、铁件和机械连接，编制工程量清单时，如果设计未明确，其工程量可为暂估量，实际工程量按现场签证数量计算。

六、金属结构工程

金属结构工程适用于建筑物和构筑物的钢结构工程，包括钢屋架、钢网架、钢托架、钢桁架、钢架桥、钢柱、钢梁、钢板楼板、墙板、钢构件、金属制品项目。

（一）相关说明

1）螺栓种类指普通或高强。

2）以榀计量，按标准图设计的应注明标准图代号，按非标准图设计的项目特征必须描述单榀屋架的质量。

3）型钢混凝土柱浇筑钢筋混凝土，其混凝土和钢筋应按混凝土及钢筋混凝土工程中相关项目编码列项。

4）压型钢楼板按钢楼板项目编码列项。

5）金属构件的切边，不规则及多边形钢板发生的损耗在综合单价中考虑。

6）防火要求指耐火极限。

7）名词解释。

① 轻钢屋架：指采用圆钢筋、小角钢（小于∟45×4等边角钢、小于∟56×36×4不等边角钢）和薄钢板（其厚度一般不大于4mm）等材料组成的轻型钢屋架。

② 薄壁型钢屋架：指厚度在2~6mm的钢板或钢带，经冷弯或冷拔等方式弯曲而成的型钢组成的屋架。

③ 钢管混凝土柱：指将普通混凝土填入薄壁圆型钢管内形成的组合结构。

④ 型钢混凝土柱、梁：指由混凝土包裹型钢组成的柱、梁。

⑤ 实腹柱：指具有实腹式断面的柱。

⑥ 空腹柱：指具有格构式断面的柱。

⑦ 压型钢板：指采用镀锌或经防腐处理的薄钢板。

8）各种钢材理论质量计算公式见表1-51。

表1-51　钢材理论质量计算

序　号	钢材类别	计算公式	符号意义
1	圆钢	$W = 0.00617d^2$	d——外径
2	方钢	$W = 0.00785a^2$	a——边宽
3	扁钢	$W = 0.00785a \times S$	a——宽度 S——壁厚
4	钢管	$W = 0.2466S(D-S)$	D——外径 S——壁厚
5	工字钢	$W = 0.00785[h \times d + 2t(b-d) + 0.8584(r^2 - r_1^2)]$	h——高度 b——翼缘宽 d——腹板厚 t——翼缘厚 r——回转半径 r_1——回转半径
6	槽钢	$W = 0.00785[h \times d + 2t(b-d) + 0.4292(r^2 - r_1^2)]$	

（续）

序　号	钢材类别	计算公式	符号意义
7	等边角钢	$W=0.00795d(2b-d)$	d——肢厚 b——肢宽
8	不等边角钢	$W=0.00795d(B+b-a)$	B——长肢宽 a——肢厚 b——短肢宽
9	钢板	$W=0.00785t$	t——钢板厚

（二）钢网架（010601001）工程量清单编制

（1）适用范围　钢网架项目适用于一般钢网架和不锈钢网架。不论节点形式（球形节点、板式节点等）和节点连接方式（焊结、丝结）等均使用该项目。

（2）工程量计算　按设计图示尺寸以质量计算。不扣除孔眼的质量，焊条、铆钉等不另增加质量。

（3）项目特征　需描述钢材品种、规格，网架节点形式、连接方式，网架跨度、安装高度，探伤要求，防火要求。

（4）工作内容　包含拼装、安装、探伤、补刷油漆。

例 1-46　如图 1-35 所示，某三角形钢屋架跨度12000mm，上下弦夹角为26°34′，上弦为 2∟110×8，下弦为 2∟75×8，屋架矢高为3000m。竖腹杆五个均为 2∟63×6，斜腹杆四个均为 2∟45×6，节点板为−8 钢板，1、2、3 节点板外接尺寸为 210mm×200mm，其他节点板外接尺寸均为 200mm×150mm。设计要求安装高度9.00m，油漆做法为调和漆两度；刮腻子；防锈漆一度。试编制 10 榀屋架的工程量清单。

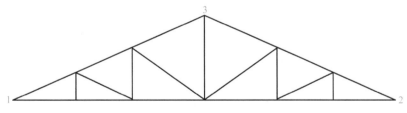

图 1-35　三角形钢屋架示意图

解：1）计算杆件长度。

① 上弦长 $=\sqrt{6^2+3^2}\,\text{m}=6.71\text{m}$

② 竖腹杆长分别为 3.00m、2.00m、1.00m

③ 斜腹杆长分别为 2.83m、2.24m

2）计算工程量

上弦 2∟110×8：6.71m×2×2×13.50kg/m=362.34kg

下弦 2∟75×8：12.00m×2×9.02kg/m=216.48kg

竖腹杆 2∟63×6：（3+2+1+2+1）m×5.72kg/m×2=102.96kg

斜腹杆 2∟45×5：（2.83+2.24）m×2×3.38kg/m×2=68.55kg

−8 钢板：（0.21×0.20×3+0.20×0.15×9）m×62.80kg/m=24.87kg

10 榀钢屋架工程量=（362.34+216.48+102.96+68.55+24.87）kg×10=7752.00kg

3）屋架工程量清单与计价表见表1-52。

表1-52 分部分项工程和单价措施项目清单与计价表

工程名称：×××　　　　　　　　　　　　标段：×××　　　　　　　　　第 页共 页

序号	项目编码	项目名称	项目特征描述	计量单位	工程量	金额/元		
						综合单价	合价	其中：暂估价
1	010602001001	钢屋架	12m跨；调和漆两度；刮腻子；防锈漆一度	t	7.752			

（三）钢屋架（010602001）、钢托架（010602002）、钢桁架（010602003）、钢架桥（010602004）工程量清单编制

（1）适用范围 钢屋架、钢托架、钢桁架、钢架桥项目适用于一般钢托架、桁架和轻钢托架、桁架及冷弯薄壁型钢托架、桁架。

（2）工程量计算 按设计图示尺寸以质量计算。不扣除孔眼的质量，焊条、铆钉、螺栓等不另增加质量，钢屋架工程量也可按设计图示数量以榀计量。

（3）项目特征 需描述钢材品种、规格，单榀的质量，安装高度，螺栓种类，探伤要求，防火要求。

（4）工作内容 包含拼装、安装、探伤、补刷油漆。

（四）钢柱工程量清单编制

钢柱包含实腹钢柱（010603001）（图1-36a）、空腹钢柱（010603002）（图1-36b）及钢管柱（010603003）（图1-36c）项目。

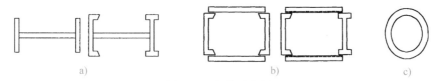

图1-36 钢柱示意图

a）实腹钢柱　b）空腹钢柱　c）钢管柱

（1）适用范围

1）实腹钢柱项目适用于类型有十字、T、L、H型等钢柱。

2）空腹钢柱项目适用于箱形、格构等。

3）钢管柱项目适用于钢管柱和钢管混凝土柱。

（2）工程量计算 按设计图示尺寸以质量计算。不扣除孔眼的质量，焊条、铆钉、螺栓等不另增加质量。依附在钢柱上的牛腿及悬臂梁等并入钢柱工程量内；钢管柱上的节点板、加强环、内衬管、牛腿等并入钢管柱工程量内。

（3）项目特征 需描述柱类型，钢材品种、规格，单根柱质量，螺栓种类，探伤要求，防火要求。

（4）工作内容 包含拼装、安装、探伤、补刷油漆。

例1-47 某工程设计有20根钢管柱φ121（5），柱高3.90m，如图1-37所示。设计要求油漆做法为：调和漆两度；刮腻子；防锈漆一度。试编制钢管柱的工程量清单。

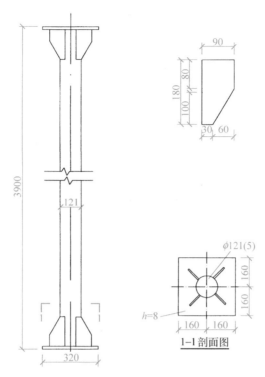

图 1-37　钢管柱结构示意图

解：1）计算工程量。

① 单根钢管工程量。

$$（3.90-0.008×2）m×14.30kg/m=55.54kg$$

② 单根柱钢板工程量。

$$（0.32×0.32×2+0.18×0.09×8）m^2×62.80kg/m^2=21.00kg$$

③ 20 根钢柱的工程量。

$$（55.54+21.00）kg×20=1530.80kg$$

2）钢管柱工程量清单与计价表见表 1-53。

表 1-53　分部分项工程和单价措施项目清单与计价表

工程名称：×××　　　　　　　　　　标段：×××　　　　　　　第　页共　页

序号	项目编码	项目名称	项目特征描述	计量单位	工程量	金额/元		
						综合单价	合价	其中：暂估价
1	010603003001	钢管柱	单根重 0.0754t,调和漆两度;刮腻子,防锈漆一度	t	1.531			

（五）钢梁工程量清单编制

钢梁包含钢梁（010604001）、钢吊车梁（010604002）两个清单项目。

（1）适用范围

1）钢梁项目适用于钢梁和实腹式型钢混凝土梁、空腹式型钢混凝土梁。

2）钢吊车梁项目适用于钢吊车梁及吊车梁的制动梁、制动板、制动桁架。

（2）工程量计算　按设计图示尺寸以质量计算。不扣除孔眼的质量，焊条、铆钉、螺栓等不另增加质量，制动梁、制动板、制动桁架、车档并入钢吊车梁工程量内。

（3）项目特征　需描述钢材品种、规格，单根质量，螺栓种类，安装高度，探伤要求，防火要求，钢梁还需描述梁类型。

（4）工作内容　包含拼装，安装，探伤要求，补刷油漆。

（六）钢板楼板、墙板工程量清单编制

1. 钢板楼板（010605001）

（1）适用范围　钢板楼板项目适用于钢板楼板和现浇混凝土楼板使用压型钢板作永久性模板，并与混凝土叠合后组成共同受力的构件。

（2）工程量计算　工程量按设计图示尺寸以铺设水平投影面积计算，不扣除单个面积≤0.3m^{2}柱、垛及孔洞所占面积。

（3）项目特征　需描述钢材品种、规格，钢板厚度，螺栓种类，防火要求。

（4）工作内容　包含拼装，安装，探伤，补刷油漆。

（5）注意事项　钢板楼板上浇筑钢筋混凝土，其混凝土和钢筋应按"混凝土及钢筋混凝土工程"有关项目编码列项。

2. 钢板墙板（010605002）

（1）适用范围　钢板墙板项目适用于采用钢板作墙板及现浇混凝土墙板使用钢板作永久性模板，并与混凝土叠合后组成共同受力的构件。

（2）工程量计算　工程量按设计图示尺寸以铺挂展开面积计算。不扣除单个面积≤0.3m^{2}的梁、孔洞所占面积，包角、包边、窗台泛水等不另增加面积。

（3）项目特征　需描述钢材品种、规格，钢板厚度，复合板厚度，螺栓种类，复合板夹芯材料种类、层数、型号、规格，防火要求。

（4）工作内容　与钢板楼板工作内容一致。

（七）钢构件工程量清单编制

钢构件包含钢支撑、钢拉条（010606001）、钢檩条（010606002）、钢天窗架（010606003）、钢挡风架（010606004）、钢墙架（010606005）、钢平台（010606006）、钢走道（010606007）、钢梯（010606008）、钢护栏（010606009）、钢漏斗（010606010）、钢板天沟（010606011）、钢支架（010606012）、零星钢构件（010606013）。

（1）工程量计算　钢构件工程量按设计图示尺寸以质量计算，不扣除孔眼的质量、焊条、铆钉、螺栓等不另增加质量。对于钢漏斗和钢板天沟项目依附漏斗或天沟的型钢并入漏斗或天沟工程量内。

（2）项目特征

1）共性特征：需描述钢材品种、规格，防火要求。

2）钢支撑、钢拉条：还需描述支撑高度，探伤要求。

3）钢檩条：还需描述檩条类型，单根质量，安装高度。

4）钢天窗架：还需描述单榀质量，安装高度，擦伤要求，探伤要求。

5）钢挡风架、钢墙架：还需描述单榀质量，擦伤要求，探伤要求。

6）钢梯：还需描述钢梯形式，螺栓种类。

7）钢漏斗：还需描述漏斗、天沟形式，安装高度，探伤要求。

8）钢支架：还需描述单件质量。

9）零星钢构件：还需描述构件名称。

（3）工作内容　包含拼装，安装，探伤，补刷油漆。

（4）注意事项

1）钢墙架项目包括墙架柱、墙架梁和连接杆件。

2）钢支撑、钢拉条类型指单式、复式；钢檩条类型指型钢式、格构式；钢漏斗形式指方形、圆形；天沟形式指矩形沟或半圆形沟。

3）加工铁件等小型构件，应按零星钢构件项目编码列项。

（八）金属制品工程量清单编制

金属制品包括成品空调金属百页护栏（010607001）、成品栅栏（010607002）、成品雨篷（010607003）、金属网栏（010607004）、砌块墙钢丝网加固（010607005）、后浇带金属网（010607006）。

（1）工程量计算

1）成品空调金属百页护栏、成品栅栏、金属网栏工程量按设计图示尺寸以框外围展开面积计算。

2）成品雨篷工程量按设计图示尺寸以展开面积计算；也可按设计图示接触边以米计算。

3）砌块墙钢丝网加固、后浇带金属网工程量按设计图示尺寸以面积计算。

（2）项目特征

1）成品空调金属百页护栏需描述材料品种、规格，边框材质。

2）成品栅栏、金属网栏需描述材料品种、规格，边框及立柱型钢品种、规格。

3）成品雨篷需描述材料品种、规格，雨篷宽度，凉衣杆品种、规格。

4）砌块墙钢丝网加固、后浇带金属网需描述材料品种、规格，加固方式。

（3）工作内容　砌块墙钢丝网加固、后浇带金属网包含铺贴，铆固。其他均包含安装，校正，预埋铁件，安螺栓。成品栅栏、金属网栏还包含安金属立柱。

七、木结构工程

（一）木屋架工程量清单编制

木屋架包括木屋架（010701001）、钢木屋架（010701002）。

（1）适用范围

1）木屋架项目适用于各种方木、圆木屋架。

2）钢木屋架项目适用于各种方木、圆木的钢木组合屋架。

（2）工程量计算　木屋架按设计图示数量以榀计算，也可以按设计图示的规格尺寸以体积计算。钢木屋架按设计图示数量以榀计算。

（3）项目特征　木屋架需描述跨度，木材品种、规格，刨光要求，拉杆及夹板种类，防护材料种类。钢木屋架需描述跨度，木材品种、规格，刨光要求，钢材品种、规格，防护材料种类。

（4）工作内容　包含制作，运输，安装，刷防护材料。

（5）注意事项

1）按非标准图设计的项目特征按此项目特征描述，以榀计量，按标准图设计的应注明标准图代号。

2）带气楼屋架的马尾、折角以及正交部分的半屋架（图1-38），应按相关屋架项目编码列项。

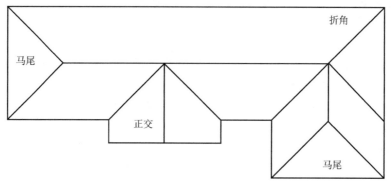

图1-38　屋架的马尾、折角和正交示意图

3）屋架的跨度按上、下弦中心线两交点之间的距离计算。

（二）木构件工程量清单编制

1. 木柱（010702001）、木梁（010702002）

（1）适用范围　木柱、木梁项目适用于建筑物各部位的柱、梁。

（2）工程量计算　按设计图示尺寸以体积计算。

（3）项目特征　需描述构件规格尺寸，木材种类，刨光要求，防护材料种类。

（4）工作内容　包含制作，运输，安装，刷防护材料。

例1-48　如图1-39所示，檩木断面为70mm×120mm方檩木，编制连续檩的工程量清单。

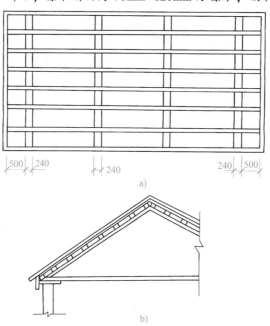

图1-39　连续檩屋面示意图

a）平面图　b）剖面图

解： V=檩木断面积×设计长度×根数

$=0.07\text{m}\times0.12\text{m}\times(3.30\times3+0.24+0.5\times2)\text{m}\times15=1.40\text{m}^3$

连续檩工程量清单与计价表见表 1-54。

表 1-54 分部分项工程和单价措施项目清单与计价表

工程名称：×××　　　　　　　　　　标段：×××　　　　　　　　第　页共　页

序号	项目编码	项目名称	项目特征描述	计量单位	工程量	金额/元		
						综合单价	合价	其中：暂估价
1	010702002001	木梁	70mm×120mm 方檩木；端部防腐	m³	1.40			

2. 木檩（010702003）

（1）工程量计算　木檩工程量按设计图示尺寸以体积以立方米计算；也可按设计图示尺寸以长度以米计算。

（2）项目特征　需描述构件规格尺寸，木材种类，刨光要求，防护材料种类。

（3）工作内容　包含制作，运输，安装，刷防护材料。

3. 木楼梯（010702004）

（1）适用范围　木楼梯项目适用于楼梯和爬梯。

（2）工程量计算　按设计图示尺寸以水平投影面积计算。不扣除宽度≤300mm 的楼梯井，伸入墙内部分不计算。

（3）项目特征　需描述楼梯形式，木材种类，刨光要求，防护材料种类。

（4）工作内容　包含制作，运输，安装，刷防护材料。

4. 其他木构件（010702005）

（1）适用范围　其他木构件项目适用于斜撑、民居的垂花、花芽子、封檐板、博风板等构件。

（2）工程量计算　按设计图示尺寸以体积或长度计算。封檐板按图示檐口外围长度计算，博风板按斜长度计算，每个大刀头增加长度为 500mm。

（3）项目特征　需描述构件名称，构件规格尺寸，木材种类，刨光要求，防护材料种类。

（4）工作内容　包含制作，运输，安装，刷防护材料。

例 1-49　如图 1-40 所示，计算屋面木基层的清单工程量。

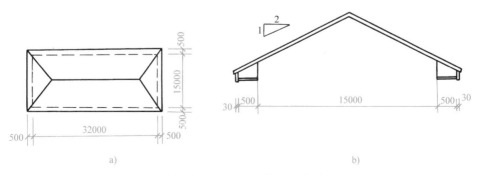

图 1-40 屋面木基层构造示意图

a）平面图 b）侧面图

解：根据图示条件，查屋面坡度系数表，$C = 1.118$

$$A = (32.00m + 0.50m \times 2) \times (15.00m + 0.50m \times 2) \times 1.118 = 590.30m^2$$

例1-50 如图1-41所示，编制封檐板和博风板的工程量清单。

解：1) 封檐板清单工程量。

$$L_1 = (32.00m + 0.50m \times 2) \times 2 = 66.00m$$

2) 博风板清单工程量。

$$L_2 = [15.00m + (0.50m + 0.03m) \times 2] \times 1.118 \times 2 + 0.50m \times 4 = 37.91m$$

3) 封檐板和博风板的工程量清单见表1-55。

表1-55 分部分项工程和单价措施项目清单与计价表

工程名称：×××　　　　　　　　　　标段：×××　　　　　　　　第 页共 页

序号	项目编码	项目名称	项目特征描述	计量单位	工程量	金额/元		
						综合单价	合价	其中：暂估价
1	010702005001	封檐板		m	66.00			
2	010702005002	博风板		m	37.91			

(三) 屋面木基层 (010703001) 工程量清单编制

(1) 工程量计算　屋面木基层工程量按设计图示尺寸以斜面积计算。不扣除房上烟囱、风帽底座、风道、小气窗、斜沟等所占面积。小气窗的出檐部分不增加面积。

(2) 项目特征　需描述椽子断面尺寸及椽距，望板材料种类、厚度，防护材料种类。

(3) 工作内容　包含椽子制作、安装，望板制作、安装，顺水条和挂瓦条制作、安装，刷防护材料。

八、门窗工程

(一) 相关说明

1) 木质门应区分镶板木门、企口木板门、实木装饰门、胶合板门、夹板装饰门、木纱门、全玻门（带木质扇框）、木质半玻门（带木质扇框）等项目，分别编码列项。金属门应区分金属平开门、金属推拉门、金属地弹门、全玻门（带金属扇框）、金属半玻门（带扇框）等项目，分别编码列项。特种门应区分冷藏门、冷冻间门、保温门、变电室门、隔音门、防射电门、人防门、金库门等项目，分别编码列项。

2) 木门五金应包括：折页、插销、门碰珠、弓背拉手、搭机、木螺丝、弹簧折页（自动门）、管子拉手（自由门、地弹门）、地弹簧（地弹门）、角铁、门轧头（地弹门、自由门）等。铝合金门五金包括：地弹簧、门锁、拉手、门插、门铰、螺丝等。其他金属门五金包括L形执手插锁（双舌）、执手锁（单舌）、门轧头、地锁、防盗门机、门眼（猫眼）、门碰珠、电子锁（磁卡锁）、闭门器、装饰拉手等。

3) 木质门带套计量按洞口尺寸以面积计算，不包括门套的面积。

4) 以樘计量，项目特征必须描述洞口尺寸，没有洞口尺寸必须描述门框或扇外围尺寸；以平方米计量，项目特征可不描述洞口尺寸及框、扇的外围尺寸。以平方米计量，无设计图示洞口尺寸，按门框、扇外围以面积计算。

5) 单独制作安装木门框按木门框项目编码列项。

6）木质窗应区分木百叶窗、木组合窗、木天窗、木固定窗、木装饰空花窗等项目，分别编码列项。

7）木橱窗、木飘（凸）窗以樘计量，项目特征必须描述框截面及外围展开面积。

8）木窗五金包括：折页、插销、风钩、木螺丝、滑楞滑轨（推拉窗）等。

9）窗开启方式指平开、推拉、上或中悬。窗形状指矩形或异形。

10）金属窗应区分金属组合窗、防盗窗等项目，分别编码列项。

11）金属橱窗、飘（凸）窗以樘计量，项目特征必须描述框外围展开面积。

12）金属窗五金包括：折页、螺丝、执手、卡锁、铰拉、风撑、滑轮、滑轨、拉把、拉手、角码、牛角制等。

13）窗帘若是双层，项目特征必须描述每层材质。窗帘以米计量，项目特征必须描述窗帘高度和宽度。

（二）工程量清单编制

1. 木门

木门包括木质门（010801001）、木质门带套（010801002）、木质连窗门（010801003）、木质防火门（010801004）、木门框（010801005）、门锁安装（010801006）。

（1）工程量计算 按设计图示数量以"樘"计算，也可按设计图示洞口尺寸以面积计算。

（2）项目特征 木质门、木质门带套、木质连窗门、木质防火门需描述门代号及洞口尺寸，镶嵌玻璃品种、厚度。木门框需描述门代号及洞口尺寸，框截面尺寸，防护材料种类。门锁安装需描述锁品种，锁规格。

（3）工作内容 木质门、木质门带套、木质连窗门、木质防火门包含门安装，玻璃安装，五金安装。木门框包含木门框制作、安装，运输，刷防护材料。

2. 金属门

金属门包括金属（塑钢）门（010802001）、彩板门（010802002）、钢质防火门（010802003）、防盗门（010802004）。

（1）工程量计算 按设计图示数量以"樘"计算，也可按设计图示洞口尺寸以面积计算。

（2）项目特征

1）金属（塑钢）门需描述门代号及洞口尺寸，门框或扇外围尺寸，门框、扇材质，玻璃品种、厚度。

2）彩板门需描述门代号及洞口尺寸，门框或扇外围尺寸。

3）钢质防火门、防盗门需描述门代号及洞口尺寸，门框或扇外围尺寸，门框、扇材质。

（3）工作内容 金属（塑钢）门、彩板门、钢质防火门包含门安装，五金安装，玻璃安装。防盗门包含门安装，五金安装。包含门安装，五金安装，玻璃安装（防盗门不包含）。

3. 金属卷帘门

金属卷帘门包括金属卷帘（闸）门（010803001）、防火卷帘（闸）门（010803002）。

（1）工程量计算 按设计图示数量以樘计算，也可按设计图示洞口尺寸以面积计算。

（2）项目特征　需描述门代号及洞口尺寸，门材质，启动装置品种、规格。

（3）工作内容　包含门运输、安装，启动装置、活动小门、五金安装。

4. 厂库房大门、特种门

厂库房大门、特种门包括木板大门（010804001）、钢木大门（010804002）、全钢板大门（010804003）、防护铁丝门（010804004）、金属格栅门（010804005）、钢质花饰大门（010804006）、特种门（010804007）。

（1）工程量计算

1）木板大门、钢木大门、全钢板大门、金属格栅门、特种门工程量按设计图示数量以樘计算，也可按设计图示洞口尺寸以面积计算。

2）防护铁丝门、钢质花饰大门工程量按设计图示数量以樘计算，也可按设计图示门框或扇以面积计算。

（2）项目特征

1）木板大门、钢木大门、全钢板大门、防护铁丝门需描述门代号及洞口尺寸，门框或扇外围尺寸，门框、扇材质，五金种类、规格，防护材料种类。

2）金属格栅门需描述门代号及洞口尺寸，门框或扇外围尺寸，门框、扇材质，启动装置的品种、规格。

3）钢质花饰大门、特种门需描述门代号及洞口尺寸，门框或扇外围尺寸，门框、扇材质。

（3）工作内容

1）木板大门、钢木大门、全钢板大门、防护铁丝门包含门（骨架）制作、运输，门、五金配件安装，刷防护材料。

2）金属格栅门包含门安装，启动装置、五金配件安装。

3）钢质花饰大门、特种门包含门安装，五金配件安装。

5. 其他门

其他门包括电子感应门（010805001）、旋转门（010805002）、电子对讲门（010805003）、电动伸缩门（010805004）、全玻自由门（010805005）、镜面不锈钢饰面门（010805006）、复合材料门（010805007）。

（1）工程量计算　按设计图示数量以樘计算，也可按设计图示洞口尺寸以面积计算。

（2）项目特征

1）电子感应门、旋转门、电子对讲门、电动伸缩门需描述门代号及洞口尺寸，门框或扇外围尺寸，门框、扇材质，玻璃品种、厚度，启动装置的品种、规格，电子配件品种、规格。

2）全玻自由门需描述门代号及洞口尺寸，门框或扇外围尺寸，框材质，玻璃品种、厚度。

3）镜面不锈钢饰面门、复合材料门需描述门代号及洞口尺寸，门框或扇外围尺寸，框、扇材质，玻璃品种、厚度。

（3）工作内容　电子感应门、旋转门、电子对讲门、电动伸缩门包含门安装，启动装置、五金，电子配件安装。全玻自由门、镜面不锈钢饰面门、复合材料门包含门安装，五金安装。

6. 木窗

木窗包括木质窗（010806001）、木飘（凸）窗（010806002）、木橱窗（010806003）、

木纱窗（010806004）。

（1）工程量计算

1）木质窗工程量按设计图示数量以樘计算，也可按设计图示洞口尺寸以面积计算。

2）木飘（凸）窗、木橱窗工程量按设计图示数量以樘计算，也可按设计图示尺寸以框外围展开面积计算。

3）木纱窗工程量按设计图示数量以樘计算，也可按框外围尺寸以面积计算。

（2）项目特征

1）木质窗、木飘（凸）窗需描述窗代号及洞口尺寸，玻璃品种、厚度。

2）木橱窗需描述窗代号，框截面及外围展开面积，玻璃品种、厚度，防护材料种类。

3）木纱窗需描述窗代号及框的外围尺寸，窗纱材料品种、规格。

（3）工作内容

1）木质窗、木飘（凸）窗包含窗安装，五金、玻璃安装。

2）木橱窗包含窗制作、运输、安装，五金、玻璃安装，刷防护材料。

3）木纱窗包含窗安装，五金安装。

7. 金属窗

金属窗包括金属（塑钢、断桥）窗（010807001）、金属防火窗（010807002）、金属百叶窗（010807003）、金属纱窗（010807004）、金属格栅窗（010807005）、金属（塑钢、断桥）橱窗（010807006）、金属（塑钢、断桥）飘（凸）窗（010807007）、彩板窗（010807008）、复合材料窗（010807009）。

（1）工程量计算

1）金属（塑钢、断桥）窗、金属防火窗、金属百叶窗、金属纱窗、金属格栅窗工程量按设计图示数量以樘计算，也可按设计图示洞口尺寸以面积计算。

2）金属（塑钢、断桥）橱窗、金属（塑钢、断桥）飘（凸）窗工程量按设计图示数量以樘计算，也可按设计图示尺寸以框外围展开面积计算。

3）彩板窗、复合材料窗工程量按设计图示数量以樘计算，也可按设计图示洞口尺寸或框外围以面积计算。

（2）项目特征

1）金属（塑钢、断桥）窗、金属防火窗、金属百叶窗需描述窗代号及洞口尺寸，框、扇材质，玻璃品种、厚度。

2）金属纱窗需描述窗代号及框的外围尺寸，框材质，窗纱材料品种、规格。

3）金属格栅窗需描述窗代号及洞口尺寸，框外围尺寸，框、扇材质。

4）金属（塑钢、断桥）橱窗需描述窗代号，框外围展开面积，框、扇材质，玻璃品种、厚度，防护材料种类。

5）金属（塑钢、断桥）飘（凸）窗需描述窗代号，框外围展开面积，框、扇材质，玻璃品种、厚度。

6）彩板窗、复合材料窗需描述窗代号及洞口尺寸，框外围尺寸，框、扇材质，玻璃品种、厚度。

（3）工作内容   金属（塑钢、断桥）窗、金属防火窗、金属（塑钢、断桥）飘（凸）窗、彩板窗、复合材料窗包含窗安装，五金、玻璃安装。金属纱窗、金属格栅窗包含窗安装，五金安装。金属（塑钢、断桥）橱窗包含窗制作、运输、五金、玻璃安装刷防护材料。

例 1-51　某工程采用塑钢窗，其中 1800mm×1800mm 窗 20 樘，1500mm×1800mm 窗 8 樘，600mm×1200mm 窗 3 樘。具体工程做法为：忠旺型材 80 系列；双层中空白玻璃，外侧 3mm 厚，内侧 5mm 厚。试编制塑钢窗工程量清单。

解：塑钢窗工程量清单与计价表见表 1-56。

表 1-56　分部分项工程和单价措施项目清单与计价表

工程名称：×××　　　　　　　　标段：×××　　　　　　第　页共　页

序号	项目编码	项目名称	项目特征描述	计量单位	工程量	金额/元		
						单价	合价	其中：暂估价
1	010807001001	塑钢窗	洞口尺寸 1800mm×1800mm 忠旺型材 80 系列 双层中空白玻璃，外侧 3mm 厚，内侧 5mm 厚	樘	20			
2	010807001002	塑钢窗	洞口尺寸 1500mm×1800mm 忠旺型材 80 系列 双层中空白玻璃，外侧 3mm 厚，内侧 5mm 厚	樘	8			
3	010807001003	塑钢窗	洞口尺寸 600mm×1200mm 忠旺型材 80 系列 双层中空白玻璃，外侧 3mm 厚，内侧 5mm 厚	樘	3			

8. 门窗套

门窗套包括木门窗套（010808001）、木筒子板（010808002）、饰面夹板筒子板（010808003）、金属门窗套（010808004）、石材门窗套（010808005）、门窗木贴脸（010808006）、成品木门窗套（010808007）。

（1）工程量计算

1）门窗木贴脸工程量按设计图示数量以樘计算，也可按设计图示尺寸以延长米计算。

2）除门窗木贴脸外其余项目工程量按设计图示数量以樘计算，也可按设计图示尺寸以展开面积计算，还可按设计图示中心以延长米计算。

（2）项目特征

1）木门窗套需描述门窗代号及洞口尺寸，门窗套展开宽度，基层材料种类，面层材料品种、规格，线条品种、规格，防护材料种类。

2）木筒子板、饰面夹板筒子板需描述筒子板宽度，基层材料种类，面层材料品种、规格，线条品种、规格，防护材料种类。

3）金属门窗套需描述门窗代号及洞口尺寸，门窗套展开宽度，基层材料种类，面层材料品种、规格，防护材料种类。

4）石材门窗套需描述门窗代号及洞口尺寸，门窗套展开宽度，粘结层厚度、砂浆配合比，面层材料品种、规格，线条品种、规格。

5）门窗木贴脸需描述门窗代号及洞口尺寸，贴脸板宽度，防护材料种类。

6）成品木门窗套需描述门窗代号及洞口尺寸，门窗套展开宽度，门窗套材料品种、规格。

（3）工作内容

1）木门窗套、木筒子板、饰面夹板筒子板包含清理基层，立筋制作、安装，基层板安装，面层铺贴，线条安装，刷防护材料。

2）金属门窗套包含清理基层，立筋制作、安装，基层板安装，面层铺贴，刷防护材料。

3）石材门窗套包含清理基层，立筋制作、安装，基层抹灰，面层铺贴，线条安装。

4）门窗木贴脸只包含安装。

5）成品木门窗套包含清理基层，立筋制作、安装，板安装。

9. 窗台板

窗台板包括木窗台板（010809001）、铝塑窗台板（010809002）、金属窗台板（010809003）、石材窗台板（010809004）。

（1）工程量计算 按设计图示尺寸以展开面积计算。

（2）项目特征

1）木窗台板、铝塑窗台板、金属窗台板需描述基层材料种类，窗台面板材质、规格、颜色，防护材料种类。

2）石材窗台板需描述粘结层厚度、砂浆配合比，窗台板材质、规格、颜色。

（3）工作内容 包含基层清理，抹找平层，窗台板制作、安装，刷防护材料（石材窗台板除外）。

10. 窗帘、窗帘盒、轨

窗帘、窗帘盒、轨包括窗帘（010810001）、木窗帘盒（010810002），饰面夹板、塑料窗帘盒（010810003），铝合金窗帘盒（010810004），窗帘轨（010810005）。

（1）工程量计算 按设计图示尺寸以长度计算。但窗帘的工程量按设计图示尺寸以成活后长度计算，也可按图示尺寸以成活后展开面积计算。

（2）项目特征

1）窗帘需描述窗帘材质，窗帘高度、宽度，窗帘层数，带幔要求。

2）木窗帘盒需描述窗帘盒材质、规格，防护材料种类。

3）窗帘轨需描述窗帘轨材质、规格，轨的数量，防护材料种类。

（3）工作内容 窗帘包含制作、运输，安装。木窗帘盒，饰面夹板、塑料窗帘盒，铝合金窗帘盒窗帘轨包含制作、运输、安装，刷防护材料。

九、屋面及防水工程

（一）相关说明

1）瓦屋面若是在木基层上铺瓦，项目特征不必描述粘结层砂浆的配合比，瓦屋面铺防水层，按屋面防水及其他中相关项目编码列项。

2）型材屋面、阳光板屋面、玻璃钢屋面的柱、梁、屋架按金属结构工程或木结构工程中相关项目编码列项。

3）屋面刚性层无钢筋，其钢筋项目特征不必描述。

4）屋面、墙面、楼（地）面找平层按楼地面装饰工程"平面砂浆找平层"项目编码列项。

5）屋面、墙面、楼（地）面防水搭接及附加层用量不另行计算，在综合单价中考虑。

（二）瓦、型材及其他屋面工程量清单编制

1. 瓦屋面（010901001）

（1）适用范围　瓦屋面项目适用于用小青瓦、平瓦、筒瓦、石棉水泥瓦做的屋面。

（2）工程量计算　按设计图示尺寸以斜面积计算。不扣除房上烟囱、风帽底座、风道、小气窗、斜沟等所占面积，小气窗出檐部分不增加面积。

（3）项目特征　需描述瓦品种、规格，粘结层砂浆的配合比。

（4）工作内容　包含砂浆制作、运输、摊铺、养护，安瓦、作瓦脊。

例 1-52　如图 1-41 所示，计算屋面水泥瓦清单工程量。已知屋面坡度为 0.50（即 $\theta = 26°34'$）。

$$屋面斜面高度 = \frac{5.5m}{\cos 26°34'} = 6.15m$$

屋面斜面面积 $A = （10.00 + 21.00）m \times 6.15m + 11.00m \times 6.15m = 258.30m^2$

解：或 $A = （20.00m + 0.50m \times 2）\times （10.00m + 0.50m \times 2）\times 1.118$（屋面坡度延尺系数）$= 258.26m^2$

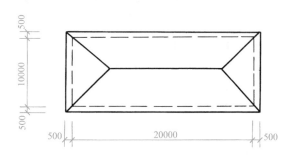

图 1-41　水泥瓦屋面示意图

例 1-53　根据课题 3 案例施工图计算瓦屋面的清单工程量。

解：1）大雨蓬挂瓦清单工程量。

$$S_1 = 1.562m \times 18.60m = 29.05m^2$$
$$S_2 = 0.20m \times 16.20m = 3.24m^2$$

2）挑檐挂瓦清单工程量。

$$S_3 = 1.359m \times 52.625m = 71.52m^2$$
$$S_4 = 0.20m \times 72.50m = 14.50m^2$$

合计　　　$S = 29.05m^2 + 3.24m^2 + 71.52m^2 + 14.50m^2 = 118.31m^2$

注：瓦屋面项目工程量清单编制详见课题 3 案例。

2. 型材屋面（010901002）

（1）适用范围　型材屋面项目适用于压型钢板、金属压型夹心板屋面。

（2）工程量计算　按设计图示尺寸以斜面积计算。不扣除房上烟囱、风帽底座、风道、小气窗、斜沟等所占面积，小气窗出檐部分不增加面积。

（3）项目特征　需描述型材品种、规格、金属檩条材料、规格，接缝、嵌缝材料种类。

（4）工作内容　包含檩条制作、运输、安装，屋面型材安装，接缝、嵌缝。

3. 阳光板屋面（010901003）

（1）工程量计算　阳光板屋面工程量按设计图示尺寸以斜面积计算。不扣除屋面面积 $\leq 0.3m^2$ 孔洞所占面积。

（2）项目特征　需描述阳光板品种、规格，骨架材料品种、规格，接缝、嵌缝材料种类，油漆品种、刷漆遍数。

（3）工作内容　包含骨架制作、运输、安装、刷防护材料、油漆，阳光板安装，接缝、嵌缝。

4. 玻璃钢屋面（010901004）

（1）工程量计算　玻璃钢屋面工程量按设计图示尺寸以斜面积计算。不扣除屋面面积≤0.3m² 孔洞所占面积。

（2）项目特征　需描述玻璃钢品种、规格，骨架材料品种、规格，玻璃钢固定方式，接缝、嵌缝材料种类，油漆品种、刷漆遍数。

（3）工作内容　包含骨架制作、运输、安装、刷防护材料、油漆，玻璃钢制作、安装，接缝、嵌缝。

5. 膜结构屋面（010901005）

膜结构也称为索膜结构，是一种以膜布与支撑（柱、网架等）和拉结结构（拉杆、钢丝绳等）组成的屋盖、篷顶结构。

（1）适用范围　膜结构屋面项目适用于膜布屋面。

（2）工程量计算　按设计图示尺寸以需要覆盖的水平投影面积计算，如图 1-42 所示。

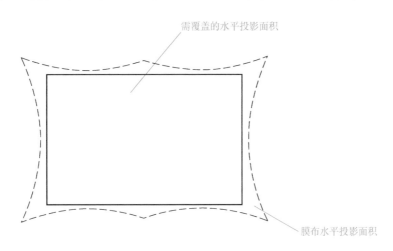

图 1-42　膜结构屋面工程量计算示意图

（3）项目特征　需描述膜布品种、规格，支柱（网架）钢材品种、规格，钢丝绳品种、规格，锚固基座做法，油漆品种、刷漆遍数。

（4）工作内容　包含膜布热压胶接，支柱（网架）制作、安装，膜布安装，穿钢丝绳、锚头锚固，锚固基座、挖土、回填，刷防护材料、油漆。

（三）屋面防水及其他工程量清单编制

1. 屋面卷材防水（010902001）

（1）适用范围　屋面卷材防水项目适用于利用胶结材料粘贴卷材进行防水的屋面，如高聚物改性沥青防水卷材屋面。

（2）工程量计算　按设计图示尺寸以面积计算。斜屋顶（不包括平屋顶找坡）按斜面积计算，平屋顶按水平投影面积计算。不扣除房上烟囱、风帽底座、风道、屋面小气窗和斜沟所占面积。屋面的女儿墙、伸缩缝和天窗等处的弯起部分，并入屋面工程量内。

（3）项目特征　需描述卷材品种、规格、厚度，防水层数，防水层做法。

（4）工作内容　包含基层处理，刷底油，铺油毡卷材、接缝。

例 1-54　如图 1-43 所示，试编制屋面防水工程量清单。

已知设计文件屋面做法为：4mm 厚改性沥青卷材防水层一道；20mm 厚 1∶3 水泥砂浆找平层；炉渣保温并找坡 2%，最薄处 60mm 厚。

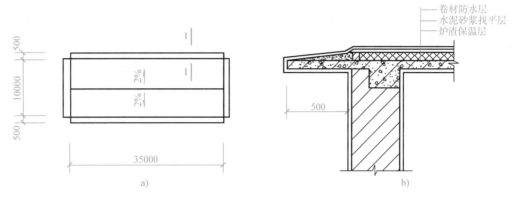

图 1-43　卷材平屋面示意图

a）平面图　b）1-1 断面图

解：1）列项。

根据屋面工程做法和屋面卷材防水项目中所包含工作内容，应列清单项目见表 1-57。

表 1-57　应列清单项目

工程名称：×××　　　　　　　　　　　标段：×××　　　　　　　　　第　页共　页

序　号	项目编码	项目名称	项目特征描述
1	010902001001	屋面卷材防水	4mm 厚改性沥青卷材防水层一道;20mm 厚 1∶3 水泥砂浆找平层;炉渣保温并找坡 2%;最薄处 60mm 厚

2）计算工程量。

卷材屋面工程量：

$A = S + (L_{外} + 檐宽×4)×檐宽$

　　$= 35.00m×10.00m + [(35.00m+10.00m)×2+0.50m×4]×0.50m$

　　$= 350.00m^2 + 46.00m^2$

　　$= 396.00m^2$

3）屋面防水工程量清单与计价表见表 1-58。

表 1-58　分部分项工程和单价措施项目清单与计价表

工程名称：×××　　　　　　　　　　　标段：×××　　　　　　　　　第　页共　页

序号	项目编码	项目名称	项目特征描述	计量单位	工程量	金额/元		
						综合单价	合价	其中:暂估价
1	010902001001	屋面卷材防水	4mm 厚高聚物改性沥青卷材防水层一道,20mm 厚 1∶3 水泥砂浆找平层;1∶6 水泥焦渣找 2%坡;最薄处 30mm 厚	m²	396.00			

例 1-55 根据课题 3 案例施工图计算屋面卷材防水的清单工程量。

解：1）屋面卷材防水（SBS）周边卷起 300mm 高。

$$S_{平} = (28.90-0.24 \times 2) \text{m} \times (22.00+0.92+0.45) \text{m} = 664.18\text{m}^2$$

$$S_{卷} = (22.00+0.92+0.24+\sqrt{0.45^2+1^2}) \text{m} \times 2 \times 0.30\text{m} + 28.42\text{m} \times 0.30\text{m} \times 1.477$$

$$= (14.554+12.593) \text{m}^2 = 27.15\text{m}^2$$

$$S_{总} = (664.18+27.15) \text{m}^2 = 691.33\text{m}^2$$

2）雨篷卷材防水（梁侧及梁顶均做防水，墙根卷起 650mm）。

$$S = 27.74\text{m}^2 + (2.325-0.35+0.125) \text{m} \times (0.65 \times 3+0.70+0.35 \times 3) \text{m} +$$

$$(7.20-0.35 \times 2) \text{m} \times (0.55+0.65) \text{m} + (7.20+0.35) \text{m} \times 0.25\text{m} = 45.20\text{m}^2$$

注：屋面防水项目工程量清单编制详见课题 3 案例。

2. 屋面涂膜防水（010902002）

涂膜防水是指在基层上涂刷防水涂料，经固化后形成具有防水效果的薄膜。

（1）适用范围 屋面涂膜防水项目适用于厚质涂料、薄质涂料和有加增强材料或无加增强材料的涂膜防水屋面。

（2）工程量计算 按设计图示尺寸以面积计算，其中斜屋顶（不包括平屋顶找坡）按斜面积计算，平屋顶按水平投影面积计算。不扣除房上烟囱、风帽底座、风道、屋面小气窗和斜沟所占面积。屋面的女儿墙、伸缩缝和天窗等处的弯起部分，并入屋面工程量内。

（3）项目特征 需描述防水膜品种，涂膜厚度、遍数，增强材料种类。

（4）工作内容 包含基层处理，刷基层处理剂，铺布、喷涂防水。

3. 屋面刚性层（010902003）

（1）适用范围 屋面刚性防水项目适用于细石混凝土、补偿收缩混凝土、块体混凝土、预应力混凝土和钢纤维混凝土等刚性防水屋面。

（2）工程量计算 按设计图示尺寸以面积计算。不扣除房上烟囱、风帽底座、风道等所占面积。

（3）项目特征 需描述刚性层厚度，混凝土种类，钢筋规格、型号（有钢筋时描述），嵌缝材料种类，混凝土强度等级。

（4）工作内容 包含基层处理，混凝土制作、运输、铺筑、养护，钢筋制安。

4. 屋面排水管（010902004）

（1）适用范围 屋面排水管项目适用于各种排水管材（PVC 管、玻璃钢管、铸铁管等）项目。

（2）工程量计算 按设计图示尺寸以长度计算。如设计未标注尺寸，以檐口至设计室外散水上表面垂直距离计算。

（3）项目特征 需描述排水管品种、规格，雨水斗、山墙出水口品种、规格，接缝、嵌缝材料种类，油漆品种、刷漆遍数。

（4）工作内容 包含排水管及配件安装、固定，雨水斗、山墙出水口、雨水箅子安装，接缝、嵌缝，刷漆。

例 1-56 根据课题 3 案例施工图计算排水管的清单工程量。

解：$L = (7.80+0.45) \text{m} \times 2 + (3.65+0.45) \text{m} \times 2 = 24.70\text{m}$

注：排水管项目工程量清单编制详见课题 3 案例。

5. 屋面排（透）气管（010902005）

（1）工程量计算 屋面排（透）气管工程量按设计图示尺寸以长度计算。

（2）项目特征 需描述排（透）气管品种、规格，接缝、嵌缝材料种类，油漆品种、刷漆遍数。

（3）工作内容 包含排（透）气管及配件安装、固定，铁件制作、安装，接缝、嵌缝，刷漆。

6. 屋面（廊、阳台）泄（吐）水管（010902006）

（1）工程量计算 屋面（廊、阳台）吐水管工程量按设计图示数量以根（个）计算。

（2）项目特征 需描述吐水管品种、规格，接缝、嵌缝材料种类，吐水管长度，油漆品种、刷漆遍数。

（3）工作内容 包含水管及配件安装、固定，接缝、嵌缝，刷漆。

7. 屋面天沟、檐沟（010902007）

（1）适用范围 屋面天沟、檐沟防水项目适用于屋面有组织排水构造。

（2）工程量计算 按设计图示尺寸以展开面积计算。

（3）项目特征 需描述材料品种、规格，接缝、嵌缝材料种类。

（4）工作内容 包含天沟材料铺设，天沟配件安装、接缝、嵌缝，刷防护材料。

例 1-57 如图 1-44 所示，编制铁皮檐沟和天沟工程量清单。已知檐沟长 90.00m，天沟长 25.00m。

解：铁皮檐沟工程量：$(0.03m \times 2 + 3.1416 \times 0.15m/2) \times 90m = 26.61m^2$

铁皮天沟工程量：$[(0.035m + 0.045m + 0.12m) \times 2 + 0.08m] \times 25m = 12.00m^2$

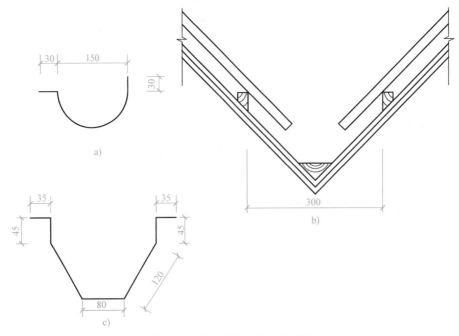

图 1-44 铁皮檐沟与天沟示意图

a）檐沟详图 b）天沟示意图 c）天沟详图

铁皮檐沟和天沟工程量清单与计价表见表1-59。

表1-59 分部分项工程和单价措施项目清单与计价表

工程名称：×××　　　　　　　　　标段：×××　　　　　　　　　第　页共　页

序号	项目编码	项目名称	项目特征描述	计量单位	工程量	金额/元		
						综合单价	合价	其中：暂估价
1	010902007001	屋面天沟	铁皮天沟底宽80mm	m²	12.00			
2	010902007002	屋面檐沟	铁皮檐沟直径150mm	m²	26.61			

8. 屋面变形缝（010902008）

（1）工程量计算　屋面变形缝工程量按设计图示以长度计算。

（2）项目特征　需描述嵌缝材料种类，止水带材料种类，盖缝材料，防护材料种类。

（3）工作内容　包含清缝，填塞防水材料，止水带安装，盖缝制作、安装，刷防护材料。

（四）墙面防水、防潮工程量清单编制

1. 墙面卷材防水（010903001）

（1）工程量计算　按设计图示尺寸以面积计算

1）墙基防水：按墙基图示尺寸以面积计算。其计算公式：

$$墙基防水层工程量=防水层长×防水层宽$$

式中，外墙基防水层长度取外墙中心线长，内墙基防水层长度取内墙净长线长。

2）墙身防水：按图示墙身防水设计尺寸以面积计算。其计算公式：

$$墙身防水层工程量=防水层长×防水层高$$

式中，外墙面防水层长度取外墙外边线长，内墙面防水层长度取内墙面净长。

（2）项目特征　需描述卷材品种、规格、厚度，防水层数，防水层做法。

（3）工作内容　包含基层处理，刷粘结剂，铺防水卷材，接缝、嵌缝。

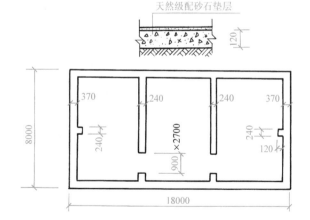

图1-45 某建筑物底层平面示意图

例1-58　如图1-45所示，已知室内地面防潮采用一布二油，与墙连接高300mm，试编制地面防潮层工程量清单。

解：$S = 18.00\text{m}×8.00\text{m}-0.37\text{m}×2×[（8.00-0.37）\text{m}+（18.00-0.37）\text{m}]-$

$（8.00-0.37×2）\text{m}×0.24\text{m}×2$

$= 121.82\text{m}^2$

地面防潮层工程量清单与计价表见表1-60。

表 1-60　分部分项工程和单价措施项目清单与计价表

工程名称：×××　　　　　　　　　　　标段：×××　　　　　　　　　第　页共　页

序号	项目编码	项目名称	项目特征描述	计量单位	工程量	金额/元		
						综合单价	合价	其中：暂估价
1	010903001001	地面防潮	室内地面,一布二油,卷起高 300mm	m²	121.82			

2. 墙面涂膜防水（010903002）

（1）工程量计算　墙面涂膜防水工程量按设计图示尺寸以面积计算。

（2）项目特征　需描述防水膜品种,涂膜厚度、遍数,增强材料种类。

（3）工作内容　包含基层处理,刷基层处理剂,铺布、喷涂防水层。

3. 墙面砂浆防水（防潮）（010903003）

（1）工程量计算　工程量按设计图示尺寸以面积计算。

（2）项目特征　需描述防水层做法,砂浆厚度、配合比,钢丝网规格。

（3）工作内容　包含基层处理,挂钢丝网片,设置分格缝,砂浆制作、运输、摊铺、养护。

例 1-59　如图 1-44 所示,编制墙基防水砂浆防潮层的工程量清单。

解: 1）外墙基防潮层的清单工程量。

$$A_1 = [(18.00m-0.37m)+(8.00m-0.37m)] \times 2 \times 0.37m+0.24m \times 0.12m \times 2 = 18.75m^2$$

2）内墙基防潮层的清单工程量。

$$A_2 = (8.00m-0.37m \times 2) \times 2 \times 0.24m = 3.48m^2$$

3）墙基防潮层清单工程量。

$$A = A_1+A_2 = 18.75m^2+3.48m^2 = 22.23m^2$$

墙基防水砂浆防潮层工程量清单与计价表见表 1-61。

表 1-61　分部分项工程和单价措施项目清单与计价表

工程名称：×××　　　　　　　　　　　标段：×××　　　　　　　　　第　页共　页

序号	项目编码	项目名称	项目特征描述	计量单位	工程量	金额/元		
						综合单价	合价	其中：暂估价
1	01090303001	墙基防潮	4mm 厚高聚物改性沥青卷材防水层一道,20mm 厚 1:3 水泥砂浆找平层;1:6 水泥焦渣找 2%坡;最薄处 30mm 厚	m²	22.23			

4. 墙面变形缝（010903004）

（1）工程量计算　墙面变形缝工程量按设计图示以长度计算。

（2）项目特征　需描述嵌缝材料种类,止水带材料种类,盖缝材料,防护材料种类。

（3）工作内容　包含清缝,填塞防水材料,止水带安装,盖缝制作、安装,刷防护材料。

（五）楼（地）面防水、防潮工程量清单编制

楼（地）面防水、防潮包括楼（地）面卷材防水（010904001）、楼（地）面涂膜防水（010904002）、楼（地）面砂浆防水（防潮）(010904003)、楼（地）面变形缝（010904004）。

1. 工程量计算

楼（地）面卷材防水、楼（地）面涂膜防水、楼（地）面砂浆防水（防潮）工程量均按设计图示尺寸以面积计算。

楼（地）面防水按主墙间净空面积计算，扣除凸出地面的构筑物、设备基础等所占面积，不扣除间壁墙及单个面积≤0.3m² 柱、垛、烟囱和孔洞所占面积。楼（地）面防水反边高度≤300mm 算作地面防水，反边高度>300mm 算作墙面防水。

2. 项目特征

楼（地）面卷材防水需描述卷材品种、规格、厚度，防水层数，防水层做法，反边高度。楼（地）面涂膜防水需描述防水膜品种，涂膜厚度、遍数，增强材料种类，反边高度。楼（地）面砂浆防水（防潮）需描述防水层做法，砂浆厚度、配合比，反边高度。楼（地）面变形缝需描述嵌缝材料种类，止水带材料种类，盖缝材料，防护材料种类。

3. 工作内容

楼（地）面卷材防水包含基层处理，刷粘结剂，铺防水卷材，接缝、嵌缝。楼（地）面涂膜防水包含基层处理，刷基层处理剂，铺布、喷涂防水层。楼（地）面砂浆防水（防潮）包含基层处理，砂浆制作、运输、摊铺、养护。楼（地）面变形缝包含清缝，填塞防水材料，止水带安装，盖缝制作、安装，刷防护材料。

例 1-60　如图 1-46 所示，某仓库地面设置两道横向油浸麻丝伸缩缝，钢板盖缝。已知，纵向墙厚240mm，定位轴线间距离9.0m，试编制地面伸缩缝工程量清单。

解：$L=(9.00m-0.24m)×2=17.52m$

地面伸缩缝工程量清单与计价表见表 1-62。

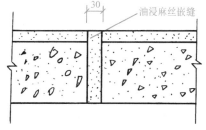

图 1-46　地面伸缩缝构造示意图

表 1-62　分部分项工程和单价措施项目清单与计价表

工程名称：×××　　　　　　　　　标段：×××　　　　　　　　　第　页共　页

序号	项目编码	项目名称	项目特征描述	计量单位	工程量	金额/元		
						综合单价	合价	其中：暂估价
1	010903004001	地面伸缩缝	油浸麻丝二道,钢板盖缝	m	17.52			

十、保温、隔热、防腐工程

（一）相关说明

1) 保温隔热装饰面层，按装饰部位的装饰做法相关项目编码列项，仅做找平层按楼地面装饰工程中"平面砂浆找平层"或墙、柱面装饰中"立面砂浆找平层"项目编码列项。

2）柱帽保温隔热应并入天棚保温隔热工程量内。

3）池槽保温隔热应按其他保温隔热项目编码列项。

4）保温隔热方式：指内保温、外保温、夹心保温。

（二）保温、隔热工程量清单编制

保温隔热包括保温隔热屋面（011001001）、保温隔热天棚（011001002）、保温隔热墙面（011001003）、保温柱、梁（011001004）、保温隔热楼地面（011001005）、其他保温隔热（011001006）。

1. 保温隔热屋面（011001001）

（1）适用范围　保温隔热屋面项目适用于各种保温隔热材料屋面。

（2）工程量计算　按设计图示尺寸以面积计算。扣除面积>0.3m² 孔洞及占位面积。

（3）项目特征　需描述隔气层材料品种厚度，保温隔热材料品种、规格、厚度，粘结材料种类、做法，防护材料种类、做法。

（4）工作内容　包含基层清理，刷粘结材料，铺粘保温层，铺、刷（喷）防护材料。

例 1-61　根据课题 3 案例施工图计算屋面保温的清单工程量。

解：$S = [（28.90-0.24×2）×22.00]$ m² $= 625.24$m²

注：屋面保温项目工程量清单编制详见课题 3 案例。

2. 保温隔热天棚（011001002）

（1）适用范围　保温隔热屋面项目适用于各种材料的下贴式或吊顶上搁置式的保温隔热天棚。

（2）工程量计算　按设计图示尺寸以面积计算。扣除面积>0.3m² 上柱、垛、孔洞所占面积，与天棚相连的梁按展开面积，计算并入天棚工程量内。

（3）项目特征　需描述保温隔热面层材料品种、规格、性能，保温隔热材料品种、规格及厚度，粘结材料种类及做法，防护材料种类及做法。

（4）工作内容　与保温隔热层面相同。

3. 保温隔热墙面（011001003）

（1）适用范围　保温隔热墙项目适用于工业与民用建筑物外墙、内墙保温隔热工程。

（2）工程量计算　按设计图示尺寸以面积计算，扣除门窗洞口以及面积>0.3m² 梁、孔洞所占面积，门窗洞口侧壁以及与墙相连的柱，并入保温墙体工程量内。

（3）项目特征　需描述保温隔热部位，保温隔热方式（内保温、外保温、夹心保温），踢脚线、勒脚线保温做法，龙骨材料品种、规格、保温隔热面层材料品种、规格、性能，保温隔热材料品种、规格及厚度，增强网及抗裂防水砂浆种类，粘结材料种类及做法，防护材料种类及做法。

（4）工作内容　包含基层清理，刷界面剂，安装龙骨，填贴保温材料，保温板安装，粘贴面层，铺设增强格网、抹抗裂防水砂浆面层，嵌缝，铺、刷（喷）防护材料。

4. 保温柱、梁（011001004）

（1）适用范围　保温柱、梁项目适用于各种保温材料的柱、梁保温。

（2）工程量计算　按设计图示尺寸以面积计算。柱按设计图示柱断面保温层中心线展开长度乘保温层高度以面积计算，扣除面积>0.3m² 梁所占面积。梁按设计图示梁断面保温层中心线展开长度乘保温层长度以面积计算。

（3）项目特征　项目特征与保温隔热墙面的项目特征一致。

（4）工作内容　工作内容与保温隔热墙面的工作内容一致。

（5）注意事项　柱帽保温隔热应并入天棚保温隔热工程量内。

5. 保温隔热楼地面 （011001005）

（1）适用范围　保温隔热楼地面项目适用于各种材料（沥青贴软木、聚苯乙烯泡沫塑料板等）的楼地面保温隔热。

（2）工程量计算　按设计图示尺寸以面积计算，扣除面积>0.3m^{2}柱、垛、孔洞等所占面积。门洞、空圈、暖气包槽、壁龛的开口部分不增加面积。

（3）项目特征　需描述保温隔热部位，保温隔热材料品种、规格、厚度，隔气层材料品种、厚度，料结材料种类、做法，防护材料种类、做法。

（4）工作内容　包含基层清理，刷粘贴材料，铺贴保温层，铺、刷防护材料。

6. 其他保温隔热 （011001006）

（1）工程量计算　其他保温隔热工程量按设计图示尺寸以展开面积计算。扣除面积>0.3m^{2}孔洞及占位面积。

（2）项目特征　需描述保温隔热部位，保温隔热方式，隔气层材料品种、厚度，保温隔热面层材料品种、规格、性能，保温隔热材料品种、规格及厚度，粘结材料种类及做法，增强网及抗裂防水砂浆种类，防护材料种类及做法。

（3）工作内容　包含基层清理，刷界面剂，安装龙骨，填贴保温材料，保温板安装，粘贴面层，铺设增强格网、抹抗裂防水砂浆面层，嵌缝，铺、刷（喷）防护材料。

（三）防腐面层工程量清单编制

防腐面层包括防腐混凝土面层（011002001）、防腐砂浆面层（011002002）、防腐胶泥面层（011002003）、玻璃钢防腐面层（011002004）、聚氯乙烯板面层（011002005）、块料防腐面层（011002006）、池、槽块料防腐面层（1011002007）。

（1）适用范围

1）防腐混凝土面层、防腐砂浆面层、防腐胶泥面层项目适用于平面或立面的水玻璃混凝土、水玻璃砂浆、水玻璃胶泥、沥青混凝土、沥青砂浆、沥青胶泥、树脂混凝土、树脂砂浆、树脂胶泥以及聚合物水泥砂浆等防腐工程。

2）玻璃钢防腐面层项目适用于树脂胶料与玻璃纤维丝、布、玻璃纤维表面毡、玻璃纤维短切毡或涤纶布、涤纶毡等增强材料复合塑制而成的玻璃钢防腐。

3）聚氯乙烯板面层项目适用于地面、踢脚板、墙面的软、硬聚氯乙烯板防腐工程。

4）块料防腐面层项目适用于地面、踢脚板以及面积>0.3m^{2}的孔洞、柱、垛、基础的各类块料防腐工程。

（2）工程量计算　按设计图示尺寸以面积计算。

1）平面防腐时，应扣除凸出地面的构筑物、设备基础等所占面积，门洞、空圈、暖气包槽、壁龛的开口部分不增加面积。

2）立面防腐时，扣除门、窗、洞口以及面积>0.3m^{2}孔洞、梁所占面积，门、窗、洞口侧壁、垛突出部分按展开面积并入墙面积内。

3）池、槽块料防腐面层工程量按设计图示尺寸以展开面积计算。

（3）项目特征

1）防腐混凝土面层需描述防腐部位，面层厚度，混凝土种类，胶泥种类、配合比。

2）防腐砂浆面层需描述防腐部位，面层厚度，砂浆、胶泥种类、配合比。

3）防腐胶泥面层需描述防腐部位，面层厚度，胶泥种类、配合比。

4）玻璃钢防腐面层需描述防腐部位，玻璃钢种类，贴布材料的种类、层数，面层材料品种。

5）聚氯乙烯板面层需描述防腐部位，面层材料品种、厚度，粘结材料种类。

6）块料防腐面层需描述防腐部位，块料品种、规格，粘结材料种类，勾缝材料种类。

7）池、槽块料防腐面层需描述防腐池、槽名称、代号，块料品种、规格，粘结材料种类，勾缝材料种类。

（4）工作内容

1）防腐混凝土面层包含基层清理，基层刷稀胶泥，混凝土制作、运输、摊铺、养护。

2）防腐砂浆面层包含基层清理，基层刷稀胶泥，砂浆制作、运输、摊铺、养护。

3）防腐胶泥面层包含基层清理，胶泥调制、摊铺。

4）玻璃钢防腐面层包含基层清理，刷底漆、刮腻子，胶浆配制、涂刷，粘布、涂刷面层。

5）聚氯乙烯板面层包含基层清理，配料、涂胶，聚氯乙烯板铺设。

6）块料防腐面层和池、槽块料防腐面层均包含基层清理，铺贴块料，胶泥调制、勾缝。

（四）其他防腐工程量清单编制

其他防腐包括隔离层（011003001）、砌筑沥青浸渍砖（011003002）、防腐涂料（011003003）项目。

（1）适用范围

1）隔离层项目适用于楼地面的沥青类、树脂玻璃钢类防腐工程隔离层。

2）砌筑沥青浸渍砖项目适用于浸渍标准砖。立砌按厚度115mm计算；平砌按厚度53mm计算。

3）防腐涂料项目适用于建筑物、构筑物以及钢结构的防腐。

（2）工程量计算

1）隔离层、防腐涂料项目工程量计算与"防腐面层"项目工程量计算一致。

2）砌筑沥青浸渍砖项目工程量按设计图示尺寸以体积计算。

（3）项目特征

1）隔离层需描述隔离层部位，隔离层材料品种，隔离层做法，粘贴材料种类。

2）砌筑沥青浸渍砖需描述砌筑部位，浸渍砖规格，胶泥种类，浸渍砖砌法（平砌、立砌）。

3）防腐涂料需描述涂刷部位，基层材料类型，刮腻子的种类、遍数，涂料品种、刷涂遍数。

（4）工作内容

1）隔离层包含基层清理、刷油，煮沥青，胶泥调制，隔离层铺设。

2）砌筑沥青浸渍砖包含基层清理，胶泥调制，浸渍砖铺砌。

3）防腐涂料包含基层清理，刮腻子，刷涂料。

十一、楼地面装饰工程

（一）相关说明

1. 关于项目特征中的一些名词解释

楼地面是由基层、垫层、填充层、找平层、隔离层、结合层、面层构成。

（1）基层　基层是指楼层的楼板或底层夯实的土层。

（2）垫层　垫层是指承受地面荷载并均匀传递给基层的构造层。一般有混凝土垫层，砂石人工级配垫层，天然级配砂石垫层，灰、土垫层，炉渣垫层等。

（3）填充层　填充层是指在建筑楼地面上起隔音、保温、找坡或敷设暗管、暗线等作用的构造层。一般有轻质的松散材料，如炉渣、膨胀蛭石、膨胀珍珠岩等或块体材料如加气混凝土、泡沫混凝土、泡沫塑料、矿棉、膨胀珍珠岩、膨胀蛭石块和板材等还有整体材料如沥青膨胀珍珠岩、沥青膨胀蛭石、水泥膨胀珍珠岩、膨胀蛭石等。

（4）找平层　找平层是指在垫层、楼板或填充层上起找平或加强等作用的构造层，一般是指水泥砂浆找平层，有比较特殊要求的可采用细石混凝土、沥青砂浆、沥青混凝土等材料铺设。

（5）隔离层　隔离层是指起防水、防潮作用的构造层。一般有卷材、防水砂浆、沥青砂浆或防水涂料等隔离层。

（6）结合层　结合层是指面层与下层相结合的中间层。一般为砂浆结合层。

（7）面层　面层是表面层，包括水泥砂浆、现浇水磨石、细石混凝土、菱苦土等整体面层和石材、陶瓷地砖、橡胶、塑料、竹、木地板等块料面层。

（8）面层中其他材料

1）防护材料：指耐酸、耐碱、耐臭氧、耐老化、防火、防油渗等材料。

2）嵌条材料：指用于水磨石的分格、作图案等的嵌条，如玻璃嵌条、铜嵌条、铝合金嵌条、不锈钢嵌条等。

3）压线条：指地毯、橡胶板、橡胶卷材铺设的压线条，如铝合金、不锈钢、铜压线条等。

4）颜料：指用于水磨石地面、踢脚线、楼梯、台阶和块料面层勾缝所需配制石子浆或砂浆内加添的颜料（耐碱的矿物颜料）。

5）防滑条：指用于楼梯、台阶踏步的防滑设施，如水泥玻璃屑，水泥钢屑，铜、铁防滑条等。

6）地毡固定配件：指用于固定地毡的压棍脚和压棍。

7）酸洗、打蜡磨光，磨石、菱苦土、陶瓷块料等，均可用酸洗（草酸）清洗油渍、污渍，然后打蜡（蜡脂、松香水、鱼油、煤油等按设计要求配合）和磨光。

2. 零星装饰

零星装饰适用于小面积（$0.5m^2$ 以内）少量分散的楼地面装饰，其工程部位或名称应在清单项目中进行描述。

3. 楼梯、台阶侧面装饰

楼梯、台阶侧面装饰可按零星装饰项目编码列项，并在清单项目中进行描述。

4. 具体说明

1）水泥砂浆面层处理是拉毛还是提浆压光应在面层做法要求中描述。

2）平面砂浆找平层只适用于仅做找平层的平面抹灰。

3）间壁墙指墙厚≤120mm 的墙。

4）在描述碎石材项目的面层材料特征时可不用描述规格、品牌、颜色。

5）石材、块料与粘接材料的结合面刷防渗材料的种类在防护层材料种类中描述。

6）磨边指施工现场磨边。

（二）整体面层及找平层工程量清单编制

整体面层及找平层包括水泥砂浆楼地面（011101001）、现浇水磨石楼地面（011101002）、细石混凝土楼地面（011101003）、菱苦土楼地面（011101004）、白流坪楼地面（011101005）、平面砂浆找平层（011101006）。

（1）适用范围 整体面层项目适用于楼面、地面所做的整体面层工程。

（2）工程量计算 工程量按设计图示尺寸以面积计算。扣除凸出地面构筑物、设备基础、室内铁道、地沟等所占面积，不扣除间壁墙和≤0.3m² 柱、垛、附墙烟囱及孔洞所占面积。门洞、空圈、暖气包槽、壁龛的开口部分不增加面积。平面砂浆找平层工程量按设计图示尺寸以面积计算。

（3）项目特征

1）水泥砂浆楼地面需描述找平层厚度、砂浆配合比，素水泥浆遍数，面层厚度、砂浆配合比，面层做法要求。

2）现浇水磨石楼地面需描述找平层厚度、砂浆配合比，面层厚度、水泥石子浆配合比，嵌条材料种类、规格，石子种类、规格、颜色，颜料种类、颜色，图案要求，磨光、酸洗、打蜡要求。

3）细石混凝土楼地面需描述找平层厚度、砂浆配合比，面层厚度、混凝土强度等级。

4）菱苦土楼地面需描述找平层厚度、砂浆配合比，面层厚度，打蜡要求。

5）自流坪楼地面需描述找平层砂浆配合比、厚度，界面剂材料种类，中层漆材料种类、厚度，面漆材料种类、厚度，面层材料种类。

6）平面砂浆找平层需描述找平层厚度、砂浆配合比。

（4）工作内容

1）水泥砂浆楼地面包含基层清理，抹找平层，抹面层，材料运输。

2）现浇水磨石楼地面包含基层清理，抹找平层，面层铺设，嵌缝条安装，磨光、酸洗打蜡，材料运输。

3）细石混凝土楼地面包含基层清理，抹找平层，面层铺设，材料运输。

4）菱苦土楼地面包含基层清理，抹找平层，面层铺设，打蜡，材料运输。

5）自流坪楼地面包含基层处理，抹找平层，涂界面剂，涂刷中层漆，打磨、吸尘，镘自流平面漆（浆），拌合自流平浆料，铺面层。

6）平面砂浆找平层包含基层清理，抹找平层，材料运输。

例 1-62 如图 1-47 所示的某建筑一层平面图，地面构造做法为：20mm 厚 1:2 水泥砂浆抹面压实抹光；刷素水泥浆结合层一道；60mm 厚 C20 细石混凝土找坡层，最薄处 30mm 厚；聚氨酯涂膜防水层 1.5～1.8mm，防水层周边卷起 150mm；40mm 厚 C20 细石混凝土随打随抹平；150mm 厚 3:7 灰土垫层；素土夯实。试编制水泥砂浆地面工程量清单。

解：$S = (3.00\text{m} \times 3 - 0.12\text{m} \times 2) \times (3.00\text{m} \times 2 - 0.12\text{m} \times 2) - 1.20\text{m} \times 0.80\text{m} = 49.50\text{m}^2$

水泥砂浆地面工程量清单与计价表见表 1-63。

表 1-63 分部分项工程和单价措施项目清单与计价表

工程名称：×××　　　　　　　　标段：×××　　　　　　　第　页共　页

序号	项目编码	项目名称	项目特征描述	计量单位	工程量	金额/元		
						综合单价	合价	其中：暂估价
1	011101001001	水泥砂浆楼地面	20mm 厚 1：2 水泥砂浆抹面压实抹光 刷素水泥浆结合层一道 60mm 厚 C20 细石混凝土找坡层，最薄处 30mm 厚 聚氨酯涂膜防水层 1.5～1.8mm，防水层周边卷起 150mm 40mm 厚 C20 细石混凝土随打随抹平 150mm 厚 3：7 灰土垫层	m²	49.50			

（三）块料面层工程量清单编制

块料面层包括石材楼地面（011102001）、碎石材楼地面（011102002）、块料楼地面（011102003）。

（1）适用范围　块料面层项目适用于楼面、地面所做的块料面层工程。

（2）工程量计算　块料面层工程量按设计图示尺寸以面积计算。门洞、空圈、暖气包槽、壁龛的开口部分并入相应的工程量内。

（3）项目特征　需描述找平层厚度、砂浆配合比，结合层厚度、砂浆配合比，面层材料品种、规格、颜色，嵌缝材料种类，防护层材料种类，酸洗、打蜡要求。

（4）工作内容　包含基层清理，抹找平层，面层铺设、磨边，嵌缝，刷防护材料，酸洗、打蜡，材料运输。

例 1-63　如图 1-47 所示的某建筑一层平面示意图，计算大理石楼面工程量，工程做法为：20mm 厚磨光大理石楼面，白水泥浆擦缝；撒素水泥面；30mm 厚 1：4 干硬性水泥砂浆结合层；20mm 厚 1：3 水泥砂浆找平层；现浇钢筋混凝土楼板。试编制大理石楼面工程量清单。

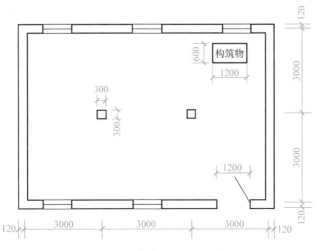

图 1-47　某建筑一层平面示意图

解：$S = (3m \times 3 - 0.12m \times 2) \times (3m \times 2 - 0.12m \times 2) - 1.2m \times 0.8m = 49.50m^2$

大理石楼面工程量清单与计价表见表1-64。

表1-64 分部分项工程和单价措施项目清单与计价表

工程名称：×××　　　　　　　　　　　　标段：×××　　　　　　　　　　　　第　页共　页

序号	项目编码	项目名称	项目特征描述	计量单位	工程量	金额/元		
						综合单价	合价	其中：暂估价
1	011102001001	石材楼地面	20mm厚磨光大理石楼面（米黄色，600mm×600mm） 撒素水泥面 30mm厚1:4干硬性水泥砂浆结合层 20mm厚1:3水泥砂浆找平层	m²	49.50			

例1-64　根据课题3案例施工图（建施1）计算一层花岗岩地面清单工程量。

解：$S = [(28.9 - 0.37 \times 2) \times (14.2 + 0.02 - 0.225) + (7.1 - 0.015 - 0.02) \times (3.8 + 4 - 0.06 - 0.24 - 0.015) + (7.1 - 0.015 - 0.02) \times (3.0 + 6.9 - 0.12 - 0.02) + (7.1 - 0.02 + 0.225) \times (4.2 - 0.225 - 0.12)]m^2 = 544.10m^2$

花岗岩地面工程量清单与计价表见表1-65。

表1-65 分部分项工程和单价措施项目清单与计价表

工程名称：×××　　　　　　　　　　　　标段：×××　　　　　　　　　　　　第　页共　页

序号	项目编码	项目名称	项目特征描述	计量单位	工程量	金额/元		
						综合单价	合价	其中：暂估价
1	011102001001	石材楼地面	20mm厚磨光大理石楼面（米黄色，600mm×600mm） 撒素水泥面 30mm厚1:4干硬性水泥砂浆结合层 20mm厚1:3水泥砂浆找平层	m²	544.10			

（四）橡塑面层工程量清单编制

橡塑面层包括橡胶板楼地面（011103001）、橡胶板卷材楼地面（011103002）、塑料板楼地面（011103003）、塑料卷材楼地面（011103004）。

（1）适用范围　橡塑面层项目适用于用粘结剂（如C×401胶等）粘贴橡塑楼面、地面面层工程。

（2）工程量计算　按设计图示尺寸以面积计算。门洞、空圈、暖气包槽、壁龛的开口部分并入相应的工程量内。

（3）项目特征　需描述粘结层厚度、材料种类，面层材料品种、规格、颜色，压线条种类。

（4）工作内容　包含基层清理、面层铺贴，压缝条装订，材料运输。

（五）其他材料面层工程量清单编制

其他材料面层包括地毯楼地面（011104001）、竹、木（复合）地板（011104002）、金属复合地板（011104003）、防静电活动地板（011104004）。

（1）工程量计算　同橡塑面层。

（2）项目特征

1）地毯楼地面需描述面层材料品种、规格、颜色，防护材料种类，粘结材料种类，压线条种类。

2）竹、木（复合）地板，金属复合地板需描述龙骨材料种类、规格、铺设间距，基层材料种类、规格，面层材料品种、规格、颜色，防护材料种类。

3）防静电活动地板需描述支架高度、材料种类，面层材料品种、规格、颜色，防护材料种类。

（3）工作内容

1）地毯楼地面包含基层清理，铺贴面层，刷防护材料，装订压条材料运输。

2）竹、木（复合）地板，金属复合地板包含基层清理，龙骨铺设，基层铺设，面层铺贴刷防护材料，材料运输。

3）防静电活动地板包含基层清理，固定支架安装，活动面层安装刷防护材料、材料运输。

（六）踢脚线工程量清单编制

踢脚线包括水泥砂浆踢脚线（011105001）、石材踢脚线（011105002）、块料踢脚线（011105003）、塑料板踢脚线（011105004）、木质踢脚线（011105005）、金属踢脚线（011105006）、防静电踢脚线（011105007）。

（1）工程量计算　按设计图示长度乘以高度以面积计算，也可按延长米计算。

（2）项目特征

1）水泥砂浆踢脚线需描述踢脚线高度，底层厚度、砂浆配合比，面层厚度砂浆配合比。

2）石材、块料踢脚线需描述踢脚线高度，粘贴层厚度、材料种类，面层材料品种、规格、颜色，防护材料种类。

3）塑料板踢脚线需描述踢脚线高度，粘结层厚度、材料种类，面层材料品种、规格、颜色。

4）木质、金属、防静电踢脚线需描述踢脚线高度，基层材料种类、规格面层材料品种、规格、颜色。

（3）工作内容

1）水泥砂浆踢脚线包含基层清理，底层和面层抹灰，材料运输。

2）石材、块料踢脚线包含基层清理，底层抹灰，面层铺贴、磨边，擦缝，磨光、酸洗、打蜡，刷防护材料，材料运输。

3）塑料板、木质、金属、防静电踢脚线包含基层清理，基层铺贴，面层铺贴，材料运输。

例 1-65　如图 1-47 所示的某建筑一层平面示意图，室内为水泥砂浆地面，踢脚线做法为 1：2 水泥砂浆踢脚线，厚度为 20mm，高度为 150mm，试编制水泥砂浆踢脚线工程量清单。

解：$L=\left[\left(3\times3-0.12\times2\right)\times2+\left(3\times2-0.12\times2\right)\times2-1.2_{(门宽)}+\left(0.24-0.08_{(门框宽)}\right)\times\dfrac{1}{2}\times\right.$

$$2_{(门侧边)}+0.3×4×2_{(柱侧边)}]\,m=30.40m$$

$$S=30.40m×0.15m=4.56m^2$$

水泥砂浆踢脚线工程量清单与计价表见表 1-66。

表 1-66 分部分项工程和单价措施项目清单与计价表

工程名称：×××　　　　　　　　　标段：×××　　　　　　　第　页共　页

序号	项目编码	项目名称	项目特征描述	计量单位	工程量	金额/元		
						综合单价	合价	其中：暂估价
1	011105001001	水泥砂浆踢脚线	20mm 厚 1：2 水泥砂浆踢脚线高 150mm	m²	4.56			

例 1-66 根据课题 3 案例施工图 (建施 1、建施 2、建施 3) 计算花岗岩踢脚线清单工程量。

解：花岗岩踢脚线 (直线形) 高 150mm，门框宽均按 80mm 计算。

一层：$L=[(28.9-0.37×2)m+(22-0.37×2)m]×2-(1.5+1.3+6.5×2)m+(0.37-0.08)m×5+$
$(7.1-0.015-0.02)m×6+(7.8-0.06-0.24-0.015)m×2+(9.9-0.12-0.02)m×$
$2-1.5m+(0.24-0.08)_{(门侧边)}m-(1.0+1.3)m×2+(0.24-0.08)_{(门侧边)}m×2×2+$
$(0.225-0.02)m×2×9+0.45m×4×3+0.29m=165.45m$

$$S_1=165.45m×0.15m=24.82m^2$$

二层：$L=(28.9-0.37×2-0.12)m×3+28.16m+(7.8-0.06-0.015)m×2+(6.9+3-0.12-$
$0.02)m×2+(7.1×2-0.02-0.12-0.225)m×2+(7.1×2-2.7-0.02-0.06)m×2×$
$3+(7.1×2-2.7-4.6)m×2×2+(7.1-0.02+0.105)m×4+(7.1-0.02+0.225-$
$3.6)m×2+0.205m×2×7+(0.45-0.12)m×2×5-1.0m×2×10-1.0m-1.5m×2-$
$0.9m=288.46m$

$$S_2=288.46m×0.15m=43.27m^2$$

合计：$S_{总}=S_1+S_2=24.82m^2+43.27m^2=68.09m^2$

花岗岩踢脚线 (锯齿形)：$S=\dfrac{0.15+0.3}{2}m×0.3m×(16+12)=1.89m^2$

注：花岗岩踢脚线项目工程量清单编制详见课题 3 案例。

(七) 楼梯面层工程量清单编制

楼梯面层包括石材楼梯面层 (011106001)、块料楼梯面层 (011106002)、拼碎块料面层 (011106003)、水泥砂浆楼梯面层 (011106004)、现浇水磨石楼梯面层 (011106005)、地毯楼梯面层 (011106006)、木板楼梯面层 (011106007)、橡胶板楼梯面层 (011106008)、塑料板楼梯面层 (011106009)。

(1) 工程量计算　按设计图示尺寸以楼梯 (包括踏步、休息平台≤500mm 的楼梯井) 水平投影面积计算。

1) 楼梯与楼地面相连时，算至梯口梁内侧边沿。

2) 无梯口梁者，算至最上一层踏步边沿加 300mm。

(2) 项目特征

1）石材、块料、拼碎块料楼梯面层需描述找平层厚度、砂浆配合比、粘结层厚度、材料种类，面层材料品种、规格、颜色，防滑条材料种类、规格，勾缝材料种类，防护材料种类，酸洗、打蜡要求。

2）水泥砂浆楼梯面层需描述找平层厚度、砂浆配合比，防滑条材料种类、规格，面层厚度、砂浆配合比。

3）现浇水磨石楼梯面层需描述找平层厚度、砂浆配合比，面层厚度、水泥石子浆配合比，防滑条材料种类、规格，石子种类、规格、颜色，颜料种类、颜色，磨光、酸洗打蜡要求。

4）地毯楼梯面层需描述基层种类，面层材料品种、规格、颜色，防护材料种类，粘结材料种类，固定配件材料种类、规格。

5）木板楼梯面层需描述基层材料种类、规格，面层材料品种、规格、颜色，防护材料种类，粘结材料种类。

6）橡胶板、塑料板楼梯面层需描述粘结层厚度、材料种类，面层材料品种、规格、颜色，压线条种类。

（3）工作内容

1）石材、块料、拼碎块料楼梯面层包含基层清理，抹找平层，面层铺贴、磨边，贴嵌防滑条，勾缝，刷防护材料，酸洗、打蜡材料运输。

2）水泥砂浆楼梯面层包含基层清理，抹找平层，抹面层，抹防滑条、材料运输。

3）现浇水磨石楼梯面层包含基层清理，抹找平层，抹面层，贴嵌防滑条，磨光、酸洗、打蜡，材料运输。

4）地毯楼梯面层包含基层清理，铺贴面层，固定配件安装，刷防护材料，材料运输。

5）木板楼梯面层包含基层清理，基层铺贴，面层铺贴，刷防护材料，材料运输。

6）橡胶板、塑料板楼梯面层包含基层清理，面层铺贴，压缝条装订，材料运输。

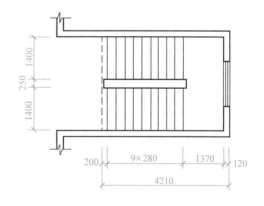

图 1-48　楼梯平面示意图

例 1-67　如图 1-48 所示为楼梯贴花岗岩面层，工程做法为：20mm 厚芝麻白磨光花岗岩（600mm×600mm）铺面；撒素水泥面（洒适量水）；30mm 厚 1∶4 干硬性水泥砂浆结合层；刷素水泥浆一道。试编制花岗岩面层工程量清单。

解：楼梯井宽度为 250mm，小于 500mm，所以楼梯贴花岗岩面层的工程量为：

$$S=(1.4m×2+0.25m)×(0.2m+9×0.28m+1.37m)=12.47m^2$$

花岗岩面层工程量清单与计价表见表 1-67。

（八）台阶装饰工程量清单编制

台阶装饰包括石材台阶面（011107001）、块料台阶面（台阶面 011107002）、拼碎块台阶面（011107003）、水泥砂浆台阶面（011107004）、现浇水磨石台阶面（011107005）、剁假石台阶面（011107006）。

（1）工程量计算　按设计图示尺寸以台阶（包括最上层踏步边沿加 300mm）水平投影面积计算。

表 1-67　分部分项工程和单价措施项目清单与计价表

工程名称：×××　　　　　　　标段：×××　　　　　　　第　页共　页

序号	项目编码	项目名称	项目特征描述	计量单位	工程量	综合单价	合价	其中：暂估价
1	011106001001	花岗岩楼梯面层	20mm 厚芝麻白磨光花岗岩（600mm×600mm）铺面 撒素水泥面（洒适量水） 30mm 厚 1：4 干硬性水泥砂浆结合层 刷素水泥浆一道	m²	12.47			

（2）项目特征

1）石材、块料、拼碎块料台阶面需描述找平层厚度、砂浆配合比，粘结材料种类，面层材料品种、规格、颜色，勾缝材料种类，防滑条材料种类、规格，防护材料种类。

2）水泥砂浆台阶面需描述找平层厚度、砂浆配合比，面层厚度、砂浆配合比，防滑条材料种类。

3）现浇水磨石台阶面需描述找平层厚度、砂浆配合比，面层厚度、水泥石子浆配合比，防滑条材料种类、规格，石子种类、规格、颜料种类、颜色，磨光、酸洗、打蜡要求。

4）剁假石台阶面需描述找平层厚度、砂浆配合比，面层厚度、砂浆配合比，剁假石要求。

（3）工作内容　包含基层清理，抹找平层，面层铺贴（或抹面层），材料运输。

除以上工作内容外，个别项目还包含以下工作内容。

1）石材、块料、拼碎块料台阶面包含贴嵌防滑条，勾缝，刷防护材料。

2）水泥砂浆台阶面包含抹防滑条。

3）现浇水磨石台阶面包含贴嵌防滑条，打磨、酸洗、打蜡要求。

4）剁假石台阶面包含剁假石。

（4）注意事项

1）台阶面层与平台面层是同一种材料时，平台面层与台阶面层不可重复计算。当台阶计算最上一层踏步加 300mm 时，则平台面层中必须扣除该面积。如果平台与台阶以平台外沿为分界线，在台阶报价时，最上一步台阶的踢面应考虑，在台阶的报价内。

2）台阶侧面装饰不包括在台阶面层项目内，应按零星装饰项目编码列项。

例 1-68　如图 1-49 所示为台阶贴花岗岩面层，工程做法为：30mm 厚芝麻白机刨花岗岩（600mm×600mm）铺面，稀水泥擦缝；撒素水泥面（洒适量水）；30mm 厚 1：4 干硬性水泥砂浆结合层，向外坡 1%；刷素水泥浆结合层一道；60mm 厚 C15 混凝土；150mm 厚 3：7 灰土垫层；素土夯实。试编制花岗岩台阶工程量清单。

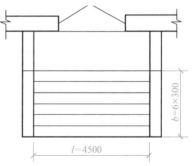

图 1-49　台阶平面示意图

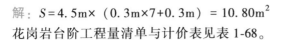

解：$S = 4.5\text{m} \times (0.3\text{m} \times 7 + 0.3\text{m}) = 10.80\text{m}^2$

花岗岩台阶工程量清单与计价表见表 1-68。

表 1-68　分部分项工程和单价措施项目清单与计价表

工程名称：×××　　　　　　　　　　标段：×××　　　　　　　第　页共　页

序号	项目编码	项目名称	项目特征描述	计量单位	工程量	金额/元		
						综合单价	合价	其中：暂估价
1	011107001001	花岗岩台阶	30mm 厚芝麻白机刨花岗岩（600mm×600mm）铺面，稀水泥擦缝 撒素水泥面（洒适量水） 30mm 厚 1：4 干硬性水泥砂浆结合层，向外坡 1% 刷素水泥浆结合层一道 60mm 厚 C15 混凝土 150mm 厚 3：7 灰土垫层 素土夯实	m²	10.80			

例 1-69　根据课题 3 案例施工图（建施1）计算台阶及平台清单工程量。

解：花岗岩平台（M-1 门处）：$S = (2.5 + 1.9)\text{m} \times (1.2 - 0.3)\text{m} + (7.2 \times 2 - 0.37)\text{m} \times (1.5 - 0.3)\text{m} = 20.80\text{m}^2$

花岗岩台阶（M-1 门处）：$S = (7.2 \times 2 - 0.37)\text{m} \times (0.35 \times 2 + 0.3)\text{m} = 14.03\text{m}^2$

水泥砂浆平台（M-2、M-3 门处）：$S = (2.5 + 1.9)\text{m} \times (1.2 - 0.3)\text{m} = 3.96\text{m}^2$

水泥砂浆台阶（M-2、M-3 门处）：$S = (2.5 + 1.9)\text{m} \times 0.3\text{m} \times 3 = 3.96\text{m}^2$

注：台阶及平台项目工程量清单编制详见课题 3 案例。

（九）零星装饰项目工程量清单编制

零星装饰项目包括石材零星项目（011108001）、拼碎石材零星项目（011108002）、块料零星项目（011108003）、水泥砂浆零星项目（011108004）。

（1）适用范围　零星装饰项目适用于≤0.5m² 少量分散的楼地面装饰项目。

（2）工程量计算　按设计图示尺寸以面积计算。

（3）项目特征　石材、块料、拼碎石材零星项目需描述工程部位，找平层厚度、砂浆配合比，贴结合层厚度、材料种类，面层材料品种、规格、颜色，勾缝材料种类，防护材料种类，酸洗、打蜡要求。水泥砂浆零星项目需描述工程部位，找平层厚度、砂浆配合比，面层厚度、砂浆配合比。

（4）工作内容　石材、块料、拼碎石材零星项目包含基层清理，抹找平层，面层铺贴、磨边，勾缝，刷防护材料，酸洗、打蜡，材料运输。

十二、墙、柱面装饰与隔断、幕墙工程

本工程适用于一般抹灰、装饰抹灰工程，包括墙面抹灰、柱（梁）面抹灰、零星抹灰、墙面块料面层、柱（梁）面镶贴块料、镶贴零星块料，墙饰面、柱（梁）饰面、幕墙工程、隔断等工程。

（一）相关说明

1）一般抹灰包括：石灰砂浆、水泥混合砂浆、水泥砂浆、聚合物水泥砂浆、膨胀珍珠

岩水泥砂浆和麻刀灰、纸筋石灰、石膏灰等。

2）装饰抹灰包括：水刷石、水磨石、斩假石（剁斧石）、干粘石、假面砖、拉条灰、拉毛灰、甩毛灰、扒拉石、喷毛灰、喷涂、喷砂、滚涂、弹涂等。

3）立面砂浆找平项目适用于仅做找平层的立面抹灰。

4）抹石灰砂浆、水泥砂浆、混合砂浆、聚合物水泥砂浆、麻刀石灰浆、石膏灰浆等按墙面一般抹灰列项，水刷石、斩假石、干粘石、假面砖等按墙面装饰抹灰列项。

5）飘窗凸出外墙面增加的抹灰并入外墙工程量内。

6）有吊顶天棚的内墙抹灰，抹至吊顶以上部分在综合单价中考虑。

7）柱、梁砂浆找平项目适用于仅做找平层的柱（梁）面抹灰。

8）墙、柱（梁）面≤0.5m² 的少量分散的抹灰、镶贴块料面层均按相应的零星项目编码列项。

9）在描述碎块项目的面层材料特征时可不用描述规格、品牌、颜色。

10）石材、块料与粘接材料的结合面刷防渗材料的种类在防护层材料种类中描述。

11）柱梁面、零星项目的干挂石材的钢骨架按相应项目编码列项。

（二）工程量清单编制

1. 墙面抹灰

墙面抹灰包括墙面一般抹灰（011201001）、墙面装饰抹灰（011201002）、墙面勾缝（011201003）、立面砂浆找平层（011201004）。

（1）工程量计算 按设计图示尺寸以面积计算，扣除墙裙、门窗洞口及单个>0.3m² 的孔洞面积；不扣除踢脚线、挂镜线和墙与构件交接处的面积；门窗洞口和孔洞的侧壁及顶面不增加面积；附墙柱、梁、垛、烟囱侧壁并入相应的墙面面积内。其中：

1）外墙抹灰面积按外墙垂直投影面积计算。

2）外墙裙抹灰面积按其长度乘以高度计算。

3）内墙抹灰面积按主墙间的净长乘以高度计算，其高度确定：无墙裙的，高度按室内楼地面至天棚底面计算；有墙裙的，高度按墙裙顶至天棚底面计算。有吊顶天棚抹灰，高度算至天棚底。

4）内墙裙抹灰面积按内墙净长乘以高度计算。

（2）项目特征

1）墙面一般抹灰、墙面装饰抹灰需描述墙体类型，底层厚度、砂浆配合比，面层厚度、砂浆配合比，装饰面材料种类，分格缝宽度、材料种类。

2）墙面勾缝需描述勾缝类型，勾缝材料种类。

3）立面砂浆找平层需描述基层类型、找平层砂浆厚度、配合比。

（3）工作内容

1）墙面一般抹灰、墙面装饰抹灰包含基层清理，砂浆制作、运输，底层抹灰，抹面层，抹装饰面，勾分格缝。

2）墙面勾缝包含基层清理，砂浆制作、运输，勾缝。

3）立面砂浆找平层包含基层清理，砂浆制作、运输，抹灰找平。

例 1-70 如图 1-47 所示为建筑平面示意图，窗洞口尺寸均为 1500mm×1800mm，门洞口尺寸为 1200mm×2400mm，室内地面至天棚底面净高为 3.2m，内墙采用水泥砂浆抹灰

（无墙裙），具体工程做法为：喷乳胶漆两遍；5mm厚1:0.3:2.5水泥石膏砂浆抹面压实抹光；13mm厚1:1:6水泥石膏砂浆打底扫毛；砖墙。试编制内墙面抹灰工程工程量清单。

解：$S=(9\text{m}-0.24\text{m}+6\text{m}-0.24\text{m})\times2\times3.2\text{m}-1.5\text{m}\times1.8\text{m}\times5-1.2\text{m}\times2.4\text{m}=76.55\text{m}^2$

内墙面抹灰工程工程量清单与计价表见表1-69。

表1-69　分部分项工程和单价措施项目清单与计价表

工程名称：×××　　　　　　　　　　　标段：×××　　　　　　　　　　第　页共　页

序号	项目编码	项目名称	项目特征描述	计量单位	工程量	金额/元		
						综合单价	合价	其中：暂估价
1	011201001001	墙面一般抹灰（内墙）	喷乳胶漆两遍 5mm厚1:0.3:2.5水泥石膏砂浆抹面压实抹光 13mm厚1:1:6水泥石膏砂浆打底扫毛 砖墙	m²	76.55			

例1-71　根据课题3案例施工图（建施1、建施2、建施3）计算内墙抹混合砂浆工程量清单。

解：$S=$墙净长×墙净高-门窗洞口面积+柱侧面增加面积

一层：$S_1=\{[(28.9-0.37\times2)+(14.2-0.02-0.225)]\text{m}\times2+[(7.1-0.015-0.02)+(3.8+4-0.06-0.24-0.015)]\text{m}\times2+(7.065+9.886)\text{m}\times2\}\times(4.15-0.12)\text{m}-(140.48-1.8\times2\times2)\text{m}^2-3\text{m}^2-(2.7+2.6)\text{m}^2\times2+0.205\text{m}\times2\times9\times(4.15-0.12)\text{m}=461.34\text{m}^2$

二层：$S_2=[(27.8\times3+28.16)+(7.725+9.76)\times2+13.835\times2+11.42\times2\times3+6.9\times2\times2+7.185\times4+(7.1-0.02+0.225)\times2+0.205\times2\times7+(0.45-0.12)\times2\times5]\text{m}\times(3.65-0.12)\text{m}-(88.2-1.8\times2.0\times2)\text{m}^2-(21.9+13.23)\text{m}^2\times2-(1.0\times2.7\times1+0.9\times2.7\times1)\text{m}^2=972.65\text{m}^2$

合计：$S_总=461.34\text{m}^2+972.65\text{m}^2=1433.99\text{m}^2$

注：内墙抹混合砂浆项目工程量清单编制详见课题3案例。

2. 柱（梁）面抹灰

柱（梁）面抹灰包括柱、梁面一般抹灰（011202001），柱、梁面装饰抹灰（011202002），柱、梁面砂浆找平（011202003），柱面勾缝（011202004）。

（1）工程量计算　柱面抹灰按设计图示柱断面周长乘以高度以面积计算。梁面抹灰按设计图示梁断面周长乘以长度以面积计算。

（2）项目特征

1）柱面抹灰项目特征除了将墙体类型换成柱体类型（矩形、圆形、混凝土、砖等）外，其余同墙面抹灰项目特征。

2）柱面勾缝项目特征同墙面勾缝项目特征。

（3）工作内容

1）柱面抹灰的工作内容同墙面抹灰。

2) 柱面勾缝的工作内容同墙面勾缝。

例 1-72 某工程有现浇钢筋混凝土矩形柱 10 根，柱结构断面尺寸为 500mm×500mm，柱高为 2.8m，柱面采用水泥砂浆抹灰（无墙裙），具体工程做法为：喷乳胶漆两遍；5mm 厚 1:0.3:2.5 水泥石膏砂浆抹面压实抹光；13mm 厚 1:1:6 水泥石膏砂浆打底扫毛；刷素水泥浆一道；混凝土基层。试编制柱面抹灰工程工程量清单。

解：$S = 0.5\text{m} \times 4 \times 2.8\text{m} \times 10 = 56.00\text{m}^2$

柱面抹灰工程工程量清单与计价表见表 1-70。

表 1-70 分部分项工程和单价措施项目清单与计价表

工程名称：×××   标段：×××   第 页 共 页

序号	项目编码	项目名称	项目特征描述	计量单位	工程量	金额/元		
						综合单价	合价	其中：暂估价
1	011202001001	柱面一般抹灰	喷乳胶漆两遍 5mm 厚 1:0.3:2.5 水泥石膏砂浆抹面压实抹光 13mm 厚 1:1:6 水泥石膏砂浆打底扫毛 刷素水泥浆一道 混凝土基层	m²	56.00			

例 1-73 根据课题 3 案例施工图（建施 1、建施 2、建施 3）计算柱面抹灰清单工程量。

解：内墙柱面抹混合砂浆：$S = 0.45\text{m} \times 4 \times (4.15 - 0.12)\ \text{m} \times 3 = 21.76\text{m}^2$

外墙圆柱面抹水泥砂浆：$S = \left(\dfrac{1}{2} \times 3.14 \times 0.4 \times 7.55 + \dfrac{1}{2} \times 3.14 \times 0.5 \times 0.25 \right)\text{m}^2 \times 5 = 24.69\text{m}^2$

注：柱面抹灰项目工程量清单编制详见课题 3 案例。

3. 零星抹灰

零星抹灰包括零星项目一般抹灰（011203001）、零星项目装饰抹灰（011203002）、零星项目砂浆找平（011203003）。

（1）工程量计算　按设计图示尺寸以面积计算。

（2）项目特征　同墙面抹灰。

（3）工作内容　同墙面抹灰。

4. 墙面块料

墙面块料面层包括石材墙面（011204001）、碎拼石材墙面（011204002）、块料墙面（011204003）和干挂石材钢骨架（011204004）。

（1）工程量计算

1) 石材、拼碎石材、块料墙面按镶贴表面积计算。

2) 干挂石材钢骨架按设计图示以质量计算。

（2）项目特征

1) 石材、拼碎石材、块料墙面需描述墙体类型，安装方式，面层材料品种、规格、颜色、缝宽、嵌缝材料种类，防护材料种类，磨光、酸洗、打蜡要求。

2) 干挂石材钢骨架需描述骨架种类、规格，防锈漆品种、遍数。

（3）工作内容

1）石材、拼碎石材、块料墙面包含基层清理，砂浆制作、运输，粘结层铺贴，面层安装，嵌缝，刷防护材料，磨光、酸洗、打蜡。

2）干挂石材钢骨架包含骨架制作、运输、安装，刷漆。

例 1-74　根据课题 3 案例施工图（建施 1、建施 2、建施 3）计算卫生间内墙面砖清单工程量。

解：门窗框宽均按 80mm 计算。

一层：$S_1 = [(6.3-0.02-0.06)\,\text{m}\times4-0.24\text{m}\times2+(7.1-0.02-0.015-0.24)\,\text{m}\times2+(3.6-$

$0.12-0.02)\,\text{m}\times2]\times(4.15-0.12)\,\text{m}-(1.8\times2\times2+4.86\times2+3)\,\text{m}^2+\dfrac{0.37-0.08}{2}\text{m}\times$

$(1.8+2.0\times2)\,\text{m}+(0.24-0.08)\,\text{m}\times(0.9+2.7\times2)\,\text{m}+\dfrac{0.24-0.08}{2}\text{m}\times(1.5+2.0\times$

$2)\,\text{m}=163.60\text{m}^2$

二层：$S_2 = [(6.3-0.02-0.06)\times4-0.24\times2+(7.1-0.02+0.105-0.24)\times2+(3.6-0.12-$

$0.02)\times2]\,\text{m}\times(3.65-0.12)\,\text{m}-(1.8\times2\times2+4.86\times2+2.43+1.0\times2.7\times1)\,\text{m}^2+$

$\dfrac{0.37-0.08}{2}\text{m}\times(1.8+2.0\times2)\,\text{m}\times2+(0.24-0.08)\,\text{m}\times(0.9+2.7\times2)\,\text{m}+0.06\text{m}\times$

$(0.9+2.7\times2+1.0+2.7\times2)\,\text{m}=140.99\text{m}^2$

合计：$S_总 = 163.60\text{m}^2+140.99\text{m}^2=304.59\text{m}^2$

注：卫生间内墙面砖项目工程量清单编制详见课题 3 案例。

例 1-75　根据课题 3 案例施工图（建施 1、建施 3、建施 4）计算外墙勒脚粘贴蘑菇石清单工程量。

解：　　$S = (L_外-台阶、坡道所占长)\times勒脚高度$

$= [101.86\text{m}-(7.2\times2+0.37)\,\text{m}-2.5\text{m}-1.9\text{m}-(2.7+0.65)\,\text{m}]\times0.45\text{m}$

$= 35.70\text{m}^2$

注：外墙勒脚粘贴蘑菇石项目工程量清单编制详见课题 3 案例。

5. 柱（梁）面镶贴块料

柱（梁）面镶贴块料包括石材柱面（011205001）、块料柱面（011205002）、碎拼块柱面（011205003）、石材梁面（011205004）、块料梁面（011205005）。

（1）工程量计算　按镶贴表面积计算。

（2）项目特征　需描述柱截面类型、尺寸，安装方式，面层材料品种、规格、颜色，缝宽、嵌缝材料种类，防护材料种类，磨光、酸洗、打蜡要求。

（3）工作内容　与石材墙面一致。

6. 镶贴零星块料

镶贴零星块料包括石材零星项目（011206001）、块料零星项目（011206002）、碎拼块零星项目（011206003）。

（1）工程量计算　按镶贴表面积计算。

（2）项目特征　需描述基层类型、部位，安装方式，面层材料品种、规格、颜色，缝宽、嵌缝材料种类，防护材料种类，磨光、酸洗、打蜡要求。

（3）工作内容 与石材墙面一致。

7. 墙饰面

墙饰面包括墙面装饰板（011207001）和墙面装饰浮雕（011207002）。

（1）适用范围 墙面装饰板项目适用于金属饰面板、塑料饰面板、木质饰面板、软包带衬板饰面等装饰板墙面。

（2）工程量计算 按设计图示墙净长乘以净高以面积计算，扣除门窗洞口及单个>0.3m^{2}的孔洞所占面积。

（3）项目特征 墙面装饰板需描述龙骨材料种类、规格、中距，隔离层材料种类、规格，基层材料种类、规格，面层材料品种、规格、颜色，压条材料种类、规格。墙面装饰浮雕需描述基层类型、浮雕材料种类、浮雕样式。

（4）工作内容 墙面装饰板包含基层清理，龙骨制作、运输、安装，钉隔离层，基层铺钉，面层铺贴。墙面装饰浮雕包含基层清理，材料制作、运输，安装成型。

8. 柱（梁）饰面

柱（梁）饰面包括柱（梁）面装饰（011208001）、成品装饰柱（011208002）。

（1）适用范围 柱（梁）饰面项目适用于除了石材、块料装饰柱、梁面的装饰项目。

（2）工程量计算 柱（梁）面装饰按设计图示饰面外围尺寸以面积计算，柱帽、柱墩并入相应柱饰面工程量内。成品装饰柱按设计数量以根计量，或按设计长度以米计算。

（3）项目特征 柱（梁）面装饰与墙面装饰板一致。成品装饰柱需描述柱截面、高度尺寸，柱材质。

（4）工作内容 柱（梁）面装饰与墙面装饰板一致。成品装饰柱包含柱运输、固定、安装。

例1-76 某工程有独立柱4根，柱高为6m，柱结构断面为400mm×400mm，饰面厚度为51mm，具体工程做法为：30mm×40mm单向木龙骨，间距400mm；18mm厚细木工板基层；3mm厚红胡桃面板；醇酸清漆五遍成活。试编制柱饰面工程工程量清单。

解：$S_柱 = (0.4m + 0.051_{(饰面厚度)}m×2) ×4×6m×4 根 = 48.19m^2$

柱饰面工程量清单与计价表见表1-71。

表1-71 分部分项工程和单价措施项目清单与计价表

工程名称：×××　　　　　　　　　标段：×××　　　　　　　　　第 页 共 页

序号	项目编码	项目名称	项目特征描述	计量单位	工程量	金额/元		
						综合单价	合价	其中：暂估价
1	011208001001	柱面装饰	30mm×40mm单向木龙骨,间距400mm 18mm厚细木工板基层 3mm厚红胡桃面板 醇酸清漆五遍成活	m^2	48.19			

9. 幕墙工程

幕墙工程包括带骨架幕墙（011209001）和全玻（无框玻璃）幕墙（011209002）。

（1）工程量计算

1）带骨架幕墙按设计图示框外围尺寸以面积计算。与幕墙同种材质的窗所占面积不扣除。

2）全玻（无框玻璃）幕墙按设计图示尺寸以面积计算。带肋全玻幕墙按展开面积计算。

（2）项目特征

1）带骨架幕墙需描述骨架材料种类、规格、中距，面层材料品种、规格、颜色，面层固定方式，隔离带、框边封闭材料品种、规格，嵌缝、塞口材料种类。

2）全玻（无框玻璃）幕墙需描述玻璃品种、规格、颜色，粘结塞口材料种类，固定方式。

（3）工作内容

1）带骨架幕墙包含骨架制作、运输、安装，面层安装，隔离带、框边封闭，嵌缝、塞口，清洗。

2）全玻（无框玻璃）幕墙包含幕墙安装，嵌缝、塞口，清洗。

10. 隔断

隔断包括木隔断（011210001）、金属隔断（011210002）、玻璃隔断（011210003）、塑料隔断（011210004）、成品隔断（011210005）、其他隔断（011210006）。

（1）木隔断、金属隔断

1）工程量计算：工程量按设计图示框外围尺寸以面积计算。不扣除单个≤0.3m^{2}的孔洞所占面积；浴厕门的材质与隔断相同时，门的面积并入隔断面积内。

2）项目特征：需描述骨架、边框材料种类、规格，隔板材料品种、规格、颜色，嵌缝、塞口材料品种，压条材料种类（木隔断）。

3）工作内容：包含骨架及边框制作、运输、安装，隔板制作、运输、安装，嵌缝、塞口，装钉压条（木隔断）。

（2）玻璃隔断、塑料隔断

1）工程量计算：工程量按设计图示框外围尺寸以面积计算。不扣除单个≤0.3m^{2}的孔洞所占面积。

2）项目特征：需描述边框材料种类、规格，玻璃品种、规格、颜色（玻璃隔断），隔板材料品种、规格、颜色（塑料隔断），嵌缝、塞口材料品种。

3）工作内容：玻璃隔断包含边框制作、运输、安装，玻璃制作、运输、安装，嵌缝、塞口。塑料隔断包含骨架及边框制作、运输、安装，隔板制作、运输、安装，嵌缝、塞口。

（3）成品隔断

1）工程量计算：工程量按设计图示框外围尺寸以面积计算，也可按设计间的数量以间计算。

2）项目特征：需描述隔断材料品种、规格、颜色，配件品种、规格。

3）工作内容：包含隔断运输、安装，嵌缝、塞口。

（4）其他隔断

1）工程量计算：工程量按设计图示框外围尺寸以面积计算。不扣除单个≤0.3m^{2}的孔洞所占面积。

2）项目特征：需描述骨架、边框材料种类、规格，隔板材料品种、规格、颜色，嵌缝、塞口材料品种。

3）工作内容：包含骨架及边框安装，隔板安装，嵌缝、塞口。

十三、天棚工程

（一）相关说明

1）柱垛：指与墙体相连的柱而突出墙体部分。

2）吊顶形式：指平面、跌级、锯齿形、阶梯形、吊挂形、藻井形以及矩形、弧形、拱形等形式，如图 1-50 所示，应在清单项目中进行描述。

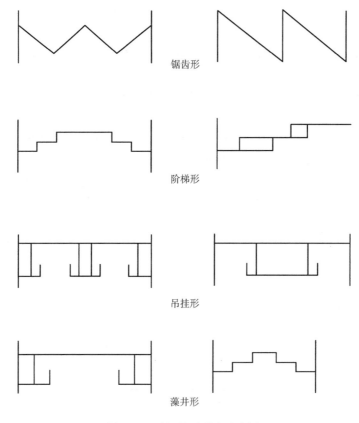

锯齿形

阶梯形

吊挂形

藻井形

图 1-50　天棚吊顶形式示意图

3）平面：指吊顶面层在同一平面上的天棚。

4）跌级：指形状比较简单，不带灯槽，一个空间只有一个"凸"或"凹"形状的天棚。

5）基层材料：指底板或面层背后的加强材料。

6）面层材料的品种：指石膏板（包括装饰石膏板、纸面石膏板、吸声穿孔石膏板、嵌装式装饰石膏等）、埃特板、装饰吸声罩面板（包括矿棉装饰吸声板、贴塑矿（岩）棉吸声板、膨胀珍珠岩石装饰吸声板、玻璃棉装饰吸声板等）、塑料装饰罩面板（包括钙塑泡沫装饰吸声板、聚苯乙烯泡沫塑料装饰吸声板、聚氯乙烯塑料天花板等）、纤维水泥加压板（包括穿孔吸声石棉水泥板、轻质硅酸钙吊顶板等）、金属装饰板（包括铝合金罩面板、金属微孔吸声板、铝合金单体构件等）、木质饰板（包括胶合板、薄板、板条、水泥木丝板、刨花板等）、玻璃饰面（包括镜面玻璃、镭射玻璃等）。

（二）天棚抹灰工程量清单编制

（1）适用范围　天棚抹灰项目适用于在混凝土现浇板、预制板、木板条等各种基层上的抹灰工程。

（2）工程量计算　按设计图示尺寸以水平投影面积计算。不扣除间壁墙、垛、柱、附墙烟囱、检查口和管道所占的面积，带梁天棚的梁两侧抹灰面积并入天棚面积内。板式楼梯底面抹灰按斜面积计算，锯齿形楼梯底板抹灰按展开面积计算。

（3）项目特征　需描述基层类型，抹灰厚度、材料种类，砂浆配合比。

（4）工作内容　包含基层清理，底层抹灰，抹面层。

例 1-77　如某天棚抹灰工程，天棚净长 8.76m，净宽 5.76m，楼板为钢筋混凝土现浇楼板，板厚为 120mm，在宽度方向有现浇钢筋混凝土单梁 2 根，梁截面尺寸为 250mm×600mm，梁顶与板顶在同一标高，天棚抹灰的工程做法为：喷乳胶漆；6mm 厚 1:2.5 水泥砂浆抹面；8mm 厚 1:3 水泥砂浆打底；刷素水泥浆一道；现浇混凝土板。试编制天棚抹灰工程工程量清单。

解：

$S = 8.76\text{m} \times 5.76\text{m} + (0.6\text{m} - 0.12\text{m})_{(梁净高)} \times 2_{(梁两侧)} \times 5.76\text{m} \times 2_{(根数)} = 61.52\text{m}^2$

天棚抹灰工程工程量清单与计价表见表 1-72。

表 1-72　分部分项工程和单价措施项目清单与计价表

工程名称：×××　　　　　　　　标段：×××　　　　　　　第　页共　页

序号	项目编码	项目名称	项目特征描述	计量单位	工程量	金额/元		
						单价	合价	其中：暂估价
1	011301001001	天棚抹灰	喷乳胶漆 6mm 厚 1:2.5 水泥砂浆抹面 8mm 厚 1:3 水泥砂浆打底 刷素水泥浆一道 现浇混凝土板	m²	61.52			

例 1-78　根据课题 3 案例施工图（建施 1、建施 2、建施 3）计算天棚抹混合砂浆项目清单工程量。

解：S = 天棚净面积 + 梁侧面积

一层：$S_1 = 543.86\text{m}^2 - 22.84_{(楼梯面积)}\text{m}^2 + (7.1 - 0.45)\text{m} \times 3 \times (0.7 - 0.12)\text{m} \times 2 + (7.1 - 0.45)\text{m} \times 5 \times (0.65 - 0.12)\text{m} \times 2 + (28.2 - 0.45 \times 4 + 4.2 - 0.225 - 0.12)\text{m} \times (0.65 - 0.12)\text{m} \times 2 + (7.1 - 0.35)\text{m} \times 9 \times (0.6 - 0.12)\text{m} \times 2 = 669.80\text{m}^2$

二层：$S_2 = 529.80\text{m}^2 + 22.84\text{m}^2 + (2.7 - 0.225 - 0.06)\text{m} \times (0.7 - 0.12)\text{m} \times 3 \times 2 + (7.1 - 0.45)\text{m} \times 2 \times (0.7 - 0.12)\text{m} \times 2 + (7.1 - 0.35)\text{m} \times 10 \times (0.55 - 0.12)\text{m} \times 2 = 634.52\text{m}^2$

合计：$S_总 = S_1 + S_2 = 669.80\text{m}^2 + 634.52\text{m}^2 = 1304.32\text{m}^2$

注：天棚抹混合砂浆项目工程量清单编制详见课题 3 案例。

例 1-79　根据课题 3 案例施工图（建施 1、建施 2、建施 3）计算楼梯底面抹灰清单工程量。

解：楼梯底面抹灰 = 梯段底面抹灰 + 平台底面抹灰 + 梁侧抹灰

$$S=(4.5+3.3)m \times \frac{\sqrt{300^2+150^2}}{300} \times 1.85m+[2.425m+(0.3+0.07)m+(0.2+0.3+0.07)m] \times$$

$(4.2-0.225-0.12)m=29.10m^2$

注：楼梯底面抹灰项目工程量清单编制详见课题 3 案例。

（三）吊顶天棚工程量清单编制

1. 吊顶天棚（011302001）

（1）工程量计算 按设计图示尺寸以水平投影面积计算。不扣除间壁墙、检查口、附墙烟囱、柱垛和管道所占面积。扣除单个面积>0.3m² 的孔洞、独立柱及与天棚相连的窗帘盒所占的面积。天棚面中的灯槽及跌级、锯齿形、吊挂式、藻井式天棚面积不展开计算。

（2）项目特征 需描述吊顶形式、吊杆规格、高度，龙骨材料种类、规格、中距，基层材料种类、规格，面层材料品种、规格，压条材料种类、规格，嵌缝材料种类，防护材料种类。

（3）工作内容 包含基层清理、吊杆安装，龙骨安装，基层板铺贴，面层铺贴，嵌缝，刷防护材料。

（4）注意事项

1）天棚吊顶与天棚抹灰工程量计算规则有所不同：天棚抹灰不扣除柱垛所占面积；天棚吊顶也不扣除柱垛所占面积，但扣除独立柱所占面积。

2）在同一个工程中如果龙骨材料种类、规格、中距有所不同，或虽然龙骨材料种类、规格、中距相同，但基层或面层材料的品种、规格，都应分别编码列项。

例 1-80 根据图 1-47 所示平面图，设计采用纸面石膏板吊顶天棚，具体工程做法为：刮腻子喷乳胶漆两遍；纸面石膏板规格为 1200mm×800mm×6mm；U 形轻钢龙骨；钢筋吊杆；钢筋混凝土楼板。试编制纸面石膏板天棚工程量清单。

解：$S=(3m \times 3-0.12m \times 2) \times (3m \times 2-0.12m \times 2)-0.3m \times 0.3m \times 2_{(根数)}=50.28m^2$

纸面石膏板天棚工程量清单与计价表见表 1-73。

表 1-73 分部分项工程和单价措施项目清单与计价表

工程名称：××× 标段：××× 第 页共 页

序号	项目编码	项目名称	项目特征描述	计量单位	工程量	金额/元		
						单价	合价	其中：暂估价
1	011302001001	天棚吊顶	刮腻子喷乳胶漆两遍 纸面石膏板规格为 1200mm×800mm×6mm U 形轻钢龙骨 钢筋吊杆 钢筋混凝土楼板	m²	50.28			

2. 格栅吊顶（011302002）、吊筒吊顶（011302003）、藤条造型悬挂吊顶（011302004）、织物软雕吊顶（011302005）、装饰网架吊顶（011302006）

（1）工程量计算 均按设计图示尺寸以水平投影面积计算。

（2）项目特征 格栅吊顶需描述龙骨材料种类、规格、中距，基层材料种类、规格，

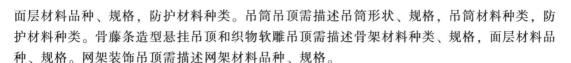

面层材料品种、规格，防护材料种类。吊筒吊顶需描述吊筒形状、规格，吊筒材料种类，防护材料种类。骨藤条造型悬挂吊顶和织物软雕吊顶需描述骨架材料种类、规格，面层材料品种、规格。网架装饰吊顶需描述网架材料品种、规格。

（3）工作内容　格栅吊顶包含基层清理，安装龙骨，基层板铺贴，面层铺贴，刷防护材料。吊筒吊顶包含基层清理，吊筒制作安装，刷防护材料。骨藤条造型悬挂吊顶和织物软雕吊顶包含基层清理，龙骨安装，铺贴面层。网架装饰吊顶包含基层清理，网架制作安装。

（四）采光天棚（011303001）工程量清单编制

（1）工程量计算　采光天棚工程量　按框外围展开面积计算。

（2）项目特征　需描述骨架类型，固定类型、固定材料品种、规格，面层材料品种、规格，嵌缝、塞口材料种类。

（3）工作内容　包含清理基层，面层制安，嵌缝、塞口，清洗。

（五）天棚其他装饰工程量清单编制

1. 灯带（槽）（011304001）

（1）工程量计算　按设计图示尺寸以框外围面积计算。

（2）项目特征　需描述灯带型式、尺寸，格栅片材料品种、规格，安装固定方式。

（3）工作内容　包含安装、固定。

2. 送风口、回风口（011304002）

（1）工程量计算　按设计图示数量计算。

（2）项目特征　需描述风口材料品种、规格，安装固定方式，防护材料种类。

（3）工作内容　包含安装、固定，刷防护材料。

十四、油漆、涂料、裱糊工程

油漆、涂料、裱糊工程包括门油漆，窗油漆，木扶手及其他板条、线条油漆，木材面油漆，金属面油漆，抹灰面油漆，喷刷涂料，裱糊等。

（一）相关说明

1）木门油漆应区分木大门、单层木门、双层（一玻一纱）木门、双层（单裁口）木门、全玻自由门、半玻自由门、装饰门及有框门或无框门等项目，分别编码列项。

2）金属门油漆应区分平开门、推拉门、钢制防火门等，分别编码列项。

3）木窗油漆应区分单层木门、双层（一玻一纱）木窗、双层框扇（单裁口）木窗、双层框三层（二玻一纱）木窗、单层组合窗、双层组合窗、木百叶窗、木推拉窗等项目，分别编码列项。

4）金属窗油漆应区分平开窗、推拉窗、固定窗、组合窗、金属隔栅窗等项目，分别编码列项。

5）喷刷墙面涂料部位要注明内墙或外墙。

6）以平方米计量，项目特征可不必描述洞口尺寸。

（二）工程量清单编制

1. 门油漆

门油漆包括木门油漆（011401001）和金属门油漆（011401002）。

（1）工程量计算　按设计图示数量以樘计算，也可按设计图示洞口尺寸以面积计算。

（2）项目特征　需描述门类型，门代号及洞口尺寸，腻子种类、刮腻子遍数，防护材料种类，油漆品种、刷漆遍数。

（3）工作内容　包含基层清理，刮腻子，刷防护材料、油漆。金属门油漆还包含除锈。

2. 窗油漆

窗油漆包括木窗油漆（011402001）和金属窗油漆（011402002）。

（1）工程量计算　按设计图示数量以樘计算，也可按设计图示洞口尺寸以面积计算。

（2）项目特征　需描述窗类型，窗代号及洞口尺寸，腻子种类，刮腻子遍数，防护材料种类，油漆品种、刷漆遍数。

（3）工作内容　木窗油漆包含基层清理，刮腻子，刷防护材料、油漆，金属窗油漆包含除锈、基层清理，刮腻子，刷防护材料、油漆。

3. 木扶手及其他板条、线条油漆

木扶手及其他板条、线条油漆包括木扶手油漆（011403001），窗帘盒油漆（011403002），封檐板、顺水板油漆（011403003），挂衣板、黑板框油漆（011403004），挂镜线、窗帘棍、单独木线油漆（011403005）。

（1）工程量计算　按设计图示尺寸以长度计算。楼梯木扶手工程量按中心线斜长计算，弯头长度应计算在扶手长度内。顺水板（博风板）工程量按看面的中心线斜长计算，有大刀头的增加50cm。窗台板、筒子板、盖板、门窗套、踢脚线油漆按水平或垂直投影面积（门窗套的贴脸板和筒子板垂直投影面积合并）计算。

（2）项目特征　需描述断面尺寸，腻子种类，刮腻子遍数，防护材料种类，油漆品种、刷漆遍数。

（3）工作内容　包含基层清理，刮腻子，刷防护材料、油漆。

（4）注意事项　木扶手应区别带托板与不带托板分别编码（第五级编码）列项。若是木栏杆带扶手，木扶手不应单独列项，应包括在木栏杆油漆中。

4. 木材面油漆

木材面油漆共包括十五个清单项目。

（1）工程量计算

1）木护墙、木墙裙油漆（011404001），窗台板、筒子板、盖板、门窗套、踢脚线油漆（011404002），清水板条天棚、檐口油漆（011404003），木方格吊顶天棚油漆（011404004），吸音板墙面、天棚面油漆（011404005），暖气罩油漆（011404006）、其他木材面（011404007）均按设计图示尺寸以面积计算。

2）木间壁、木隔断油漆（011404008），玻璃间壁露明墙筋油漆（011404009），木栅栏、木栏杆（带扶手）油漆（011404010）按设计图示尺寸以单面外围面积计算。

3）衣柜、壁柜油漆（011404011），梁柱饰面油漆（011404012），零星木装修油漆（011404013）按设计图示尺寸以油漆部分展开面积计算。

4）木地板油漆（011404014），木地板烫硬蜡面（011404015）按设计图示尺寸以面积计算。空洞、空圈、暖气包槽、壁龛的开口部分并入相应的工程量内。

（2）项目特征　需描述腻子种类，刮腻子遍数，防护材料种类，油漆品种、刷漆遍数。木地板烫硬蜡面项目需描述硬蜡种类，面层处理要求。

（3）工作内容　包含基层清理，刮腻子，刷防护材料、油漆。木地板烫硬蜡面包含基层清理，烫蜡。

5. 金属面油漆

（1）工程量计算　按设计图示质量尺寸以吨计算，也可按设计展开面积计算。

（2）项目特征　需描述构件名称、腻子种类，刮腻子要求，防护材料种类，油漆品种、刷漆遍数。

（3）工作内容　包含基层清理，刮腻子，刷防护材料、油漆。

6. 抹灰面油漆

抹灰面油漆包括抹灰面油漆（011406001）、抹灰线条油漆（011406002）、满刮腻子（011406003）。

（1）工程量计算

1）抹灰面油漆、满刮腻子按设计图示尺寸以面积计算。

2）抹灰线条油漆按设计图示尺寸以长度计算。

（2）项目特征

1）抹灰面油漆需描述基层类型，腻子种类，刮腻子遍数，防护材料种类，油漆品种、刷漆遍数，部位。

2）抹灰线条油漆需描述线条宽度、道数，腻子种类，刮腻子遍数，防护材料种类，油漆品种、刷漆遍数。

（3）工作内容　与金属面油漆一致。满刮腻子包括基层清理，刮腻子。

7. 刷喷涂料

刷喷涂料包括墙面喷刷涂料（011407001），天棚喷刷涂料（011407002），空花格、栏杆刷涂料（011407003），线条刷涂料（011407004），金属构件刷防火涂料（011407005），木材构件喷刷防火涂料（011407006）。

（1）工程量计算

1）墙面喷刷涂料、天棚喷刷涂料按设计图示尺寸以面积计算。

2）空花格、栏杆刷涂料按设计图示尺寸以单面外围面积计算。

3）线条刷涂料按设计图示尺寸以长度计算。

4）金属构件刷防火涂料按设计图示尺寸以质量以吨计算，也可按设计展开面积以平方米计算。

5）木材构件喷刷防火涂料按设计图示尺寸以面积以平方米计算。

（2）项目特征

1）墙面喷刷涂料、天棚喷刷涂料需描述基层类型，喷刷涂料部位，腻子种类，刮腻子要求，涂料品种、喷刷遍数。

2）空花格、栏杆刷涂料需描述腻子种类，刮腻子遍数，涂料品种、刷喷遍数。

3）线条刷涂料需描述基层清理，线条宽度，刮腻子遍数，刷防护材料、油漆。

4）金属构件刷防火涂料、木材构件喷刷防火涂料需描述喷刷防火涂料构件名称，防火等级要求，涂料品种、喷刷遍数。

（3）工作内容

1）墙面喷刷涂料，天棚喷刷涂料，空花格、栏杆刷涂料，线条刷涂料包含基层清理，刮腻子，刷、喷涂料。

2）金属构件刷防火涂料包含基层清理，刷防护材料、油漆。

3）木材构件喷刷防火涂料包含基层清理，刷防火材料。

8. 裱糊

裱糊包括墙纸裱糊（011408001）、织锦缎裱糊（011408002）。

（1）工程量计算　按设计图示尺寸以面积计算。

（2）项目特征　需描述基层类型，裱糊部位，腻子种类，刮腻子遍数，粘结材料种类，防护材料种类，面层材料品种、规格、颜色。

（3）工作内容　包含基层清理，刮腻子，面层铺贴，刷防护材料。

十五、其他装饰工程

1. 柜类、货架工程量清单编制

（1）适用范围　柜类、货架项目适用于各类材料制作及各种用途，包括柜台、酒柜、衣柜、存包柜、鞋柜、书柜、厨房壁柜、木壁柜、厨房低柜、厨房吊柜、矮柜、吧台背柜、酒吧吊柜及酒吧台、展台、收银台、试衣间、货架、书架、服务台等清单项目（011501001~011501020）。

（2）工程量计算　按设计图示数量以个计算，也可按设计图示尺寸以延长米计算，还可按设计图示尺寸以体积计算。

（3）项目特征　需描述台柜规格，材料种类（石材、金属、实木等）、规格，五金种类、规格，防护材料种类，油漆品种、刷漆遍数。

（4）工作内容　包含台柜制作、运输、安装（安放），刷防护材料、油漆，五金件安装。

2. 压条、装饰线

压条、装饰线包括金属装饰线（011502001）、木质装饰线（011502002）、石材装饰线（011502003）、石膏装饰线（011502004）、镜面玻璃线（011502005）、铝塑装饰线（011502006）、塑料装饰线（011502007）、GRC装饰线条（011502008）。

（1）工程量计算　按设计图示尺寸以长度计算。

（2）项目特征　需描述基层类型，线条材料品种、规格、颜色，防护材料种类。GRC装饰线条需描述基层类型、线条规格，线条安装部位、填充材料种类。

（3）工作内容　包含线条制作、安装，刷防护材料。GRC装饰线条只包含线条制作安装。

3. 扶手、栏杆、栏板装饰

扶手、栏杆、栏板装饰包括金属扶手、栏杆、栏板（011503001），硬木扶手、栏杆、栏板（011503002），塑料扶手、栏杆、栏板（011503003），GRC栏杆、扶手（011503004），金属靠墙扶手（011503005），硬木靠墙扶手（011503006），塑料靠墙扶手（011503007），玻璃栏板（011503008）。

（1）适用范围　扶手、栏杆、栏板装饰项目适用于楼梯、阳台、走廊、回廊及其他装饰性扶手、栏杆、栏板。

（2）工程量计算　按设计图示尺寸以扶手中心线长度（包括弯头长度）计算。

（3）项目特征　共性特征需描述扶手材料种类、规格，固定配件种类，防护材料种类。其中金属、硬木、塑料扶手、栏杆、栏板清单项目还需描述栏杆材料种类、规格，栏板材料种类、规格、颜色。

（4）工作内容　包含制作，运输，安装，刷防护材料。

例 1-81　根据课题 3 案例施工图（建施 3）计算楼梯栏杆、扶手清单工程量。

解：

$$L=(4.5\text{m}+3.3\text{m})\times\frac{\sqrt{0.3^2+0.15^2}}{0.3}+0.155\text{m}+0.155\text{m}+1.850\text{m}=10.88\text{m}$$

注：楼梯栏杆、扶手项目工程量清单编制详见课题 3 案例。

4. 暖气罩

暖气罩包括饰面板暖气罩（011504001）、塑料板暖气罩（011504002）、金属暖气罩（011504003）。

（1）工程量计算　按设计图示尺寸以垂直投影面积（不展开）计算。

（2）项目特征　需描述暖气罩材质，防护材料种类。

（3）工作内容　包含暖气罩制作、运输、安装，刷防护材料。

5. 浴厕配件

（1）工程量计算

1）洗漱台（011505001）按设计图示尺寸以台面外接矩形面积计算。不扣除孔洞（放置洗面盆的地方）、挖弯、削角（以根据放置的位置进行选形）所占面积，挡板、吊沿板面积并入台面面积内；也可按设计图示数量以个计算。石材洗漱台放置洗面盆的地方必须挖洞，根据洗漱台摆放的位置有些还需选形，产生挖弯、削角，为此洗漱台的工程量按外接矩形面积计算。

2）晒衣架（011505002）、帘子杆（011505003）、浴缸拉手（011505004）、卫生间扶手（011505005）、毛巾杆（架）（011505006）、毛巾环（011505007）、卫生纸盒（011505008）、肥皂盒（011505009）按设计图示数量以个或套、副计算。

3）镜面玻璃（011505010）按设计图示尺寸以边框外围面积计算。

4）镜箱（011505011）按设计图示数量以个计算。

（2）项目特征

1）洗漱台、晒衣架、帘子杆、浴缸拉手、卫生间扶手、毛巾杆（架）、毛巾环、卫生纸盒、肥皂盒需描述材料品种、规格、颜色，支架、配件品种、规格。

2）镜面玻璃需描述镜面玻璃品种、规格，框材质、断面尺寸，基层材料种类（玻璃背后的衬垫材料，如胶合板、油毡等），防护材料种类。

3）镜箱需描述箱体材质、规格，玻璃品种、规格，基层材料种类，防护材料种类，油漆品种、刷漆遍数。

（3）工作内容

1）洗漱台、晒衣架、帘子杆、浴缸拉手、卫生间扶手、毛巾杆（架）、毛巾环、卫生纸盒、肥皂盒包含台面及支架制作、运输、安装，杆、环、盒、配件安装，刷油漆。

2）镜面玻璃包含基层安装，玻璃及框制作、运输、安装。

3）镜箱包含基层安装，箱体制作、运输、安装，玻璃安装，刷防护材料、油漆。

6. 雨篷、旗杆

（1）工程量计算

1）雨篷吊挂饰面（011506001）、玻璃雨篷（011506003）按设计图示尺寸以水平投影面积计算。

2）金属旗杆（011506002）按设计图示数量以根计算。

（2）项目特征

1）雨篷吊挂饰面需描述基层类型，龙骨材料种类、规格、中距，面层材料品种、规格，吊顶（天棚）材料、品种、规格，嵌缝材料种类，防护材料种类。

2）金属旗杆需描述旗杆材料、种类、规格，旗杆高度（指旗杆台座上表面至杆顶），基础材料种类，基座材料种类，基座面层材料、种类、规格。

3）玻璃雨篷需描述玻璃雨篷固定方式，龙骨材料种类、规格、中距，玻璃材料品种、规格，嵌缝材料种类，防护材料种类。

（3）工作内容　雨篷吊挂饰面包含底层抹灰，龙骨基层安装，面层安装，刷防护材料、油漆。金属旗杆包含土石挖、填、运，基础混凝土浇注，旗杆制作、安装，旗杆台座制作、饰面。玻璃雨篷包含龙骨基层安装，面层安装，刷防护材料、油漆。

7. 招牌、灯箱

（1）适用范围　招牌、灯箱项目适用于各种形式（平面、竖式等）招牌、灯箱。

（2）工程量计算

1）平面、箱式招牌（011507001）按设计图示尺寸以正立面边框外围面积计算。复杂形的凸凹造型部分不增加面积。

2）竖式标箱（011507002）、灯箱（011507003）、信报箱（011507004）按设计图示数量以个计算。

（3）项目特征　需描述箱体规格，基层材料种类，面层材料种类，防护材料种类。信报箱还需描述户数。

（4）工作内容　包含基层安装，箱体及支架制作、运输、安装，面层制作、安装，刷防护材料、油漆。

8. 美术字

美术字包括泡沫塑料字（011508001）、有机玻璃字（011508002）、木质字（011508003）、金属字（011508004）、吸塑字（011508005）。

（1）工程量计算　按设计图示数量以个计算。

（2）项目特征　需描述基层类型，镂字材料品种、颜色，字体规格（以字的外接矩形长、宽和字的厚度表示），固定方式（如粘贴、焊接以及铁钉、螺栓、铆钉等），油漆品种、刷漆遍数。

（3）工作内容　包含字制作、运输、安装，刷油漆。

教学内容 4　措施项目清单的编制

措施项目清单是指为完成工程项目施工，发生于该工程施工准备和施工过程中技术、生活、安全环境保护等方面的非工程实体项目的明细清单。工程施工准备和施工过程中的措施项目清单应根据拟建工程的实际情况编码列项。

（一）相关说明

1）使用综合脚手架时，不再使用外脚手架、里脚手架等单项脚手架；综合脚手架适用于能够按"建筑面积计算规则"计算建筑面积的建筑工程脚手架，不适用于房屋加层、构筑物及附属工程脚手架。

2）同一建筑物有不同檐高时，按建筑物竖向切面分别按不同檐高编列清单项目。

3）整体提升架已包括 2 米高的防护架体设施。

4）脚手架材质可以不描述，但应注明由投标人根据工程实际情况按照《建筑施工扣件式钢管脚手架安全技术规范》（JGJ130—2011）、《建筑施工附着升降脚手架安全技术规程》（DGJ08—19905—1999）等规范自行确定。

5）原槽浇灌的混凝土基础，不计算模板。

6）混凝土模板及支撑（架）项目，只适用于以平方米计量，按模板与混凝土构件的接触面积计算。以立方米计量的模板及支撑（支架），按混凝土及钢筋混凝土实体项目执行，综合单价中应包含模板及支撑（支架）。

7）采用清水模板时，应在特征中注明。

8）建筑物的檐口高度是指设计室外地坪至檐口滴水的高度（平屋顶系指屋面板底高度），突出主体建筑物屋顶的电梯机房、楼梯出口间、水箱间、瞭望塔、排烟机房等不计入檐口高度。

9）垂直运输机械指施工工程在合理工期内所需垂直运输机械。同一建筑物有不同檐高时，按建筑物的不同檐高做纵向分割，分别计算建筑面积，以不同檐高分别编码列项。

10）单层建筑物檐口高度超过 20m，多层建筑物超过 6 层时，可按超高部分的建筑面积计算超高施工增加。计算层数时，地下室不计入层数。

（二）措施项目清单的编制

措施项目清单包括脚手架工程（011701），混凝土模板及支架（撑）（011702），垂直运输（011703），超高施工增加（011704），大型机械设备进出场及安拆（011705），施工排水、降水（011706），安全文明施工及其他措施项目（011707）。

1．脚手架工程

脚手架工程包括综合脚手架（011701001）、外脚手架（011701002）、里脚手架（011701003）、悬空脚手架（011701004）、挑脚手架（011701005）、满堂脚手架（011701006）、整体提升架（011701007）、外装饰吊篮（011701008）

（1）工程量计算

1）综合脚手架工程量按建筑面积以平方米计算。

2）外脚手架、里脚手架工程量按所服务对象的垂直投影面积以平方米计算。

3）悬空脚手架、满堂脚手架工程量按搭设的水平投影面积以平方米计算。

4）挑脚手架工程量按搭设长度乘以搭设层数以延长米计算。

5）整体提升架、外装饰吊篮工程量按所服务对象的垂直投影面积以平方米计算。

（2）项目特征

1）综合脚手架需描述建筑结构形式，檐口高度。

2）外脚手架、里脚手架需描述搭设方式，搭设高度，脚手架材质。

3）悬空脚手架、挑脚手架需描述搭设方式，悬挑宽度，脚手架材质。

4）满堂脚手架需描述搭设方式，搭设高度，脚手架材质。

5）整体提升架需描述搭设方式及启动装置，搭设高度。

6）外装饰吊篮需描述升降方式及启动装置，搭设高度及吊篮型号。

（3）工作内容

脚手架项目的工作内容除外装饰吊篮外均包含场内、场外材料搬运，搭、拆脚手架、斜道、上料平台，安全网的铺设，拆除脚手架后材料的堆放。

1）综合脚手架和整体提升架还包含选择附墙点与主体连接，测试电动装置、安全锁等。

2）外装饰吊篮包含场内、场外材料搬运，吊篮的安装，测试电动装置、安全锁、平衡控制器等，吊篮的拆卸。

例 1-82　根据课题 3 案例施工图设计文件，编制脚手架措施项目清单。

解：已知案例施工图为框架结构，采用综合脚手架，其工程量可按建筑面积计算，该施工图建筑面积为 1 271.60m^2（见教学内容 2）。脚手架措施项目清单详见课题 3。

2. 混凝土模板及支架（撑）

混凝土模板及支架（撑）包括基础（011702001），矩形柱（011702002），构造柱（011702003），异形柱（011702004），基础梁（011702005），矩形梁（011702006），异形梁（011702007），圈梁（011702008），过梁（011702009），弧形、拱形梁（011702010），直形墙（011702011），弧形墙（011702012），短肢剪力墙、电梯井壁（011702013），有梁板（011702014），无梁板（011702015），平板（011702016），拱板（011702017），薄壳板（011702018），空心板（011702019），其他板（011702020），栏板（011702021），天沟、檐沟（011702022），雨篷、悬挑板、阳台板（011702023），楼梯（011702024），其他现浇构件（011702025），电缆沟、地沟（011702026），台阶（011702027），扶手（011702028），散水（011702029），后浇带（011702030），化粪池（011702031），检查井（011702032）。

（1）工程量计算

1）基础、柱、梁、板、墙　模板工程量均按模板与现浇混凝土构件的接触面积计算（参见微课视频序号 4~7）。

① 现浇钢筋混凝土墙、板单孔面积 ≤ 0.3m^2 的孔洞不予扣除，洞侧壁模板亦不增加；单孔面积 > 0.3m^2 时予以扣除，洞侧壁模板面积并入墙、板工程量内计算。

② 现浇框架分别按梁、板、柱有关规定计算；附墙柱、暗梁、暗柱并入墙内工程量内计算。

③ 柱、梁、墙、板相互连接的重迭部分，均不计算模板面积。

④ 构造柱按图示外露部分计算模板面积。

2）天沟、檐沟模板工程量按模板与现浇混凝土构件的接触面积计算。

3）雨篷、悬挑板、阳台板模板工程量按图示外挑部分尺寸的水平投影面积计算，挑出墙外的悬臂梁及板边不另计算。

4）楼梯模板工程量均按楼梯（包括休息平台、平台梁、斜梁和楼层板的连接梁）的水平投影面积计算，不扣除宽度 ≤ 500mm 的楼梯井所占面积，楼梯踏步、踏步板、平台梁等侧面模板不另计算，伸入墙内部分也不增加（参见微课视频序号 8）。

5）其他现浇构件模板工程量均按模板与现浇混凝土构件的接触面积计算。

6）电缆沟、地沟模板工程量按模板与电缆沟、地沟接触面积计算。

7）台阶模板工程量按图示台阶水平投影面积计算，台阶端头两侧不另计算模板面积。架空式混凝土台阶，按现浇楼梯计算。

8）扶手、散水、后浇带模板工程量按模板与扶手、散水和后浇带的接触面积计算。

9）化粪池、检查井模板工程量按模板与混凝土接触面积计算。

（2）项目特征　需描述构件类型、部位、规格、截面形状、支撑高度等。

（3）工作内容　包含模板制作，模板安装、拆除、整理堆放及场内外运输，清理模板粘洁物及模内杂物、刷隔离剂等。

3. 垂直运输

（1）工程量计算　垂直运输工程量按建筑面积以 m^2 计算，也可按施工工期日历天数计算。

（2）项目特征　需描述建筑物建筑类型及结构形式，地下室建筑面积，建筑物檐口高度、层数。

（3）工作内容　包含垂直运输机械的固定装置、基础制作、安装，行走式垂直运输机械轨道的铺设、拆除、摊销。

例 1-83　根据案例施工图设计文件、编制垂直运输措施项目清单。（详见课题 3）

4. 超高施工增加

（1）工程量计算　超高施工增加工程量按建筑物超高部分的建筑面积以 m^2 计算。

（2）项目特征　需描述建筑物建筑类型及结构形式，建筑物檐口高度、层数，单层建筑物檐口高度超过 20m，多层建筑物超过 6 层部分的建筑面积。

（3）工作内容　包含建筑物超高引起的人工工效降低以及由于人工工效降低引起的机械降低，高层施工用水加压水泵的安装、拆除及工作台班，通信联络设备的使用及摊销。

5. 大型机械设备进出场及安拆

（1）工程量计算　大型机械设备进出场及安拆工程量按使用机械设备的数量以台班计算。

（2）项目特征　需描述机械设备名称，机械设备规格型号。

（3）工作内容　安拆费包含施工机械、设备在现场进行安装拆卸所需人工、材料、机械和试运转费用及机械辅助设施的折旧、搭设、拆除等费用。进出场费包含施工机械、设备整体或分体自停放地点运至施工现场或由一施工地点运至另一施工地点所发生的运输、装卸、辅助材料等费用。

6. 施工排水、降水

施工排水、降水项目包括成井（011706001），排水、降水（011706002）

（1）工程量计算　成井工程量按设计图示尺寸以钻孔深度以米计算，排水、降水工程量按排、降水日历天数计算。

（2）项目特征　成井需描述成井方式，地层情况，成井直径，井（滤）管类型、直径。排水、降水需描述机械规格型号、降排水管规格。

（3）工作内容　成井包含准备钻孔机械、埋设护筒、钻机就位、泥浆制作、固壁，成孔、出渣、清孔；对接上、下井管（滤管），焊接、安放、下滤料、洗井、连接试抽等。排水、降水包含管道安装、拆除、场内搬运等，抽水、值班、设备维修等。

7. 安全文明施工及其他措施项目

安全文明施工及其他措施项目包括安全文明施工（011707001），夜间施工（011707002），非夜间施工照明（011707003），二次搬运（011707004），冬雨季施工（011707005），地上、地下设施、建筑物的临时保护设施（011707006），已完工程及设备保护（011707007）。

安全文明施工及其他措施项目七个总价措施项目清单的确定应根据拟建工程的实际情况而定。其每个措施项目也包含了具体的工作内容和范围。

（1）安全文明施工

1）环境保护：包含现场施工机械设备降低噪声、防扰民措施；水泥和其他易飞扬细颗粒建筑材料密闭存放或采取覆盖措施等；工程防扬尘洒水；土石方、建渣外运车辆防护措施等；现场污染源的控制、生活垃圾清理外运、场地排水排污措施；其他环境保护措施。

2）文明施工：包含"五牌一图"；现场围挡的墙面美化（包括内外粉刷、刷白、标语等）、压顶装饰；现场厕所便槽刷白、贴面砖，水泥砂浆地面或地砖，建筑物内临时便溺设施；其他施工现场临时设施的装饰装修、美化措施；现场生活卫生设施；符合卫生要求的饮水设备、淋浴、消毒等设施；生活用洁净燃料；防煤气中毒、防蚊虫叮咬等措施；施工现场操作场地的硬化；现场绿化、治安综合治理；现场配备医药保健器材、物品和急救人员培训；现场工人的防暑降温、电风扇、空调等设备及用电；其他文明施工措施。

3）安全施工：包含安全资料、特殊作业专项方案的编制，安全施工标志的购置及安全宣传；"三宝"（安全帽、安全带、安全网）、"四口"（楼梯口、电梯井口、通道口、预留洞口），"五临边"（阳台围边、楼板围边、屋面围边、槽坑围边、卸料平台两侧），水平防护架、垂直防护架、外架封闭等防护；施工安全用电，包括配电箱三级配电、两级保护装置要求、外电防护措施；起重机、塔吊等起重设备（含井架、门架）及外用电梯的安全防护措施（含警示标志）及卸料平台的临边防护、层间安全门、防护棚等设施；建筑工地起重机械的检验检测；施工机具防护棚及其围栏的安全保护设施；施工安全防护通道；工人的安全防护用品、用具购置；消防设施与消防器材的配置；电气保护、安全照明设施；其他安全防护措施。

4）临时设施：包含施工现场采用彩色、定型钢板，砖、混凝土砌块等围挡的安砌、维修、拆除；施工现场临时建筑物、构筑物的搭设、维修、拆除；如临时宿舍、办公室，食堂、厨房、厕所、诊疗所、临时文化福利用房、临时仓库、加工场、搅拌台、临时简易水塔、水池等；施工现场临时设施的搭设、维修、拆除，如临时供水管道、临时供电管线、小型临时设施等；施工现场规定范围内临时简易道路铺设，临时排水沟、排水设施安砌、维修、拆除；其他临时设施搭设、维修、拆除。

（2）夜间施工 夜间固定照明灯具和临时可移动照明灯具的设置、拆除；夜间施工时，施工现场交通标志、安全标牌、警示灯等的设置、移动、拆除。包括夜间照明设备及照明用电、施工人员夜班补助、夜间施工劳动效率降低等。

（3）非夜间施工 为保证工程施工正常进行，在地下室等特殊施工部位施工时所采用的照明设备的安拆、维护、摊销及照明用电等。

（4）二次搬运费 由于施工场地条件限制而发生的材料、成品、半成品等一次运输不能到达堆放地点，必须进行二次或多次搬运。

（5）冬雨季施工　冬雨（风）季施工时增加的临时设施（防寒保温、防雨、防风设施）的搭设、拆除。冬雨（风）季施工时，对砌体、混凝土等采用的特殊加温、保温和养护措施。冬雨（风）季施工时，施工现场的防滑处理、对影响施工的雨雪的清除等。包括冬雨（风）季施工时增加的临时设施施工人员的劳动保护用品、冬雨（风）季施工劳动效率降低。

（6）地上、地下设施、建筑物的临时保护设施　在工程施工过程中，对已建成的地上、地下设施和建筑物进行的遮盖、封闭、隔离等必要保护措施。

（7）已完工程及设备保护　对已完工程及设备采取的覆盖、包裹、封闭、隔离等必要保护措施。

教学内容 5　其他项目清单的编制

其他项目是指为完成工程项目施工发生的除分部分项工程项目、措施项目外的由于招标人的特殊要求而设置的项目。

一、其他项目清单的内容

"计价规范"规定其他项目清单包括下列内容：暂列金额、暂估价（含材料暂估单价、工程设备暂估单价和专业工程暂估价）、计日工和总承包服务费。其他项目清单应根据拟建工程的具体情况进行确定。

1. 暂列金额

暂列金额指的是招标人在工程量清单中暂列并包括在合同价款中的一笔款项。由招标人用于工程合同协议签订时尚未确定或者不可预见的所需材料、工程设备、服务的采购，施工过程中工程合同约定可能发生调整因素出现时的合同价款调整、工程变更以及发生的索赔、现场签证确认等的费用，以便达到合理确定和有效控制工程造价的目标。

暂列金额由清单编制人根据业主意图和拟建工程的实际情况来确定，一般按工程总造价的适当比例由招标人估算后填写。

2. 暂估价

暂估价指的是招标人在工程量清单中提供的用于支付必然发生但暂时不能确定价格的材料、工程设备的单价以及专业工程的金额。为了解决在招标阶段预见肯定要发生，只是因为标准不明确或者需要由专业承包人完成，暂时无法确定价格。暂估价数量和拟用项目应当结合工程量清单中的"暂估价表"予以补充说明。为方便合同管理，需要纳入分部分项工程量清单项目综合单价中的暂估价应只是材料费，以方便投标人组价。专业工程的暂估价一般应是综合暂估价，应当包括除规费和税金以外的管理费、利润等取费。

3. 计日工

计日工指的是在施工过程中，承包人完成发包人提出的工程合同范围以外的零星项目或工作，按合同中约定的单价计价的一种方式。计日工是为了解决现场发生的零星工作的计价而设立的，且对完成零星工作所消耗的人工工时、材料数量、施工机械台班进行计量，并按照计日工表中填报的适用项目的单价进行计价支付。计日工适用的所谓零星工作一般是指合同约定之外的或者因变更而产生的、工程量清单中没有相应项目的额外工作，尤其是那些时间不允许事先商定价格的额外工作。

4. 总承包服务费

总承包服务费指的是总承包人为配合协调发包人进行的专业工程发包对发包人自行采购的材料工程设备等进行保管以及施工现场管理、竣工资料汇总整理等服务所需的费用。总承包服务费是为了解决招标人在法律、法规允许的条件下进行专业工程发包，以及自行供应材料、工程设备，并需要总承包人对发包的专业工程提供协调和配合服务，对供应的材料、设备提供收、发和保管服务以及进行施工现场管理时发生，并向总承包人支付的费用。招标人应预计该项费用并按投标人的投标报价向投标人支付该项费用。

二、其他项目清单的编制和注意事项

1. 其他项目清单

其他项目清单的计量单位为"项"，工程数量为"1"，以金额形式表示。

其他项目清单的编制见表 1-74。

表 1-74 其他项目清单与计价汇总表

工程名称：×××   标段：×××   第 页共 页

序　　号	项 目 名 称	计 量 单 位	金额(元)	备　　注
1	暂列金额			
2	暂估价			
2.1	材料暂估价			
2.2	专业工程暂估价			
3	计日工			
4	总承包服务费			
合　　计				

2. 注意事项

1）暂列金额、暂估价、计日工、总承包服务费均为估算、预测数量，虽在投标时计入投标人的报价中，但不应视为投标人所有。竣工结算时，应按承包人实际完成的工作内容结算，剩余部分仍归招标人所有。

2）其他项目清单中招标人填写的项目名称、数量、金额，投标人不得随意改动，投标人对招标人提出的项目与数量必须进行报价，如果不报价，招标人有权认为投标人未报价内容要无偿为自己服务。

3）当投标人认为招标人列项不全时，投标人可自行增加列项，并确定本项目的工程量及计价。

4）材料暂估单价进入清单项目综合单价的，其他项目清单中不汇总。

在编制其他项目清单时，不同的工程其工程建设的标准高低、复杂程度、工期长短等都影响到其他项目清单内容的设置，因而在编制其他项目清单时，应根据拟建工程的具体情况考虑。当实际所发生的项目，"计价规范"所提供的四项参照内容中未包括的，清单编制人可作补充，补充项目列在已有清单项目最后，并以"补"字在序号栏中表示。

教学内容 6　规费项目清单和税金项目清单的编制

一、规费项目清单的编制

规费是根据国家法律、法规规定，由省级政府或省级有关权力部门规定施工企业必须缴纳的，应计入建筑安装工程造价的费用。

规费项目清单应按照下列内容列项：

1）社会保险费，包括养老保险费、失业保险费、医疗保险费、工伤保险费、生育保险费。

2）住房公积金。

3）工程排污费。

如果出现上述未列的项目，应根据省级政府或省级有关权力部门的规定列项。

二、税金项目清单的编制

税金项目清单应包括下列内容：

1）增值税。

2）城市维护建设税。

如果国家税法发生变化，税务部门依据职权增加了税种，税金项目清单可按规定进行补充。

规费项目清单和税金项目清单统一填写在同一格式中。

核心知识点思考与练习

1. 什么是工程量清单？

2. 工程量清单编制原则有哪些？

3. 简述工程量清单编制内容。

4. 什么是暂列金额？如何使用暂列金额？

5. 工程量清单的格式主要由哪些表格构成？

6. 编制工程量清单的依据有哪些？

7. 怎样编制现浇矩形梁的分部分项工程量清单项目？

8.《建筑工程工程量清单计价规范》中规定必须遵守的"五要件"是指什么？

9. 分部分项工程工程量清单中的项目编码共由多少位数字组成？每级编码表示什么？

10. 项目特征的描述在清单编制中起什么作用？举例说明。

11. 什么是措施项目清单？一般土建工程中的措施项目，正常情况下列哪几项？

12. 什么是其他项目清单？其他项目清单分为几部分？

课题2

建筑工程计价知识和能力教学

　　知识目标：工程计价的依据；工程计价的分类；工程计价编制格式；建筑工程费用组成；分部分项工程计价方法；措施项目计价方法；其他项目计价确定；规费、税金的计价；工程价款结算的相关内容。

　　能力目标：能进行工程量清单计价；会编制投标报价。

　　学习目标：熟悉工程量清单计价的概念、含义；理解工程量清单计价的依据和程序；掌握工程量清单计价的方法及综合单价的确定；重点掌握分部分项工程量清单计价、措施项目清单计价及其他项目清单计价及规费、税金项目清单计价的编制；熟悉工程量清单计价实例编制内容。熟悉工程价款结算的概念、作用、内容和格式；掌握工程价款结算的方式和方法；掌握工程量清单计价模式下工程价款结算编制的相关规定。

【课程思政】

　　基本建设是国民经济的支柱产业之一，基本建设投资更是一个重要环节。工程计价是建设单位和建筑施工企业进行建设项目管理和建筑工程施工管理的重要部分，是决定建设资金合理使用的关键。同学们将来所面向的主要是建筑施工企业，而对于建筑施工企业而言，工程计价的主要应用意义体现在两个方面。第一，决定了建筑施工企业对于工程项目的投资控制，实现工程项目利益最大化，进而在一定投资范围内降低施工成本，达到控制经济效益的目的。第二，科学、准确的工程计价决定了项目工程是否可以顺利进行。如果计价结果不准确，将直接影响工程建设进展程度，导致施工管理等出问题，从而造成建筑施工企业直接的经济损失。因此，每一个从事工程造价的人员，一定确保自身判断的科学性、可行性，计算的合理性、准确性。

教学内容1　建筑工程计价概述

一、计价依据

　　建筑工程计价的依据很多，不同计价类型的依据也不同，但共性的计价依据是建设工程工程量清单计价规范，这是主要依据，除此而外计价定额或企业定额也是重要依据之一。

（一）消耗量定额的概念

消耗量定额是指在正常的施工条件下，为了完成一定计量单位质量合格的建筑工程产品，所必须消耗的人工、材料（构配件）、机械台班的数量标准。

（二）消耗量定额的作用

消耗量定额在我国工程建设中具有十分重要的地位和作用，主要表现在以下几个方面：

1. 消耗量定额是招标投标活动中计价的重要依据

消耗量定额是招标投标活动中确定建筑工程分项综合单价的依据。在建设工程计价工作中，根据设计文件结合施工方法，应用相应建筑工程消耗量定额规定的人工、材料、施工机械台班消耗标准，计算确定工程施工项目中人工、材料、机械设备的需用量，按照人工、材料、机械单价和各种费用标准来确定工程分项的综合单价。

2. 消耗量定额是施工企业组织和管理施工的重要依据

施工企业组织和管理工程施工，必须编制施工进度计划。而进度计划的编制，必须以消耗量定额来作为计算人工、材料和机械需用量的依据。项目部进行成本计划和成本控制，也均以建筑工程消耗量定额为依据。

3. 消耗量定额是总结先进生产方法的重要手段

消耗量定额是在一定条件下，通过对施工生产过程的观察、分析综合制定的，比较科学地反映出生产技术和劳动组织的合理程度。因此，我们可以以消耗量定额的标定方法为手段，对同一工程产品在同一施工操作条件下的不同生产方式进行观察、分析和总结，从而得出一套比较完整的先进生产方法。

4. 消耗量定额是评定优选工程设计方案的依据

一个设计方案是否经济，正是以消耗量定额为依据来确定该项工程设计的技术经济指标的，通过对设计方案技术经济指标的比较，确定该工程设计是否经济、合理。

（三）消耗量定额中人工、材料、机械消耗量指标的确定

1. 确定定额计量单位

消耗量定额计量单位的选择，与定额的准确性、简明适用性及预算编制工作的繁简程度有着密切的关系。因此，在计算定额各种消耗量之前，应首先确定其计量单位。

定额计量单位应根据分项工程或结构构件的形体特征及变化规律来确定。当物体的断面形状一定而长度不定时，宜采用延长米为计量单位，如扶手、装饰线、雨水管等；当物体有一定的厚度，而长度和宽度变化不定时，宜采用 m^2 为计量单位，如楼地面、墙面抹灰、屋面防水等；当物体的长、宽、高均变化不定时，宜采用 m^3 为计量单位，如土石方、混凝土、砖石等；有的分项工程虽然长、宽、高都变化不大，但质量和价格差异却很大，这时宜采用 t 或 kg 为计量单位，如金属构件的制作、运输及安装等；有的分项工程还可以采用个、组、座、套等自然计量单位，如屋面排水用的水斗、弯头、出水口等均以个为计量单位。

另外，在定额项目表中，一般都采用扩大的计量单位，如 100m、$100m^2$、$10m^3$、$100m^3$ 等，以方便定额的使用。

2. 工程量计算

分项工程项目包含了所必须完成的全部工作内容，编制定额时，必须根据选定的典型设计图样，先标定出本定额项目施工过程的工程量，才能综合出每一定额计量单位的分项工程项目或结构构件的人工、材料和施工机械消耗量指标。

3. 人工消耗量指标的确定

人工消耗量指标是指完成一定计量单位的分项工程或结构构件所必须消耗的各种用工数量。人工消耗量指标的确定有两种基本方法：一种是以施工的劳动定额为基础来确定的；另一种是以现场实测数据为依据来确定的。

以现场测定资料为基础计算人工消耗量，主要根据劳动定额测定采用的计时观察法中的测时法、写实记录法、工作日记录法等测时方法测定工时的消耗数值，再加一定人工幅度差来计算人工消耗量，主要适用于劳动定额缺项时的消耗量定额项目编制。

下面主要介绍以劳动定额为基础的人工消耗量指标的确定，以劳动定额为基础的人工消耗量指标的确定包括基本用工、辅助用工、超运距用工和人工幅度差四部分。

（1）基本用工　基本用工是指完成一定计量单位的分项工程所必须消耗的主要用工量。这部分工日数按综合取定的工程量和相应劳动定额进行计算，如砖墙砌筑中的砌砖、材料运输、调制砂浆等的用工。《全国统一建筑工程基础定额》中的基本用工是以现行全国《建筑安装工程劳动定额》为基础编制的。

$$基本用工 = \sum （某工序工程量 \times 相应工序的时间定额）$$

劳动定额按其表现形式的不同，分为时间定额和产量定额。

1）时间定额。时间定额是指在正常的施工生产条件下，生产单位合格产品所必须消耗的劳动时间。它包括准备与结束时间、基本工作时间、辅助工作时间、不可避免的中断时间及工人所必需的休息时间。

时间定额的单位是工日，每一工日工作时间按8h计算。

$$个人完成单位产品的时间定额 = \frac{1}{每工产量}$$

或

$$小组完成单位产品的时间定额 = \frac{小组成员工日数总和}{小组每班产量}$$

2）产量定额。产量定额是指在正常的施工生产条件下，在单位时间（工日）内完成的合格产品的数量。

$$每工产量定额 = \frac{1}{个人完成单位产品的时间定额}$$

或

$$小组每班产量定额 = \frac{小组成员工日数总和}{小组完成单位产品的时间定额}$$

3）时间定额与产量定额的关系。从时间定额与产量定额的概念和计算公式可以看出，时间定额与产量定额两者之间互为倒数关系，即

$$时间定额 = \frac{1}{产量定额}$$

$$时间定额 \times 产量定额 = 1$$

时间定额与产量定额虽然是同一劳动定额的不同表现形式，但其用途却各不相同。时间定额是完成单位产品所必须消耗的工日数量，便于计算某工程所需要的工日数，编制施工进

度计划，计算工期和核算工资。产量定额是单位时间内完成的产品数量，便于分配施工任务，考核工人劳动生产率和签发生产任务单。

4)《全国建筑安装工程统一劳动定额》介绍。1995 年 1 月 1 日开始实施的《全国建筑安装工程统一劳动定额》，即中华人民共和国劳动和劳动安全行业标准《建筑安装工程劳动定额》和《建筑装饰工程劳动定额》。

《建筑安装工程劳动定额》为系列标准，由 25 个标准组成，这次制定的是其中的 10 个，即

① 材料运输及材料加工。

② 人力土方工程。

③ 架子工程。

④ 砌体工程。

⑤ 木作工程。

⑥ 模板工程。

⑦ 钢筋工程。

⑧ 混凝土工程。

⑨ 防水工程。

⑩ 金属制品制作及安装。

《建筑装饰工程劳动定额》也为系列标准，由 8 个标准组成，这次制定的是其中的 4 个，即

① 抹灰工程。

② 木装饰工程。

③ 油漆工程。

④ 玻璃工程。

该劳动定额全部采用单式，即采用时间定额（工日/××）来表示，见表 2-1。

表 2-1 砖柱

工作内容：包括砌出檐、柱礅、柱帽、安放预制构件、预埋铁件等。 （计量单位：工日/m³）

项 目		方　　柱								圆、半圆、多边形柱
		清　　水				混　　水				
		1×1 砖	1.5×1.5 砖以内	2×2.5 砖以内	2×2.5 砖以外	1×1 砖	1.5×1.5 砖以内	2×2.5 砖以内	2×2.5 砖以外	
编号		29	30	31	32	33	34	35	36	37
综合	塔吊	2.03	1.89	1.47	1.3	1.9	1.77	1.35	1.22	1.81
	机吊	2.25	2.09	1.68	1.51	2.12	1.97	1.56	1.43	2.03
砌砖		1.51	1.36	0.948	0.774	1.38	1.24	0.826	0.688	1.24
运输	塔吊	0.429	0.435	0.427	0.429	0.429	0.435	0.427	0.429	0.456
	机吊	0.652	0.642	0.634	0.639	0.652	0.642	0.634	0.639	0.678
调制砂浆		0.087	0.092	0.098	0.101	0.087	0.092	0.098	0.101	0.111

注：1. 柱基础及地板下砌砖礅，按混水柱相应项目的时间定额执行。

2. 大门柱礅按相应的时间定额执行，包括留灯盒、灯槽等。

3. 砌砖柱安放立钢筋时（包括运料），每 1m³ 砌体增加 0.2 工日。

（2）超运距用工 超运距用工是指编制消耗量定额时，材料、半成品、构件等的平均运距超过劳动定额规定的运输距离而需要增加的用工量。如《全国统一建筑工程基础定额》和《建筑安装工程劳动定额》的材料运距，见表2-2。

表2-2 《全国统一建筑工程基础定额》和《建筑安装工程劳动定额》材料运距表

序 号	材料名称	起止地点	基础定额取定运距/m	劳动定额取定运距/m
1	水泥	仓库—搅拌处	0	100
2	砂	堆放—搅拌处	50	50
3	砖	堆放—使用处	100	50
4	砂浆	搅拌—使用处	100	50
5	混凝土	搅拌—制作	100	50
6	钢筋	制作	50	30
7	组合钢模板	堆放—安装 拆除—堆放	170 170	30 30

$$超运距 = 基础定额取定运距 - 劳动定额取定运距$$
$$超运距用工 = \sum (超运距运输材料数量 \times 相应超运距时间定额)$$

（3）辅助用工 辅助用工是指劳动定额内不包括但消耗量定额内又必须考虑的工时，主要是指施工现场发生的加工材料等的用工，如机械土方工程配合用工、筛砂子、淋石灰膏、整理模板等的用工。

$$辅助用工 = \sum (加工材料数量 \times 相应时间定额)$$

（4）人工幅度差 人工幅度差主要是指消耗量定额与劳动定额由于定额水平不同而引起的水平差。此外，还包括劳动定额中未包括、但在一般施工作业中又不可避免的用工，内容包括：

1）各工种间工序搭接、交叉作业时不可避免的停歇用工。

2）工程质量检查和工程隐蔽验收等所占用的用工。

3）班组操作地点转移的用工。

4）施工机械在单位工程之间转移及临时水电线路移动所造成的停工。

5）施工中不可避免的少数零星用工。

其计算采用乘系数的方法，计算公式如下：

$$人工幅度差 = (基本用工 + 辅助用工 + 超运距用工) \times 人工幅度差系数$$

则人工消耗量指标为：

$$人工消耗量指标 = 基本用工 + 辅助用工 + 超运距用工 + 人工幅度差$$
$$= (基本用工 + 辅助用工 + 超运距用工) \times (1 + 人工幅度差系数)$$

《全国统一建筑工程基础定额》人工幅度差系数见表2-3。

4. 材料消耗量指标的确定

材料消耗量指标是指在合理和节约使用材料的条件下，生产单位质量合格的建筑产品所必须消耗的一定品种、规格建筑材料的数量标准。

在建筑产品中，建筑材料品种繁多，耗用量大，在一般工业与民用建筑工程中，材料费约占整个工程费用的60%～70%。因此，在材料的运输、储存、管理、使用过程中，如何合理使用，减少建筑材料的消耗量，降低成本，在工程施工中占有及其重要的地位。

表 2-3　《全国统一建筑工程基础定额》人工幅度差系数

序号	项　目	人工幅度差系数（%）	序号	项　目	人工幅度差系数（%）
1	土方	10	7	模板（预制）	10
2	砌筑	15	8	木门窗制作	8
3	脚手架	12		木门窗安装	10
4	混凝土（含现浇、预制）	10	9	楼地面	10
5	钢筋（含现浇、预制）	10	10	装饰	15
6	模板（现浇）	15		装饰（油漆）	10

根据材料使用次数的不同，建筑材料分为非周转性材料和周转性材料两类。

（1）非周转性材料　非周转性材料也称为直接性材料，它是指在建筑工程施工中，一次性消耗并直接构成工程实体的材料，如水泥、钢材、砂、石等。

非周转性材料的消耗量由材料净用量和损耗量两部分组成，其相互间关系可表示为

$$损耗率=\frac{损耗量}{净用量}\times100\%$$

材料消耗量＝净用量＋损耗量＝净用量×（1+损耗率）

现以砖砌体为例说明。

1）确定主要材料消耗量指标。主要材料是指构成工程实体的材料，此类材料的定额消耗量是材料总消耗量，由材料的净用量和损耗量组成。

现计算每 $1m^3$ 标准砖砌体，不同厚度砖墙的材料净用量。每 $1m^3$ 标准砖砌体中，标准砖的净用量为

$$标准砖净用量=\frac{2K}{墙厚\times（砖长+灰缝厚）\times（砖厚+灰缝厚）}$$

式中　K——以砖长倍数表示的墙厚 $\left(\frac{1}{2}砖墙，K=0.5；1砖墙，K=1；1\frac{1}{2}砖墙，K=1.5；\right.$

$\left.2砖墙，K=2\right)$。

又知：标准砖尺寸为长×宽×厚 $=0.24m\times0.115m\times0.053m=0.0014628m^3$，灰缝的厚度为 $0.01m$，则

$$标准砖净用量=\frac{2K}{墙厚\times（0.24+0.01）\times（0.053+0.01）}=\frac{126.984K}{墙厚}$$

$$砂浆净用量=1-标准砖净用量\times每块标准砖的体积=1-\frac{126.984\times0.0014628K}{墙厚}$$

将不同墙厚 $\frac{1}{4}$ 砖为 $0.053m$，$\frac{1}{2}$ 砖为 $0.115m$，1 砖为 $0.24m$，$1\frac{1}{2}$ 砖为 $0.365m$，2 砖为 $0.49m$ 分别代入上式，则 $1m^3$ 砖砌体的标准砖净用量和砂浆净用量见表 2-4。

表 2-4　$1m^3$ 砖砌体的标准砖净用量和砂浆净用量

净用量	墙厚				
	$\frac{1}{4}$砖	$\frac{1}{2}$砖	1砖	$1\frac{1}{2}$砖	2砖
标准砖用量/块	599	552	529	522	518
砂浆净用量/m³	0.124	0.193	0.226	0.237	0.242

在编制砖砌体工程定额时，经过多年的工程实践，统一综合考虑了内、外墙的不同比

例，墙体内的梁头、垫块和凸出砖线条等附件所占体积的因素，具体数据见表2-5。

表 2-5 砖砌体取定比例权数表

项 目	墙 体 比 例	附件占有率
$\frac{1}{2}$砖墙	外墙按 47.7%	外墙突出砖线条占 0.36%
	内墙按 52.3%	无
1 砖墙	外墙按 50%	外墙梁头垫块占 0.058%，0.3m² 内孔洞占 0.01%
		外墙突出砖线条占 0.336%
	内墙按 50%	内墙梁头垫块占 0.376%
$1\frac{1}{2}$砖及 2 砖墙	外墙按 47.7%	外墙梁头垫块占 0.115%
		外墙突出砖线条占 1.25%
	内墙按 52.3%	内墙梁头垫块占 0.332%

下面以 $1\frac{1}{2}$ 砖混水墙为例计算 $1m^3$ 砖砌体砖和砂浆的定额耗用量：

砖定额耗用量 $=\sum[$墙类比例$\times(1+$附件占有率$)]\times$砖净用量$\times(1+$损耗率$)$

$=[47.7\%\times(1+1.25\%-0.115\%)+52.3\%\times(1-0.332\%)]\times522块/m^3\times(1+2\%)$

$=1.004\times522$ 块$/m^3\times1.02$

$=534.6$ 块$/m^3$（定额中以 5.35 千块$/10m^3$ 表示）

砂浆定额耗用量 $=\sum[$墙类比例$\times(1+$附件占有率$)]\times$砖净用量$\times(1+$损耗率$)$

$=[47.7\%\times(1-1.25\%+0.115\%)+52.3\%\times(1+0.332\%)]\times0.237m^3\times(1+1\%)$

$=0.24m^3$（定额中以$2.40m^3/10m^3$表示）

推导结果与《全国统一建筑工程基础定额》一致。

2）确定次要材料消耗量指标。消耗量定额中对于用量很少，价值又不大的次要材料，估算其用量后，合并成"其他材料费"，以元为单位列入定额表中。

（2）周转性材料　周转性材料是指在建筑工程施工中，能多次反复使用的材料，如模板、脚手架等。这些材料在施工中不是一次消耗的，而是随着使用次数逐渐消耗的，故称为周转性材料。

周转性材料在定额中是按照多次使用、分次摊销的方法计算的，一般以摊销量表示。下面以模板为例说明。

1）现浇混凝土结构模板摊销量的计算。摊销量是指为完成一定计量单位的建筑产品，一次所需摊销的周转性材料的数量。

$$摊销量=周转使用量-回收量$$

其中，周转使用量是指周转性材料在周转使用和补充损耗的条件下，每周转使用一次平均所需消耗的材料量，通常按下式计算：

$$周转使用量=\frac{一次使用量}{周转次数}+损耗量=\frac{一次使用量+一次使用量\times(周转次数-1)\times损耗率}{周转次数}$$

$$=一次使用量\times\frac{1+(周转次数-1)\times损耗率}{周转次数}=一次使用量\times K_1$$

式中　一次使用量——完成定额计量单位产品的生产第一次投入的材料量；

K_1——周转使用系数。

以现浇钢筋混凝土构件为例，一次使用量及 K_1 可按下式计算：

一次使用量＝定额计量单位混凝土构件的模板接触面积×每 $1m^2$ 接触面积需模板量

$$K_1 = \frac{1 + (周转次数 - 1) \times 损耗率}{周转次数}$$

回收量是指周转性材料每周转使用一次后，可以平均回收的数量。

$$回收量 = \frac{一次使用量 \times (1 - 损耗率)}{周转次数}$$

另外，在确定周转性材料的摊销量时，其回收部分应考虑材料使用前后价值的变化，应乘以回收折价率。同时，周转性材料在周转使用过程中施工单位要投入人力、物力，组织和管理修补工作，须支付施工管理费。实际计算中，为了补偿此项费用和简化计算，一般采用减少回收量，增加摊销量的方法，即

$$
\begin{aligned}
摊销量 &= 周转使用量 - 回收量 \times \frac{回收折价率}{1 + 施工管理费率} \\
&= 一次使用量 \times K_1 - \frac{一次使用量 \times (1 - 损耗率)}{周转次数} \times \frac{回收折价率}{1 + 施工管理费率} \\
&= 一次使用量 \times \left(K_1 - \frac{1 - 损耗率}{周转次数} \times \frac{回收折价率}{1 + 施工管理费率} \right) \\
&= 一次使用量 \times K_2
\end{aligned}
$$

式中　K_2——摊销量系数。

$$K_2 = K_1 - \frac{1 - 损耗率}{周转次数} \times \frac{回收折价率}{1 + 施工管理费率}$$

对各种周转性材料，可根据不同的施工部位、周转次数、损耗率、回收折价率及施工管理费率，计算出相应的 K_1、K_2，并制成表格查用，以便能迅速地计算出周转使用量和摊销量。

2）预制混凝土构件模板摊销量的计算。预制混凝土构件的模板，其摊销量的计算方法不同于现浇构件，它是按照多次使用、平均摊销的方法，根据一次使用量和周转次数进行计算的，即

$$摊销量 = \frac{一次使用量}{周转次数}$$

5. 机械台班消耗量指标的确定

机械台班消耗量指标的确定是指完成一定计量单位的分项工程或结构构件所必须消耗各种机械台班的数量。机械台班消耗量的确定一般有两种基本方法：一种是以施工定额的机械台班消耗定额为基础来确定；另一种是以现场实测数据为依据来确定。

以现场实测数据为基础的机械台班消耗量的确定，在编制消耗量定额的机械台班消耗量时，则需通过对机械现场实地观测得到机械台班数量，在此基础上加上适当的机械幅度差，来确定机械台班消耗量，主要用于施工定额缺项的项目。

下面主要介绍以施工定额为基础的机械台班消耗量的确定，以施工定额为基础的机械台班消耗量的确定是以施工定额中的机械台班消耗用量加机械幅度差来计算消耗量定额的机械台班。机械台班使用定额以台班为单位，每一台班按 8h 计算，机械台班使用定额有机械台班时间定额和机械台班产量定额两种表现形式。

（1）施工定额中的机械台班

1）机械台班时间定额。机械台班时间定额是指在正常的施工条件下，某种机械生产单位合格产品所必须消耗的台班数量。

$$机械台班时间定额 = \frac{1}{台班产量定额}$$

当人工配合机械工作时

$$人工时间定额 = \frac{小组成员工日数总和}{台班产量定额}$$

如某种型号的挖土机一个台班挖土 $5m^3$，挖土机小组成员为 2 人，则

$$机械台班时间定额 = \frac{1}{5m^3/台班} = 0.2\ 台班/m^3$$

$$人工时间定额 = \frac{2\ 工日/台班}{5m^3/台班} = 0.4\ 工日/m^3$$

2）机械台班产量定额。机械台班产量定额是指某种机械在合理的施工组织和正常的施工条件下，单位时间内完成合格产品的数量。

$$机械台班产量定额 = \frac{1}{时间定额}$$

当人工配合机械施工时

$$机械台班产量定额 = \frac{小组成员工日数总和}{人工时间定额}$$

则

$$机械台班产量定额 = \frac{1}{时间定额} = \frac{1}{0.2\ 台班/m^3} = 5m^3/台班$$

当人工配合机械施工时

$$机械台班产量定额 = \frac{小组成员工日数总和}{人工时间定额} = \frac{2\ 工日/台班}{0.4\ 工日/m^3} = 5m^3/台班$$

（2）机械幅度差 机械幅度差是指施工定额中没有包括，而机械在合理的施工组织条件下又必须停歇发生的机械台班用量，主要考虑以下内容：

1）施工中作业区之间的转移及配套机械相互影响的损失时间。

2）在正常施工条件下机械施工中不可避免的工作间歇时间。

3）工程质量检查引起的机械停歇时间。

4）临时水电线路在施工过程中移动所发生的不可避免的机械操作间歇时间。

5）临时维修、小修、停水、停电等引起的机械停歇时间。

6）工程收尾和工作量不饱满所损失的时间。

机械台班消耗量指标，一般是以施工常用机械规格综合选型，以台班为计量单位进行计算的。大型机械和专业机械应增加机械幅度差，中小型机械不增加机械幅度差。

$$机械台班消耗量 = 施工定额中机械台班用量 + 机械幅度差$$
$$= 施工定额中机械台班用量 \times (1 + 机械幅度差系数)$$

大型机械幅度差系数见表 2-6。

表 2-6   大型机械幅度差系数表

序号	机 械 名 称	机械幅度差系数（%）	序号	机 械 名 称	机械幅度差系数（%）
1	土石方机械	25	4	钢筋加工机械	10
2	吊装机械	30	5	木作、小磨石、打夯机械	10
3	打桩机械	33	6	塔式起重机、卷扬机、砂浆搅拌机、混凝土搅拌机	0

（四）消耗量定额的应用

1. 查阅定额时应注意的问题

1）首先要准确理解并掌握文字说明部分。定额中的文字说明主要有总说明、建筑面积计算规范、各分部工程说明、工程量计算规则和附录。正确理解文字说明是正确计算工程量的关键。

2）要准确理解定额用语及符号含义。如定额中规定，凡注有"×××以内"或"×××以下"者，均包括其本身在内；而注有"×××以外"或"×××以上"者，均不包括其本身。

3）要准确掌握各分项工程的工程内容。只有准确掌握了各分项工程的工程内容，才能准确套用定额，避免重算和漏算。如某定额规定在墙面抹灰定额中，其工程内容已包括清理、修补、湿润基层表面、堵墙眼、调运砂浆、清扫落地灰；分层抹灰找平、刷浆、洒水湿润、罩面压光（包括门窗洞口侧壁及护角抹灰）。因此，在套用定额时，就没有必要再单独考虑基层处理和护角的内容了。

4）要注意各分项工程的工程量计算单位必须与定额计量单位一致，特别要注意一些较为特殊的计量单位，且定额中相当一部分计量单位为扩大计量单位，如木扶手的计量单位是10 延长米。

5）要准确掌握定额换算范围，熟练掌握定额换算和调整的方法。

2. 定额编号和项目编码的对应关系

为方便查阅，审查各分项工程项目套用定额是否准确合理，在应用消耗量定额时，必须注明选用的定额编号。各定额编号的方法，主要有以下两种。

1）"三符号"编写法。"三符号"编写法是以定额中的"分部工程序号—分项工程序号—工程项目序号"3 个号码进行定额编号的，其表达形式如下：

$$\underset{\substack{分部工\\程序号}}{\triangle} — \underset{\substack{分项工\\程序号}}{\triangle} — \underset{\substack{工程项\\目序号}}{\triangle}$$

2）"二符号"编写法。"二符号"编写法是在"三符号"编写法的基础上，去掉中间的符号，采用定额中"分部工程序号—工程项目序号"2 个号码进行定额编号，其表达形式如下：

$$\underset{\substack{分部工\\程序号}}{\triangle} — \underset{\substack{工程项\\目序号}}{\triangle}$$

现行定额大部分采用这种编号方法。如《全国统一建筑工程基础定额》中砖基础项目定额编号为：

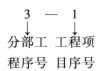

$$3 \quad — \quad 1$$

分部工　工程项

程序号　目序号

3—1表示砖基础项目在基础定额第三分部第一子项目上。

3）实际工程中采用的编写法，其表达形式如下：

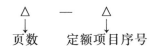

页数　　定额项目序号

3. 定额的直接套用

直接套用定额项目的方法步骤如下：

1）根据施工图样的分部分项工程项目名称，从定额中找出该分部分项工程所在定额中的页数及定额编号。

2）判断设计图样中的分部分项工程内容与定额规定是否一致，当完全一致时，或不完全一致但定额又不允许换算时，即可直接套用定额。此外，还必须注意分部分项工程内容的名称、材料、施工机械等的规格、计量单位等与定额规定是否一致。

3）将定额编号和定额工料消耗量填入工料表。

4）确定工程项目所需人工、材料、机械台班的消耗量。

$$分项工程工料消耗量=分项工程量×定额工料消耗指标$$

4. 定额的换算

在确定某一分项工程或结构构件的消耗量时，如果设计图样中某些分部分项工程项目的内容与定额不完全一致，且定额规定允许换算时，即可将定额中与设计图样不一致的内容进行调整，根据定额规定的范围、内容和方法进行换算取得一致，此过程即为定额的换算。

定额的换算应根据定额总说明和各分部工程有关说明和工程量计算规则规定，在定额允许换算范围内执行。常见的定额换算主要有以下几种。

（1）混凝土的换算　设计图样要求的分项工程或结构构件的混凝土强度等级与相应定额中混凝土的强度等级不同时，应进行换算。混凝土换算的方法和步骤如下：

1）从定额表中查出相近定额编号，完成定额计量单位该分项工程的混凝土消耗量。

2）从定额附录的混凝土配合比表中，分别查出设计图样要求的混凝土强度等级 $1m^3$ 混凝土原材料用量和套用的相近定额中规定的混凝土强度等级 $1m^3$ 混凝土原材料用量，即混凝土换入配合比和换出配合比材料单位用量。

3）确定换算后的材料消耗量，可按下式计算：

$$混凝土换算后的材料消耗量=换算前的定额材料消耗量+换入材料消耗量-换出材料消耗量$$
$$=换算前的定额材料消耗量+定额混凝土用量×$$
$$（换入混凝土原材料单位用量-换出混凝土原材料单位用量）$$

此外，还可根据定额配合比材料消耗量和 $1m^3$ 混凝土配合比原材料用量直接进行计算，计算公式如下：

$$混凝土换算后的材料消耗量=定额配合比材料消耗量×配合比原材料单位用量$$

两种方法可根据具体情况进行选用。换算后的定额编号应在原定额编号右下角注明"换"字。

例 2-1　某现浇框架柱，其断面尺寸为 500mm×500mm，混凝土设计强度等级为 C30，计算其定额计量单位主要材料用量。

根据某地区建筑工程消耗量定额计算，相关定额表、混凝土配合比表、砂浆配合比表见表 2-7、表 2-9、表 2-11。

表 2-7　混凝土及钢筋混凝土工程

一、现浇钢筋混凝土

2. 柱

工程内容：混凝土搅拌、场内水平运输、浇捣、养护等。

（计量单位：10m³）

项目编号					4—14	4—15	4—16	4—17
项目名称					矩形柱	圆形及正多边形柱	构造柱异形柱	升板柱帽
		名　称		单位	数		量	
人工	10000002	综合用工二类		工日	21.600	22.290	25.450	30.720
材料	ZF1-0029	现浇混凝土(中砂碎石)C20-C40		m³	(9.800)	(9.800)	(9.800)	(9.800)
	ZF1-0405	水泥砂浆 1：2(中砂)		m³	(0.310)	(0.310)	(0.310)	(0.310)
	BB1-0101	水泥 32.5 级		t	3.356	3.356	3.356	3.356
	BC4-0013	中砂		t	7.008	7.008	7.008	7.008
	BC3-0030	碎石		t	13.044	13.044	13.044	13.044
	ZB1-0004	草袋		m²	1.000	0.860	0.840	—
	ZA1-0002	水		m³	10.700	10.450	10.610	10.090
机械	00006053	滚筒式混凝土搅拌机 500L 以内		台班	0.600	0.600	0.600	0.600
	00006016	灰浆搅拌机 200L		台班	0.040	0.040	0.040	0.040
	00006060	混凝土振捣器(插入式)		台班	1.240	1.240	1.240	1.240

注：正多边形柱是指柱断面为正方形以外的正多边形。

解：① 从表 2-7 中查出，定额编号为 4—14，C20 混凝土用量为 9.80m³/10m³ 混凝土。

② 从表 2-9 中查出，1m³ 现浇中砂碎石混凝土 C30 和混凝土 C20 的原材料用量。

③ 换算后主要材料用量为：

水泥 42.5 级：$[9.80×0.336+0.31×0.551]t=3.464t$

中砂：$[7.008+9.80×(0.605-0.669)]t=6.381t$

或 $[9.80×0.605+0.31×1.456]t=6.380t$

碎石：$[13.044+9.80×(1.383-1.331)]t=13.554t$

或 $[9.80×1.383]t=13.553t$

上面两组数据中，中砂和碎石的微小差别是由于定额中数据的计算精度造成的，其计算方法本质上是一样的。

（2）砂浆的换算　设计图样要求的分项工程或结构构件的砌筑砂浆强度等级与相应定额规定的砂浆强度等级不相符时，应按照定额规定进行换算。由于砂浆强度等级的改变不会造成人工费和机械费的变化，因此，仅换算由于砂浆强度等级不同造成的材料用量的差异部分，砂浆换算的方法与混凝土相同，其计算公式可套用混凝土的换算公式，即

砂浆换算后的材料消耗量=换算前的定额材料消耗量+换入材料消耗量-换出材料消耗量

=换算前的定额材料消耗量+定额砂浆用量×

（换入砂浆原材料单位用量-换出砂浆原材料单位用量）

例 2-2 已知某工程砖基础，采用 M10.0 水泥砂浆砌筑，计算其定额计量单位的主要材料用量。

解：① 从表 2-8 中查出，确定预算定额编号为 3—1，采用 M5.0 水泥砂浆，定额计量单位的砂浆用量为 2.36m³/10m³ 砖基础。

表 2-8 砌筑工程

一、砌砖

1. 基础及实砌内外墙

工程内容：1. 调制砂浆（包括筛砂子及淋灰膏），砌砖；基础包括清理基槽。2. 砌窗台虎头砖、腰线、门窗套。3. 安放木砖、铁件。

（计量单位：10m³）

项目编号			3—1	3—2	3—3	3—4
项目名称			砖基础	砖砌内外墙（墙厚）		
				1砖以内	1砖	1砖以上
名 称		单位	数 量			
人工	10000002 综合用工二类	工日	12.180	20.520	16.640	16.150
材料	ZF1-0379 水泥砂浆 M5.0(中砂)	m³	(2.360)	—	—	—
	ZF1-0389 水泥石灰砂浆 M5.0(中砂)	m³	—	(1.920)	(2.250)	(2.382)
	BD1-0001 标准砖 240mm×115mm×53mm	千块	5.236	5.661	5.314	5.345
	BB1-0101 水泥 32.5 级	t	0.505	0.411	0.482	0.510
	BC4-0013 中砂	t	3.783	3.078	3.607	3.818
	BC1-0002 生石灰	t	—	0.157	0.185	0.195
	ZA1-0002 水	m³	1.760	2.180	2.280	2.360
机械	00006016 灰浆搅拌机 200L	台班	0.390	0.330	0.380	0.400

② 从表 2-10 中查出，1m³ 水泥砂浆 M10.0 和 M5.0 的原材料用量。

③ 换算后主要材料用量为：

标准砖：5.236 千块/10m³ 砖基础，换算前后不变

水泥 32.5 级：$[0.505+2.360×(0.274-0.214)]t/10m^3=0.647t/10m^3$ 砖基础

或 $(2.360×0.274)t/10m^3=0.647t/10m^3$ 砖基础

中砂：$[3.783+2.360×(1.603-1.603)]t/10m^3=3.783t/10m^3$ 砖基础

或 $(2.36×1.603)t/10m^3=3.783t/10m^3$ 砖基础

（3）木材的换算 定额规定：定额中的普通木门窗、组合窗、工业木门窗、天窗等的框、扇料断面与施工图设计的断面尺寸不符时，定额中烘干木材的含量，应按设计断面与定额规定断面的比例进行换算，框料以立边断面为准，扇料以边梃断面为准，其他不变。换算的步骤和方法如下：

1）从定额表中查出相近定额编号，完成定额计量单位该分项工程的烘干木材的消耗量，以及定额规定的框（扇）料的断面面积。

2）根据定额规定的门窗框（扇）烘干木材的断面面积，定额烘干木材用量，设计图样中规定的断面面积，按比例求出换算后的烘干木材用量，可按下式计算：

$$换算后烘干木材体积=\frac{设计断面面积}{定额规定断面面积}×定额烘干木材体积$$

表 2-9　普通混凝土配合比

1. 现浇部分

（1）中砂碎石

（计量单位：m³）

配合比编码			ZF1-0027	ZF1-0028	ZF1-0029	ZF1-0030	ZF1-0031	ZF1-0032
项目名称			粗骨料最大粒径 40mm					
			混凝土强度等级					
			C10	C15	C20	C25	C30	C35
编　码	名　称	单位	数　量					
BB1-0101	水泥 32.5 级	t	0.202	0.260	0.325	—	—	—
BB1-0102	水泥 42.5 级	t	—	—	—	0.293	0.336	0.379
BC4-0013	中砂	t	0.819	0.755	0.669	0.680	0.605	0.592
BC3-0030	碎石	t	1.309	1.314	1.331	1.354	1.383	1.353
ZA1-0002	水	m³	0.180	0.180	0.180	0.180	0.180	0.180

表 2-10　砌筑砂浆配合比　　　　　　　（计量单位：m³）

配合比编码			ZF1-0377	ZF1-0379	ZF1-0381	ZF1-0383	ZF1-0385
项目名称			水泥砂浆				
			M2.5	M5.0	M7.5	M10.0	M15.0
编　码	名　称	单位	数　量				
BB1-0101	水泥 32.5 级	t	0.202	0.214	0.244	0.274	0.333
BC4-0013	中砂	t	1.603	1.603	1.603	1.603	1.603
ZA1-0002	水	m³	0.300	0.300	0.300	0.300	0.300

表 2-11　抹灰砂浆配合比　　　　　　　（计量单位：m³）

配合比编码			ZF1-0401	ZF1-0403	ZF1-0405	ZF1-0407	ZF1-0409
项目名称			水泥砂浆				
			1∶1	1∶1.5	1∶2	1∶2.5	1∶3
编　码	名　称	单位	数　量				
BB1-0101	水泥 32.5 级	t	0.758	0.638	0.551	0.485	0.404
BC4-0013	中砂	t	1.002	1.265	1.456	1.603	1.603
ZA1-0002	水	m³	0.300	0.300	0.300	0.300	0.300

　　例 2-3　已知某民用住宅，其木窗框采用双裁口，施工图样要求框毛料断面为 105mm×50mm，根据某地区建筑工程消耗量定额，计算换算后的框料烘干木材用量。

　　解：① 从定额表 2-12 中查出相近定额编号为 6—17，完成定额计量单位（100m）的烘干木材的消耗量为 0.553m³，定额规定的断面面积为 45.60cm²。

　　② 计算换算后的烘干木材用量。

$$换算后烘干木材体积 = \frac{设计断面面积}{定额规定断面面积} \times 定额烘干木材体积$$

$$= \left(\frac{10.5 \times 5.0}{45.60} \times 0.553\right) m^3 = 0.637 m^3$$

　　（4）系数的调整　在定额文字说明中或定额表下方的附注中，经常会说明如果出现哪些特殊情况，应乘以相应系数的规定，这也是定额换算的一种。

　　计算公式为：

$$换算后消耗量 = 原定额消耗量 \times 系数$$

表 2-12 门窗、木作工程

一、门窗工程

1. 木窗

工程内容：木窗框制作、安装，刷防腐油，填塞麻刀灰浆。

（计量单位：100m）

项目编号			6—15	6—16	6—17	6—18
项目名称			普通木窗框			
			单裁口		双裁口	
			制作	安装	制作	安装
	名 称	单位	数 量			
人工	10000002 综合用工二类	工日	3.580	4.720	3.940	4.810
材料	BA1C1002 烘干木材	m³	0.438	—	0.553	—
	BA2C1027 木材	m³	0.015	0.053	0.015	0.053
	IA2C0071 铁钉	kg	0.080	0.710	0.080	0.710
	ED1-0030 乳胶	kg	0.500	—	0.500	—
	DR1-0033 防腐油	kg	2.270	—	2.620	—
	ZG1-0001 其他材料费	元	—	11.720	—	12.500
机械	00007012 木工圆锯机 φ500mm	台班	0.100	0.030	0.100	0.030
	00007021 木工压刨床（四面 300mm）	台班	0.160		0.150	
	00007023 木工打眼机（MK212）	台班	0.360		0.360	
	00007022 木工开榫机（榫头长度 160mm）	台班	0.180		0.180	
	00007024 木工裁口机（多面 400mm）	台班	0.110		0.100	

注：普通木窗框断面：单裁口为 36.00cm²，双裁口为 45.60cm²（均以毛料为准），如设计断面与项目不同时，烘干
木材按比例增减，其他不变。

如《某地区建筑工程消耗量定额》第七章楼地面工程中，在说明中指出：垫层项目如
用于基础垫层时，人工、机械乘以 1.20 系数（不含满堂基础），则

换算后人工消耗量＝原定额人工消耗量×1.20

换算后机械台班消耗量＝原定额机械台班消耗量×1.20

（五）定额基价

定额基价是以《全国统一建筑工程基础定额》和各省、市、自治区建筑工程消耗量定
额中规定的人工、材料和机械台班消耗量为依据，结合本地区所确定的人工日工资单价、材
料预算价格和机械台班单价，制定出适合本地区的相应项目定额分项工程的单价，也称定额
基价。有的地区将两者结合在一起称计价定额。

定额基价实质就是将定额中的"三个量"与之相对应的"三个价"分别结合起来，得出各
分项工程的人工费、材料费和机械使用费，三者汇总起来就是每一定额计量单位的工程单价。

分项工程单价（定额基价）＝人工费＋材料费＋机械费

其中

人工费＝定额工日数量×人工日工资单价

材料费＝∑（定额材料消耗量×相应材料单价）

机械费＝∑（定额机械台班消耗量×相应机械台班单价）

这里关于日工资单价、材料单价和机械台班单价的确定可在工程费用构成中介绍。

定额基价是招标人编制招标控制价、投标人编制投标报价的依据；定额基价也是发承包
双方签订施工承包合同、办理工程结算的依据。

（六）企业定额

1. 企业定额的概念

企业定额是施工企业根据本企业的施工技术、机械装备和管理水平而编制的人工、材料

和施工机械台班等的消耗标准。它是施工企业在达到或超过历史最好水平的前提下，以科学的态度和与实际情况相结合的方法，按照正常的施工条件、一定的计量单位和工程质量的要求制定的。

　　2. 企业定额在工程建设中的作用

　　企业定额是施工企业生产经营的基础，也是施工企业现代化科学管理的重要手段。企业定额是施工企业根据自身所拥有的施工技术、机械装备和管理水平编制的完成一个工程量清单项目使用的人工、材料、机械台班等的消耗标准。它是施工企业编制投标报价的依据，是编制施工方案的依据，是企业内部核算的依据。企业定额的建立，有利于施工企业提高施工技术，改进施工组织，降低工程成本，充分发挥投资效益，促进企业的健康发展。

　　（1）企业定额是编制工程量清单计价的依据　　工程量清单计价方法实施的关键在于企业自主报价，施工企业要想在激烈的市场竞争中获胜，必须根据企业自身的技术力量、机械装备、管理水平来制定能体现其自身特点的企业定额。只有这样才能体现企业在施工和管理上的自身优势，在投标报价中增强竞争力。

　　在工程量清单计价模式下，各施工企业应建立企业定额，按照本企业的施工技术水平、装备水平、管理水平及对人工、材料、机械价格的掌握控制情况，对工程利润的预期要求来计算工程报价。这样，同一工程、不同企业以各自企业定额为基础作出报价，才能真正反映出企业成本的差异，在施工企业之间形成实力的竞争，从而真正达到市场形成价格的目的。

　　采用工程量清单报价法，以企业定额来计算建设工程项目的投标价格，使施工企业在投标报价中做到心中有数，使报价不再盲目，避免了一味降价或过高报价所形成的亏损或废标，从而提高市场竞争能力。

　　（2）企业定额的建立和运用可以规范发包承包行为　　企业定额中的人工、材料、机械台班消耗量的确定，是建立在价格与价值基本统一的基础上，反映的是一定时期本企业平均先进消耗水平。它以体现企业自身实力和市场价格水平的报价参与市场竞争，是科学、合理和先进的企业管理水平的体现，是衡量建筑产品企业个别成本水平的尺度标准。经营就要保证产生一定的利润，盈利是一个企业的生产目标，没有盈利就没有扩大再生产，企业就不可能发展。企业定额的应用，促使了企业在市场竞争中按实际消耗水平报价，避免了施工企业为了在竞标过程中取胜，无节制的压价、降价，造成企业效率低下、生产亏损、发展滞后现象的发生。在我国现阶段建筑业计划经济向市场经济转变的时期，为了规范发包承包行为，为了使建筑企业在市场竞争中求生存、求发展，企业定额的建立和使用一定会产生深远和重大的影响。

　　（3）企业定额的建立和运用可以提高企业管理水平　　施工企业要在激烈的市场竞争中处于不败之地，就要降低成本、提高效益。企业定额对加强成本管理，挖掘企业降低成本潜力，提高经济效益具有重大的意义。在企业定额的编制管理过程中，能够直接对企业的技术、管理、工期、质量、价格等因素进行准确的测算和控制，进而能够控制项目的成本。同时，企业定额作为企业内部生产管理的标准文件，结合企业自身技术力量，利用科学管理的方法提高企业的竞争力和经济效益，为企业进一步拓展生存的空间打下坚实的基础。

　　企业定额在建筑安装企业管理的各个环节中都是不可缺少的，企业定额管理是企业的基础性工作，随着市场经济走向的不断成熟，企业定额作为衡量施工企业管理水平、竞争力的一个标准，其作用显得越来越重要。

二、工程量清单计价

1. 工程量清单计价的概念

"计价规范"中规定使用国有资金投资的建设工程发承包，必须采用工程量清单计价。工程量清单计价是指在建设工程招投标中，招标人或委托具有资质的工程造价咨询人编制工程量清单，并作为招标文件中的一部分提供给投标人，由投标人依据工程量清单进行自主报价的计价活动。工程量清单计价反映投标人完成由招标人提供的工程量清单所需的全部费用，招标文件中的工程量清单标明的工程量是投标人投标报价的共同基础。工程量清单应采用综合单价计价。

2. 综合单价的确定

综合单价是指完成一个规定清单项目所需的人工费、材料和工程设备费、施工机具使用费和企业管理费、利润以及一定范围内的风险费用。

综合单价的确定方法分为正算法和反算法两种。其中，正算法是指工程内容的工程量是清单计量单位的工程量，是定额工程量被清单工程量相除得出的。该工程量乘以消耗量的人工、材料和机械单价得出组成综合单价的分项单价，其和即综合单价中人工、材料、机械的单价组成，然后算出企业管理费和利润，组成综合单价。反算法是指工程内容的工程量是该项目的清单工程量。该工程量乘以消耗量的人工、材料和机械单价得出完成该项目的人工费、材料费和机械使用费，然后算出企业管理费和利润，组成项目合价，再用合价除以清单工程量即为综合单价。其中反算法较为常用，本章所举实例均按反算法计算。

综合单价应依据企业定额和建筑市场行情综合确定。

目前，由于大多数施工企业还未能形成自己的企业定额，在制定综合单价时，多是参考地区定额内各相应子目的工料消耗量，乘以自己在支付人工、购买材料和工程设备、使用机具和消耗能源方面的市场单价，再加上由地区定额制定的按企业类别或工程类别（或承包方式）的综合管理费率和利润率，并考虑一定的风险因素。相当于把一个清单内的特征划分变成一个个独立的子目去套用定额，其实质仍是沿用了定额计价模式去处理，只不过表现形式不同而已。

清单项目综合单价=[∑(清单项目组价内容工程量×相应参考单价)]÷清单项目工程量

（1）清单项目组价内容工程量　清单项目组价内容工程量是指根据清单项目提供的施工过程和施工图设计文件确定的分项工程量。投标人使用的计价依据不同，这些分项工程的项目和数量可能是不同的。

（2）相应参考单价　相应参考单价是指与某一计价定额分项工程相对应的参考单价，它等于该分项工程的人工费、材料费、机械费合计加企业管理费、利润并考虑风险因素。人工费、材料费、机械费可以参考各地区所制定的参考价目表或计价定额，也可根据市场情况确定。企业管理费是指应分摊到某一计价定额分项工程中的企业管理费，可以参考建设行政主管部门颁布的费用标准来确定。利润是指某一分项工程应收取的利润，也可以参考建设行政主管部门颁布的费用标准来确定；

（3）清单项目工程量　清单项目工程量是指所需报价清单项目的工程量。

三、工程量清单计价的分类和编制格式

采用工程量清单计价的建设工程项目，其计价类型分为招标控制价、投标价、签约合同价以及竣工价结算。

（一）招标控制价

1. 招标控制价概念

凡是国有资金投资的工程建设项目应实行工程量清单招标，招标人必须编制招标控制价。因为招标控制价是在工程招标发包过程中，由招标人根据有关计价规定计算的工程造价。如果建设项目招标控制价超过标准的概算时，招标人应将其报原概算审批部门审核。招标控制价应在发布招标文件时公布，不应上调或下浮，同时招标人应将招标控制价及有关资料报送工程所在地或有该工程管辖权的行业管理部门工程造价管理机构备查。

2. 编制依据

招标控制价应根据下列依据编制：

1）《计价规范》。

2）国家或省级、行业建设主管部门颁发的计价定额和计价办法。

3）建设工程设计文件及相关资料。

4）拟定的招标文件及招标工程量清单。

5）与建设项目相关的标准、规范、技术资料。

6）工程造价管理机构发布的工程造价信息；工程造价信息没有发布的参照市场价。

7）施工现场情况、工程特点及常规施工方案。

8）其他的相关资料。

3. 招标控制价编制格式

（1）组成

1）招标控制价封面。

2）招标控制价扉页。

3）总说明。

4）建设项目招标控制价汇总表。

5）单项工程招标控制价汇总表。

6）单位工程招标控制价汇总表。

7）分部分项工程和单价措施项目清单与计价表。

8）综合单价分析表。

9）措施项目清单与计价表。

10）其他项目清单与计价汇总表。

11）暂列金额明细表。

12）材料暂估单价表。

13）专业工程暂估价表。

14）计日工表。

15）总承包服务费计价表。

16）规费、税金项目计价表。

17）发包人提供材料和工程设备一览表。

18）承包人提供主要材料和工程设备一览表（适用于造价信息差额调整法）。

19）承包人提供主要材料和工程设备一览表（适用于价格指数差额调整法）。

（2）表格形式（除表 2-13～表 2-18 外，其他与工程量清单编制表格一致）。

表 2-13　招标控制价封面

_____**工程**

招 标 控 制 价

招　标　人：_____
(单位盖章)

造价咨询人：_____
(单位盖章)

年　　月　　日

表 2-14　招标控制价扉页

_____工程

招标控制价

招标控制价(小写)：_____

　　　　(大写)：_____

招　标　人：_____　　　　　　造价
咨　询　人：_____
　　　　　　（单位盖章）　　　　　　　　　　　　　　（单位资质专用章）

法定代表人　　　　　　　　　　　　　　法定代表人
或其授权人：_____　　　　或其授权人：_____
　　　　　　（签字或盖章）　　　　　　　　　　　　　（签字或盖章）

编　制　人：_____　　　　　复　核　人：_____
　　　　（造价人员签字盖专用章）　　　　　　　　（造价工程师签字盖专用章）

编制时间：　年　月　日　　　　　　　　复核时间：　年　月　日

表 2-15　建设项目招标控制价（投标报价）汇总表

工程名称：　　　　　　　　　　　　　　　　　　　　　　　　　第　页共　页

序　　号	单项工程名称	金额/元	其　　中：/元		
			暂估价	安全文明施工费	规费
合　　计					

注：本表适用于建设项目招标控制价或投标报价的汇总。

表 2-16　单项工程招标控制价（投标报价）汇总表

工程名称：　　　　　　　　　　　　　　　　　　　　　　　　　第　页共　页

序　　号	单位工程名称	金额/元	其　　中：/元		
			暂估价	安全文明施工费	规费
合　　计					

注：本表适用于单项建设招标控制价或投标报价的汇总。暂估价包括分部分项工程中的暂估价和专业工程暂估价。

表 2-17　单位工程招标控制价(投标报价)汇总表

工程名称：　　　　　　　　　　　标段：　　　　　　　　　　　第　页共　页

序　号	汇 总 内 容	金额/元	其中:暂估价/元
1	分部分项工程		
1.1			
1.2			
1.3			
1.4			
1.5			
2	措施项目		—
2.1	其中:安全文明施工费		—
3	其他项目		—
3.1	其中:暂列金额		—
3.2	其中:专业工程暂估价		—
3.3	其中:计日工		—
3.4	其中:总承包服务费		—
4	规费		—
5	税金		—
	招标控制价合计 = 1+2+3+4+5		

注：本表适用于单位工程招标控制价或投标报价的汇总，如无单位工程划分，单项工程也使用本表汇总。

表 2-18　综合单价分析表

工程名称：　　　　　　　　　　标段：　　　　　　　　　　　　　第　页共　页

项 目 编 码		项 目 名 称		计量单位		工程量	
清单综合单价组成明细							

定额编号	定额名称	定额单位	数量	单　价				合　价			
				人工费	材料费	机械费	管理费和利润	人工费	材料费	机械费	管理费和利润

人工单价	小　计									
元/工日	未计价材料费									
清单项目综合单价										

材料费明细	主要材料名称、规格、型号			单位	数量	单价/元	合价/元	暂估单价/元	暂估合价/元
	其他材料费					—		—	
	材料费小计					—		—	

注：1. 如不使用省级或行业建设主管部门发布的计价依据，可不填定额、编号、名称等。

　　2. 招标文件提供了暂估单价的材料，按暂估单价填入表内"暂估单价"栏及"暂估合价"栏。

（二）投标价

1. 投标价的概念

投标价是投标人投标时响应招标文件要求报出的工程造价，是对已标价工程量清单汇总后标明的总价。投标价由投标人自主确定，但不得低于成本，投标人应按招标人提供的工程量清单填报价格。填写的项目编码、项目名称、项目特征、计量单位、工程量必须与招标人提供的一致。投标总价应当与分部分项工程费、措施项目费、其他项目费和规费、税金的合计金额一致。如果投标人的投标报价高于招标控制价的应予废标处理。

2. 编制依据

1）《计价规范》。

2）国家或省级、行业建设主管部门颁发的计价办法。

3）企业定额，国家或省级、行业建设主管部门颁发的计价定额。

4）招标文件，招标工程量清单及其补充通知，答疑纪要。

5）建设工程设计文件及相关资料。

6）施工现场情况、工程特点及投标时拟定的投标施工组织设计或施工方案。

7）与建设项目相关的标准、规范等技术资料。

8）市场价格信息或工程造价管理机构发布的工程造价信息。

9）其他的相关资料。

3. 投标价编制格式

（1）组成

1）投标总价封面。

2）投标总价扉页。

3）总说明。

4）建设项目投标报价汇总表。

5）单项工程投标报价汇总表。

6）单位工程投标报价汇总表。

7）分部分项工程与单价措施项目清单与计价表。

8）工程量清单综合单价分析表。

9）措施项目清单与计价表。

10）其他项目清单与计价汇总表。

11）暂列金额明细表。

12）材料暂估单价表。

13）专业工程暂估价表。

14）计日工表。

15）总承包服务费计价表。

16）规费、税金项目计价表。

17）总价项目进度款支付分解表。

18）发包人提供材料和工程一览表。

19）承包人提供主要材料和工程设备一览表（适用于造价信息差额调整法）。

20）承包人提供主要材料和工程设备一览表（适用于价格指数差额调整法）。

（2）表格形式（除表 2-19、表 2-20、表 2-21 外，其他与招标控制价表格一致，表头将招标控制价改为投标报价即可）

（三）签约合同价

按照《中华人民共和国合同法》的规定，招标人和中标人应当自中标通知书发出之日起 30 日内，发承包双方按照招标文件和中标人的投标文件订立书面合同。工程合同价款的约定是建设工程合同的主要内容，不实行招标的工程合同价款在发承包双方认可的工程价款基础上，由发承包双方在合同中约定。实行招标的工程在工程招标及建设工程合同签订过程中，招标文件应视为要约邀请，投标文件视为要约，中标通知书为承诺。因此，在签订建设工程合同时，当招标文件与中标人的投标文件有不一致的地方，应以投标文件为准。

1. 签约合同价（合同价款）的概念

发承包双方在工程合同中约定的工程总价。该总价也包括分部分项工程费，措施项目费，其他项目费，规费和税金的合同总金额。施工合同签订时，关于价款的约定形式分为单价合同、总价合同和成本加酬金合同。

表 2-19　投标总价封面

_____**工程**

投 标 总 价

投　标　人：_____
(单位盖章)

年　　月　　日

表 2-20　投标总价扉页

投 标 总 价

招　　标　　人：_____

工　程　名　称：_____

投标总价(小写)：_____

　　　　(大写)：_____

投　标　人：_____
(单位盖章)

法定代表人
或其授权人：_____
(签字或盖章)

编　制　人：_____
(造价人员签字盖专用章)

编制时间：　年　月　日

表 2-21　总价标段：项目进度款支付分解表

工程名称：　　　　　　　　　　　　　　　　　　　　　　　　　　　　　　单位：元

序号	项目名称	总价金额	首次支付	二次支付	三次支付	四次支付	五次支付	
	安全文明施工费							
	夜间施工增加费							
	二次搬运费							
	社会保险费							
	住房公积金							
	合　　计							

编制人（造价人员）：　　　　　　　　　复核人（造价工程师）：

注：1. 本表应由承包人在投标报价时根据发包人在招标文件明确的进度款支付周期与报价填写，签订合同时，发承包双方可就支付分解协商调整后作为合同附件。

　　2. 单价合同使用本表，"支付"栏时间应与单价项目进度款支付周期相同。

　　3. 总价合同使用本表，"支付"栏时间应与约定的工程计量周期相同。

（1）单价合同　单价合同指发承包双方约定以工程量清单及其结合单价进行合同价款计算，调整和确认的建设工程施工合同。

（2）总价合同　总价合同指发承包双方约定以施工图及其预算和有关条件进行合同价款计算、调整和确认的建设工程施工合同。

（3）成本加酬金合同　发承包双方约定以施工工程成本约定酬金进行合同价款计算、调整和确认的建设工程施工合同。

2. 合同形式确定

对实行工程量清单计价的工程，应采用单价合同，即合同约定的工程价款中所包含的工程量清单项目综合单价在约定条件内是固定的，工程量允许调整。工程量清单项目综合单价在约定的条件外允许调整，调整方式、方法在合同中约定。

3. 工程合同条款约定的事项

发承包双方在合同条款中关于工程价款约定的内容应按下列事项进行约定，如果合同中没有约定或约定不明确的，由双方协商确定。

1）预付工程款的数额、支付时间及抵扣方式。

2）工程计量与支付工程进度款的方式、数额及时间。

3）工程价款的调整因素、方法、程序、支付及时间。

4）索赔与现场签证的程序、金额确认与支付时间。

5）违约责任以及发生合同价款争议的解决方法及时间。

6）承担计价风险的内容、范围以及超出约定内容、范围的调整办法。

7）工程竣工价款结算编制与核对、支付及时间。

8）工程质量保证金的数额、预留方式及时间。

9）与履行合同、支付价款有关的其他事项等。

10）安全及文明施工措施的支付计划，使用要求等。

教学内容 2 建筑工程费用构成

一、建筑工程费按费用构成要素划分

建筑工程费按照费用构成要素划分：由人工费、材料（包含工程设备，下同）费、施工机具使用费、企业管理费、利润、规费和税金组成。

（一）人工费

1. 人工费的概念

人工费是指按工资总额构成规定，支付给从事建筑安装工程施工的生产工人和附属生产单位工人的各项费用。

2. 人工费的组成内容

（1）计时工资或计件工资　计时工资或计件工资是指按计时工资标准和工作时间或对已做工作按计件单价支付给个人的劳动报酬。

（2）奖金　奖金是指对超额劳动和增收节支支付给个人的劳动报酬。如节约奖、劳动竞赛奖等。

（3）津贴补贴　津贴补贴是指为了补偿职工特殊或额外的劳动消耗和因其他特殊原因支付给个人的津贴，以及为了保证职工工资水平不受物价影响支付给个人的物价补贴。如流动施工津贴、特殊地区施工津贴、高温（寒）作业临时津贴、高空津贴等。

（4）加班加点工资　加班加点工资是指按规定支付的在法定节假日工作的加班工资和在法定日工作时间外延时工作的加点工资。

（5）特殊情况下支付的工资　特殊情况下支付的工资是指根据国家法律、法规和政策规定，因病、工伤、产假、计划生育假、婚丧假、事假、探亲假、定期休假、停工学习、执行国家或社会义务等原因按计时工资标准或计时工资标准的一定比例支付的工资。

3. 人工费的计算方法

$$人工费 = \sum (工日消耗量 \times 日工资单价)$$

式中

$$\frac{日工资}{单价} = \frac{生产工人平均月工资(计时、计件) + 平均月(奖金 + 津贴补贴 + 特殊情况下支付的工资)}{年平均每月法定工作日}$$

这里主要适用于施工企业投标报价时自主确定人工费，也是工程造价管理机构编制计价定额确定定额人工单价或发布人工成本信息的参考依据。

$$人工费 = \sum(工程工日消耗量 \times 日工资单价)$$

日工资单价是指施工企业平均技术熟练程度的生产工人在每工作日（国家法定工作时间内）按规定从事施工作业应得的日工资总额。

工程造价管理机构确定日工资单价应通过市场调查、根据工程项目的技术要求，参考实物工程量人工单价综合分析确定，最低日工资单价不得低于工程所在地人力资源和社会保障部门所发布的最低工资标准的：普工 1.3 倍、一般技工 2 倍、高级技工 3 倍。

工程计价定额不可只列一个综合工日单价，应根据工程项目技术要求和工种差别适当划分多种日人工单价，确保各分部工程人工费的合理构成。

这里适用于工程造价管理机构编制计价定额时确定定额人工费，是施工企业投标报价的参考依据。

（二）材料费

1. 材料费的概念

材料费是指施工过程中耗费的原材料、辅助材料、构配件、零件、半成品或成品、工程设备的费用。

2. 材料费的组成内容

（1）材料原价　材料原价是指材料、工程设备的出厂价格或商家供应价格。

（2）运杂费　运杂费是指材料、工程设备自来源地运至工地仓库或指定堆放地点所发生的全部费用。

（3）运输损耗费　运输损耗费是指材料在运输装卸过程中不可避免的损耗。

（4）采购及保管费　采购及保管费是指为组织采购、供应和保管材料、工程设备的过科中所需要的各项费用。包括采购费、仓储费、工地保管费、仓储损耗。

3. 材料费的计算方法

$$材料费 = \sum(材料消耗量 \times 材料单价)$$

式中　材料单价 $= [(材料原价 + 运杂费) \times (1 + 运输损耗率(\%))] \times [1 + 采购保管费率(\%)]$

4. 工程设备费

$$工程设备费 = \sum(工程设备量 \times 工程设备单价)$$

式中　工程设备单价 $= (设备原价 + 运杂费) \times [1 + 采购保管费率(\%)]$

（三）施工机具使用费

1. 施工机具使用费的概念

施工机具使用费是指施工作业所发生的施工机械、仪器仪表使用费或其租赁费。

2. 施工机械使用费的计算方法

$$施工机械使用费 = \sum(施工机械台班消耗量 \times 机械台班单价)$$

施工机械台班单价应由下列七项费用组成。

（1）折旧费　折旧费指施工机械在规定的使用年限内，陆续收回其原值的费用。

（2）人修理费　大修理费指施工机械按规定的人修理间隔台班进行必要的大修理，以恢复其正常功能所需的费用。

（3）经常修理费　经常修理费指施工机械除大修理以外的各级保养和临时故障排除所需的费用。包括为保障机械正常运转所需替换设备与随机配备工具附具的摊销和维护费用，机械运转中日常保养所需润滑与擦拭的材料费用及机械停滞期间的维护和保养费用等。

（4）安拆费及场外运费　安拆费及场外运费安拆费指施工机械（大型机械除外）在现场进行安装与拆卸所需的人工、材料、机械和试运转费用以及机械辅助设施的折旧、搭设、拆除等费用；场外运费指施工机械整体或分体自停放地点运至施工现场或由一施工地点运至另一施工地点的运输、装卸、辅助材料及架线等费用。

（5）人工费　人工费指机上司机（司炉）和其他操作人员的人工费。

（6）燃料动力费　燃料动力费指施工机械在运转作业中所消耗的各种燃料及水、电等。

（7）税费　税费指施工机械按照国家规定应缴纳的车船使用税、保险费及年检费等。

机械台班单价＝台班折旧费+台班大修费+台班经常修理费+台班安拆费及场外运费+台班人工费+台班燃料动力费+台班车船税费

通常工程造价管理机构在确定计价定额中的施工机械使剧费时，应根据《建筑施工机械台班费用计算规则》结合市场调查编制施工机械台班单价。施工企业可以参考工程造价管理机构发布的台班单价，自主确定施工机械使用费的报价，如租赁施工机械，施工机械使用费=∑（施工机械台班消耗量×机械台班租赁单价）

3. 仪器仪表使用费

仪器仪表使用费是指工程施工所需使用的仪器仪表的摊销及维修费用。

仪器仪表使用费=工程使用的仪器仪表摊销费+维修费

（四）企业管理费

1. 企业管理费的概念

企业管理费是指建筑安装企业组织施工生产和经营管理所需的费用。

2. 企业管理费的内容

（1）管理人员工资　管理人员工资是指按规定支付给管理人员的计时工资、奖金、津贴补贴、加班加点工资及特殊情况下支付的工资等。

（2）办公费　办公费是指企业管理办公用的文具、纸张、帐表、印刷、邮电、书报、办公软件、现场监控、会议、水电、烧水和集体取暖降温（包括现场临时宿舍取暖降温）等费用。

（3）差旅交通费　差旅交通费是指职工因公出差、调动工作的差旅费、住勤补助费，市内交通费和误餐补助费，职工探亲路费，劳动力招募费，职工退休、退职一次性路费，工伤人员就医路费，工地转移费以及管理部门使用的交通工具的油料、燃料等费用。

（4）固定资产使用费　固定资产使用费是指管理和试验部门及附属生产单位使用的属于固定资产的房屋、设备、仪器等的折旧、大修、维修或租赁费。

（5）工具用具使用费　工具用具使用费是指企业施工生产和管理使用的不属于同定资产的工具、器具、家具、交通工具和检验、试验、测绘、消防用具等的购置、维修和摊销费。

（6）劳动保险和职工福利费　劳动保险和职工福利费是指由企业支付的职工退职金、按规定支付给离休干部的经费，集体福利费、夏季防暑降温、冬季取暖补贴、上下班交通补贴等。

（7）劳动保护费　劳动保护费是企业按规定发放的劳动保护用品的支出。如工作服、手套、防暑降温饮料以及在有碍身体健康的环境中施工的保健费用等。

（8）检验试验费　检验试验费是指施工企业按照有关标准规定，对建筑以及材料、构件和建筑安装物进行一般鉴定、检查所发生的费用，包括自设试验室进行试验所耗用的材料等费用。不包括新结构、新材料的试验费，对构件做破坏性试验及其他特殊要求检验试验的费用和建设单位委托检测机构进行检测的费用，对此类检测发生的费用，由建设单位在工程建设其他费用中列支。但对施工企业提供的具有合格证明的材料进行检测不合格的，该检测费用由施工企业支付。

（9）工会经费　工会经费是指企业按《工会法》规定的全部职工工资总额比例计提的工会经费。

（10）职工教育经费　职工教育经费是指按职工工资总额的规定比例计提，企业为职工进行专业技术和职业技能培训，专业技术人员继续教育、职工职业技能鉴定、职业资格认定以及根据需要对职工进行各类文化教育所发生的费用。

（11）财产保险费　财产保险费是指施工管理用财产、车辆等的保险费用。

（12）财务费　财务费是指企业为施工生产筹集资金或提供预付款担保、履约担保、职工工资支付担保等所发生的各种费用。

（13）税金　税金是指企业按规定缴纳的房产税、车船使用税、土地使用税、印花税，附加税等。

（14）其他　包括技术转让费、技术开发费、投标费、业务招待费、绿化费、广告费、公证费、法律顾问费、审计费、咨询费、保险费等。

3. 企业管理费计算方法

企业管理费通常以企业管理费率的形式确定。

（1）以分部分项工程费为计算基础

$$企业管理费费率(\%) = \frac{生产工人年平均管理费}{年有效施工天数 \times 人工单价} \times 人工费占分部分项工程费比例(\%)$$

（2）以人工费和机械费合计为计算基础

$$企业管理费费率(\%) = \frac{生产工人年平均管理费}{年有效施工天数 \times (人工单价 + 每一项机械使用费)} \times 100\%$$

（3）以人工费为计算基础

$$企业管理费费率(\%) = \frac{生产工人年平均管理费}{年有效施工天数 \times 人工单价} \times 100\%$$

注：上述公式适用于施工企业投标报价时自主确定管理费，是工程造价管理机构编制计价定额确定企业管理费的参考依据。

工程造价管理机构在确定计价定额中企业管理费时，应以定额人工费或（定额人工费+定额机械费）作为计算基数，其费率根据历年工程造价积累的资料，辅以调查数据确定，列入分部分项工程和措施项目中。

（五）利润

利润是指施工企业完成所承包工程获得的盈利。通常根据工程类别和施工企业的实际情况确定，并以利润率的形式确定。施工企业根据企业自身需求并结合建筑市场实际自主确定，列入报价中。工程造价管理机构在确定计价定额中利润时，应以定额人工费或（定额人工费+定额机械费）作为计算基数，其费率根据历年工程造价积累的资料，并结合建筑市场实际确定，以单位（单项）工程测算，利润在税前建筑安装工程费的比重可按不低于 5%

且不高于7%的费率计算。利润应列入分部分项工程和措施项目中。

（六）规费

规费是指按国家法律、法规规定，由省级政府和省级有关权力部门规定必须缴纳或计取的费用，包括社会保险费、住房公积金、工程排污费其他应列而未列入的规费，按实际发生计取。

1. 社会保险费和住房公积金计算方法

社会保险费和住房公积金应以定额人工费或组织（人工费+机械费）或（定额人工费+定额机械费）为计算基础，根据工程所在地省、自治区、直辖市或行业建设主管部门规定费率计算。

$$社会保险费和住房公积金 = \sum（工程定额人工费 \times 社会保险费和住房公积金费率）$$

式中　社会保险费和住房公积金费率可以每万元发承包价的生产工人人工费和管理人员工资含量与工程所在地规定的缴纳标准综合分析取定。

2. 工程排污费计算方法

工程排污费等其他应列而未列入的规费应按工程所在地环境保护等部门规定的标准缴纳，按实计取列入。

（七）税金

税金是指国家税法规定的应计入建筑安装工程造价内的增值税销项税额、城市维护建设税。

$$税金 = 税前造价 \times 综合税率（\%）$$

1. 纳税地点在市区的企业

$$综合税率（\%） = \frac{1}{1-3\%-（3\% \times 7\%）-（3\% \times 3\%）-（3\% \times 2\%）} - 1$$

2. 纳税地点在县城、镇的企业

$$综合税率（\%） = \frac{1}{1-3\%-（3\% \times 5\%）-（3\% \times 3\%）-（3\% \times 2\%）} - 1$$

3. 纳税地点不在市区、县城、镇的企业

$$综合税率（\%） = \frac{1}{1-3\%-（3\% \times 1\%）-（3\% \times 3\%）-（3\% \times 2\%）} - 1$$

4. 实行营业税改增值税的，按纳税地点现行税率计算

建设单位和施工企业均应按照省、自治区、直辖市或行业建设主管部门发布标准计算规费和税金，不得作为竞争性费用。

二、建筑工程费按工程造价形成划分

建筑工程费按照工程造价形成由分部分项工程费、措施项目费、其他项目费、规费、税金组成。其中分部分项工程费、措施项目费、其他项目费包含人工费、材料费、施工机具使用费、企业管理费和利润。这里重点介绍分部分项工程费、措施项目费、其他项目费的确定。规费和税金的确定方法与前面一致。

（一）分部分项工程费

（1）分部分项工程费是指房屋建筑与装饰工程的分部分项工程应予列支的各项费用。分部分项工程指按现行国家计量规范对各专业工程划分的项目。如房屋建筑与装饰工程划分

的土石方工程、地基处理与桩基工程、砌筑工程、钢筋及钢筋混凝土工程等。

（2）分部分项工程费计算方法

$$分部分项工程费 = \sum(分部分项工程量 \times 综合单价)$$

式中　综合单价包括人工费、材料费、施工机具使用费、企业管理费和利润以及一定范围的风险费用。

综合单价的计算方法已在前面介绍。

（二）措施项目费

措施项目费是指为完成建设工程施工，发生于该工程施工前和施工过程中的技术、生活、安全、环境保护等方面的费用。内容包括安全文明施工费、夜间施工增加费、二次搬运费、冬雨季施工增加费、已完工程及设备保护费、工程定位复测费、特殊地区施工增加费、大型机械设备进出场及安拆费、脚手架工程费。

1. 房屋建筑与装饰工程计量规范规定应予计量的措施项目

房屋建筑与装饰工程计量规范规定应予计量的措施项目，其措施项目费计算方法为：

$$措施项目费 = \sum(措施项目工程量 \times 综合单价)$$

这里综合单价的计算方法与分部分项工程费的综合单价计算方法一致。

2. 房屋建筑与装饰工程计量规范规定不宜计量的措施项目

房屋建筑与装饰工程计量规范规定不宜计量的措施项目费计算方法如下。

（1）安全文明施工费

$$安全文明施工费 = 计算基数 \times 安全文明施工费费率（\%）$$

计算基数应为定额基价（定额分部分项工程费 + 定额中可以计量的措施项目费）、定额人工费或（定额人工费 + 定额机械费），其费率由工程造价管理机构根据各专业工程的特点综合确定。安全文明施工费不得作为竞争性费用。

（2）夜间施工增加费

$$夜间施工增加费 = 计算基数 \times 夜间施工增加费费率（\%）$$

（3）二次搬运费

$$二次搬运费 = 计算基数 \times 二次搬运费费率（\%）$$

（4）冬雨季施工增加费

$$冬雨季施工增加费 = 计算基数 \times 冬雨季施工增加费费率（\%）$$

（5）已完工程及设备保护费

$$已完工程及设备保护费 = 计算基数 \times 已完工程及设备保护费费率（\%）.$$

上述（2）~（5）项措施项目的计费基数应为定额人工费或（定额人工费 + 定额机械费），其费率由工程造价管理机构根据各专业工程特点和调查资料综合分析后确定。

（三）其他项目费

其他项目费包括暂列金额、计日工、总承包服务费。

1）暂列金额由建设单位根据工程特点，按有关计价规定估算，施工过程中由建设单位掌握使用、扣除合同价款调整后如有余额，归建设单位。

2）计日工由建设单位和施工企业按施工过程中的签证计价。

3）总承包服务费由建设单位在招标控制价中根据总包服务范围和有关计价规定编制，施工企业投标时自主报价，施工过程中按签约合同价执行。

（四）规费和税金

按照省、自治区、直辖市或行业建设主管部门发布标准计算。不作为竞争性费用。

三、建筑工程计价程序

建设单位工程招标控制价计价程序见表 2-22，施工企业工程投标报价计价程序见表 2-23，竣工结算计价程序见表 2-24。

表 2-22　建设单位工程招标控制价计价程序

工程名称：　　　　　　　　　　　　　　　　标段：

序号	内容	计算方法	金额/元
1	分部分项工程费	按计价规定计算	
1.1			
1.2			
1.3			
1.4			
1.5			
2	措施项目费	按计价规定计算	
2.1	其中:安全文明施工费	按规定标准计算	
3	其他项目费		
3.1	其中:暂列金额	按计价规定估算	
3.2	其中:专业工程暂估价	按计价规定估算	
3.3	其中:计日工	按计价规定估算	
3.4	其中:总承包服务费	按计价规定估算	
4	规费	按规定标准计算	
5	税金（扣除不列入计税范围的工程设备金额）	(1+2+3+4)×规定税率	
招标控制价合计 = 1+2+3+4+5			

表 2-23　施工企业工程投标报价计价程序

工程名称：　　　　　　　　　　　　　　　　标段：

序号	内容	计算方法	金额/元
1	分部分项工程费	自主报价	
1.1			
1.2			

（续）

序号	内容	计算方法	金额/元
1.3			
1.4			
1.5			
2	措施项目费	自主报价	
2.1	其中:安全文明施工费	按规定标准计算	
3	其他项目费		
3.1	其中:暂列金额	按招标文件提供金额计列	
3.2	其中:专业工程暂估价	按招标文件提供金额计列	
3.3	其中:计日工	自主报价	
3.4	其中:总承包服务费	自主报价	
4	规费	按规定标准计算	
5	税金(扣除不列入计税范围的工程设备金额)	(1+2+3+4)×规定税率	
投标报价合计 = 1+2+3+4+5			

表 2-24　竣工结算计价程序

工程名称:　　　　　　　　　　　　　　　　标段:

序号	汇总内容	计算方法	金额/元
1	分部分项工程费	按合同约定计算	
1.1			
1.2			
1.3			
1.4			
1.5			

（续）

序号	汇总内容	计算方法	金额/元
2	措施项目费	按合同约定计算	
2.1	其中:安全文明施工费	按规定标准计算	
3	其他项目		
3.1	其中:专业工程结算价	按合同约定计算	
3.2	其中:计日工	按计日工签证计算	
3.3	其中:总承包服务费	按合同约定计算	
3.4	索赔与现场签证	按发承包双方确认数额计算	
4	规费	按规定标准计算	
5	税金（扣除不列入计税范围的工程设备金额）	(1+2+3+4)×规定税率	
竣工结算总价合计 = 1+2+3+4+5			

教学内容 3 工程量清单计价编制

一、分部分项工程费的确定

根据课题 1 中有关分部分项工程量清单项目进行分部分项工程费的计算。

（一）土（石）方工程

1. 有关说明

1）"平整场地"如出现±30cm 以内挖方和填方不平衡，需外运土方或借土回填时，这部分的运输费用应包括在报价内；另外，如施工组织设计规定超面积平整场地时，超出部分也应包括在报价内。

2）"挖基础土方"项目中，施工方案规定的放坡、操作工作面和机械挖土进出施工工作面的坡道等增加的施工量，应包括在报价内；施工增量的弃土运输费用也应包括在报价内。

3）"管沟土方"项目中，管沟开挖加宽工作面、放坡和接口处加宽工作面的施工量，应包括在报价内。

4）"石方开挖"项目中，石方爆破的超挖量，应包括在报价内。

5）"土（石）方回填"项目中，基础土方放坡等施工的增加量，应包括在报价内。

2. 工程量清单计价方法

为了便于在实际工作中指导清单项目设置和综合单价分析，可以通过列出每一清单项目可组合的主要内容以及对应的计价定额子目体现出来。表 2-25 列出了土方工程项目中平整场地和挖基础土方清单项目可组合的主要内容以及对应的计价定额子目。

表 2-25　土方工程（编码：010101）

项目编码	项目名称	项目特征描述	计量单位	工程内容		对应定额子目
010101001	平整场地	1. 土壤类别 2. 弃土运距 3. 取土运距	m^2	1. 挖、填、找平	人工平整场地	1-57
					机械平整场地	1-291~1-292
				2. 运输	人工运土方	1-58~1-59
					单（双）轮车运土方	1-62~1-63
					小型拖拉机运土方	1-64~1-65
010101004	挖基础土方	1. 土壤类别 2. 基础类型 3. 垫层底宽、底面积 4. 挖土深度 5. 弃土运距	m^3	1. 排地表水		1-74~1-76
				2. 土方开挖	人工挖沟槽、基坑	1-14~1-31
					挖掘机挖土方	1-158~1-173
				3. 挡土板支、拆	挡土板支、拆	1-66~1-73
				4. 截桩头		2-51~2-53
				5. 运输	人工运土方 人力车或小型拖拉机运土方	1-58~1-59 1-62~1-65
					推土机推土	1-131~1-142
					铲运机产运土方	1-143~1-157
					装载机装运土方	1-198~1-213
					装载机装土方	1-214~1-217
					人工装土	1-218
					自卸汽车运土方	1-219~1-290
					挖掘机挖土、自卸车运土方	1-174~1-197

例 2-4　已知平整场地工程量清单，具体内容见表 2-26。试确定此清单项目的综合单价及合价。

表 2-26　分部分项工程和单价措施项目清单与计价表

序号	项目编码	项目名称	项目特征描述	计量单位	工程量	金额/元		
						综合单价	合价	其中:暂估价
1	010101001001	平整场地	土壤类别:Ⅰ、Ⅱ类土; 弃土运距:20m 以内	m^2	635.80			

解：根据表 2-26 对清单项目特征的描述并结合施工方案，该项目是按挖填平衡的原则进行场地平整，因此不涉及土方运输。对照表 2-25，人工平整场地对应某省建筑工程计价定额子目是 1-57，其计量单位为 $100m^2$。

1）施工工程量计算。对应建筑工程计价定额中平整场地项目的工程量计算规则为：建筑物外边线每边向外延 2m 按平方米计算。

$$S = S_{底} + 2L_{外} + 16m^2 = 635.80m^2 + 2 \times 101.80m^2 + 16m^2 = 855.40m^2$$

说明此工程量也可以作为工程量清单编制时的工程量列出。

2）综合单价计算。由某省计价定额参考价目表建 1-57 的平整场地可得，每 $100m^2$ 人工费为 94.50 元，无材料费和机械费，故直接工程费定额基价为 94.50 元。

则本项目中平整场地人工费为

$$(94.50 \times 855.40/100)元 = 808.35元$$

又参考某省清单计价费用定额，企业管理费、利润的计费基数均为人工费与机械费之和，费率分别为18.2%和23.4%。

故本项目中企业管理费为

$$（808.35×18.2\%）元 = 147.12元$$

利润为

$$（808.35×23.4\%）元 = 189.15元$$

平整场地的综合单价为

$$（808.35+147.12+189.15）元/635.8m^2 = 1.80元/m^2$$

合价为

$$1.80元/m^2×635.8m^2 = 1144.44元$$

平整场地清单项目综合单价计算表见表2-27。

表2-27 综合单价分析表

工程名称：　　　　　　　　　　标段：　　　　　　　　　　第　页共　页

项目编码	010101001001	项目名称	平整场地	计量单位		m²	工程量	635.8
清单综合单价组成明细								

定额编号	定额名称	定额单位	数量	单价				合价			
				人工费	材料费	机械费	管理费和利润	人工费	材料费	机械费	管理费和利润
建1-57	平整场地	100m²	8.554	94.50				808.35			336.27
人工单价			小计					808.35			336.27
元/工日			未计价材料费								
清单项目综合单价								1.80			

材料费明细	主要材料名称、规格、型号			单位	数量	单价/元	合价/元	暂估单价/元	暂估合价/元
	其他材料费					—		—	
	材料费小计					—		—	

例2-5 已知挖基础土方工程量清单，具体内容见表2-28。试确定此清单项目的综合单价及合价。

表2-28 分部分项工程和单价措施项目清单与计价表

序号	项目编码	项目名称	项目特征描述	计量单位	工程量	金额/元		
						综合单价	合价	其中：暂估价
2	010101004001	挖基础土方	土壤类别：Ⅰ、Ⅱ类土；基础类型：条基；挖土深度：2m以内；弃土运距：5km	m³	149.15			

根据表2-28对清单项目特征的描述并结合施工方案，该项目主要涉及地梁挖土和桩帽挖土，按施工组织设计规定，挖土时每边要留出300mm的支模工作面，并且考虑余土外运。

1）施工工程量计算。

① 以 WZ1 为例计算桩帽挖基础土方工程量。

$$V = \left[\,(d+0.3+2c)^2 - \pi R^2\,\right] \times H \times N$$

$$= \left[\,(0.8+0.3+2\times0.3)^2 - 3.14\times0.4^2\,\right]\text{m}^2 \times (1.8-0.45)\text{m}\times4 = 12.89\text{m}^3$$

② 以 DL1 为例计算地梁挖基础土方工程量。

$$V_1 = (b+2c)\times H \times L \times N$$

$$= (0.35+2\times0.3)\text{m}\times(1.4-0.45)\text{m}\times\left[\,21.3-(0.8+0.3+2\times0.3)-(0.9+0.3+2\times0.3)\,\right]\text{m}\times2$$

$$= 32.13\text{m}^3$$

$$V_2 = \text{炉渣垫层体积}$$

$$= (0.35+0.2)\text{m}\times0.2\text{m}\times\left[\,21.3-(0.8+0.3+2\times0.3)-(0.9+0.3+2\times0.3)\,\right]\text{m}\times2$$

$$= 3.92\text{m}^3$$

则 DL1 挖土体积为

$$V = V_1 + V_2 = (32.13+3.92)\text{m}^3 = 36.05\text{m}^3$$

经过计算得出，总挖基础土方工程量为 260.59m³，留够回填土后，余土外运工程量为 61.68m³。具体计算过程略。

2）综合单价计算。由某省计价定额参考价目表建1-14、建1-218、建1-244可得，挖每 100m³ Ⅰ、Ⅱ类土定额人工费为 1012.20 元，机械费为 4.13 元，无材料费；人工装土每 100m³ 定额人工费为 468.90 元，无材料费和机械费；自卸汽车运土方运距 5km 以内每 1000m³ 定额人工费为 180.00 元，机械费为 14563.52 元，无材料费。

则本项目中人工费为

$$(260.59\times1012.20/100+61.68\times468.90/100+61.68\times180.00/1000)\text{元} = 2938.01\text{元}$$

机械费为

$$(260.59\times4.13/100+61.68\times14563.52/1000)\text{元} = 909.04\text{元}$$

又参考某省清单计价费用定额，企业管理费、利润的计费基数均为人工费与机械费之和，费率分别为18.2%和23.4%。

故本项目中企业管理费为

$$\left[\,(2938.01+909.04)\times18.2\%\,\right]\text{元} = 700.16\text{元}$$

利润为

$$\left[\,(2938.01+909.04)\times23.4\%\,\right]\text{元} = 900.21\text{元}$$

挖基础土方项目的综合单价为

$$(2938.01+909.04+700.16+900.21)\text{元}/149.15\text{m}^3 = 36.52\text{元/m}^3$$

合价为

$$(149.15\times36.52)\text{元} = 5446.96\text{元}$$

挖基础土方清单项目综合单价计算表见表2-29。

表 2-29 综合单价分析表

工程名称：　　　　　　　　　　标段：　　　　　　　　　　第　页共　页

项目编码	010101004001	项目名称	挖基础土方	计量单位	m³	工程量	149.15

清单综合单价组成明细

定额编号	定额名称	定额单位	数量	单价				合价			
				人工费	材料费	机械费	管理费和利润	人工费	材料费	机械费	管理费和利润
建 1-14	挖沟槽	100m³	2.6059	1012.20		4.13		2637.69		10.76	
建 1-218	人工装土	100m³	0.6186	468.90				289.22			
建 1-244	自卸汽车运土方	1000m³	0.06186	180.00		14563.52		11.10		898.28	
人工单价		小计						2938.01		909.04	1600.37
元/工日		未计价材料费									
清单项目综合单价								36.52			

材料费明细	主要材料名称、规格、型号			单位	数量	单价/元	合价/元	暂估单价/元	暂估合价/元
	其他材料费					—	—	—	—
	材料费小计					—	—	—	—

（二）桩基工程

1. 有关说明

1）"预制钢筋混凝土桩"项目中，试桩与打桩之间间歇时间、机械在现场的停滞，应包括在打试桩报价内；预制桩刷防护材料应包括在报价内。

2）"混凝土灌注桩"项目计价应注意：

① 人工挖孔时采用的护壁（如砖砌护壁、预制钢筋混凝土护壁、现浇钢筋混凝土护壁、钢模周转护壁、竹笼护壁等），应包括在报价内。

② 钻孔固壁泥浆的搅拌运输，泥浆池、泥浆沟槽的砌筑、拆除，应包括在报价内。

3）"砂石灌注桩"项目中，灌注桩的砂石级配、密实系数均应包括在报价内。

4）各种桩（除预制钢筋混凝土桩）的充盈量，应包括在报价内。

5）振动沉管、锤击沉管若使用预制钢筋混凝土桩尖时，应包括在报价内。

6）爆扩桩扩大头的混凝土量，应包括在报价内。

2. 工程量清单计价方法

为了便于在实际工作中指导清单项目设置和综合单价分析，建设工程工程量清单计价规范辽宁省实施细则列出了每一清单项目可组合的主要内容以及对应的计价定额子目。表 2-30 列出了混凝土桩项目中混凝土灌注桩清单项目可组合的主要内容以及对应的计价定额子目。

表 2-30 混凝土桩（编码 010302）

项目编码	项目名称	项目特征描述	计量单位	工程内容		对应定额子目
010302005	混凝土灌注桩	1. 土壤类别	m/根	1. 成孔、固壁、混凝土制作、运输、灌注、振捣、养护、泥浆制作	人工挖桩孔	1-32～1-47
					人工挖孔桩砖护壁	3-80～3-81
					人工挖孔桩混凝土护壁	4-21
					人工挖孔桩桩芯混凝土	4-22
					打桩机打孔灌注混凝土桩	2-26～2-33
					长螺旋钻孔灌注混凝土桩	2-34～2-37
					潜水钻机钻孔灌注混凝土桩	2-38～2-45
					混凝土浇捣	2-46～2-48
				2. 泥浆运输		2-49～2-50

例 2-6 已知人工挖孔灌注桩工程量清单，具体内容见表 2-31。试确定此清单项目的综合单价及合价。

表 2-31 分部分项工程和单价措施项目清单与计价表

序号	项目编码	项目名称	项目特征描述	计量单位	工程量	金额/元		
						综合单价	合价	其中:暂估价
6	010302005002	人工挖孔混凝土灌注桩	土壤级别:Ⅲ类土;单桩长度:6000mm;桩截面:直径900mm;混凝土强度等级:C20	根	10			

解：根据表 2-31 对清单项目特征的描述并结合施工方案，该项目采用人工挖孔，护壁根据工程地址资料和以往施工经验，每根桩均按 4 节计算。对照表 2-30，人工挖桩孔对应某省建筑工程计价定额子目是 1-33，护壁混凝土对应定额子目为 4-21，桩芯混凝土对应定额子目为 4-22。

1）施工工程量计算。

① 护壁混凝土施工工程量，按 4 节计算，每节高 1m。

$$V = \left[3.14 \times (0.9 + 0.15) \times \left(\frac{0.15 + 0.075}{2} \right) \times 4 \right] m^3 \times 10 = 14.84 m^3$$

② 桩芯混凝土工程量要分段计算，做护壁部分为圆台，不做护壁部分为圆柱，底部扩大头由圆台、圆柱和球缺三部分组成。

上部圆台，从桩帽底开始计算，带护壁部分共 3 节，其混凝土体积为

$$V = \frac{1}{3} \times 3.14 \times 1.0 \times \left[\left(\frac{0.9 + 0.15}{2} \right)^2 + 0.45^2 + 0.45 \times \left(\frac{0.9 + 0.15}{2} \right) \right] \times 3 m^3 = 2.243 m^3$$

圆柱混凝土体积为

$$V = 3.14 \times 0.45^2 \times (6 - 0.9 - 3) m^3 = 1.335 m^3$$

扩大部分圆台体积为

$$V = \left[\frac{1}{3} \times 3.14 \times 0.45 \times (0.45^2 + 0.6^2 + 0.45 \times 0.6) \times 1 \right] m^3 = 0.392 m^3$$

扩大部分圆柱体积为

$$V=\left[3.14\times0.6^2\times0.2\right]\mathrm{m}^3=0.226\mathrm{m}^3$$

球缺体积为

$$V=\left[\frac{1}{6}\times3.14\times0.25\times\left(3\times0.6^2+0.25^2\right)\right]\mathrm{m}^3=0.149\mathrm{m}^3$$

桩芯混凝土体积合计为

$$V_{总}=(2.243+1.335+0.392+0.226+0.149)\mathrm{m}^3\times10=43.45\mathrm{m}^3$$

③ 人工挖桩孔，挖土深度从室外地坪至桩顶。

$$V_{挖}=\left[14.84+43.35+(3.14\times0.6^2\times1\times10)\right]\mathrm{m}^3=69.49\mathrm{m}^3$$

2）综合单价计算。由某省计价定额参考价目表建1-33、建4-21、建1-24中所列定额基价，并对其中人工、材料、机械的单价按市场价格进行了换算。换算后，挖每10m³桩孔市场人工费为413.7元，市场材料费为49.64元，无机械费；护壁混凝土每10m³市场人工费为560.7元，市场材料费为1625.60元，市场机械费为106.00元；桩芯混凝土每10m³市场人工费为318.90元，市场材料费为1531.53元，市场机械费为201.17元。

则本项目中人工费为

（69.59×413.70/10+14.84×560.7/10+43.45×318.90/10）元=5096.64元

材料费为

（69.59×49.64/10+14.84×1625.60/10+43.45×1531.53/10）元=9412.33元

机械费为

（14.84×106.00/10+43.45×201.17/10）元=1031.39元

又参考某省清单计价费用定额，企业管理费、利润的计费基数均为人工费与机械费之和，费率分别为18.2%和23.4%。

故本项目中企业管理费为

［（5096.64+1031.39）×18.2%］元=1115.30元

利润为

［（5096.64+1031.39）×23.4%］元=1433.96元

挖混凝土灌注桩项目的综合单价为

（5096.64+9412.33+1031.39+1115.30+1433.96）元/10根=1808.96元/根

合价为

（1808.96×10）元=18089.60元

混凝土灌注桩清单项目综合单价计算表见表2-32。

（三）砌筑工程

为了便于在实际工作中指导清单项目设置和综合单价分析，可以通过列出每一清单项目可组合的主要内容以及对应的计价定额子目体现出来。表2-33、表2-34列出了砖基础清单项目和砌块砌体中空心砖墙、砌块墙清单项目可组合的主要内容以及对应的计价定额子目。

表 2-32　综合单价分析表

工程名称：　　　　　　　　　标段：　　　　　　　　　第　页共　页

项目编码	010302005002	项目名称	混凝土灌注桩	计量单位		根	工程量	10

清单综合单价组成明细

定额编号	定额名称	定额单位	数量	单价				合价			
				人工费	材料费	机械费	管理费和利润	人工费	材料费	机械费	管理费和利润
建 1-33	挖桩孔	10m³	6.959	413.70	49.64			2878.94	345.44		
建 4-21	护井壁混凝土	10m³	1.484	560.70	1625.60	106.00		832.08	2412.39	157.30	
建 4-22	桩芯混凝土	10m³	43.45	318.90	1531.53	201.7		1385.62	6654.50	874.08	
人工单价		小计						5096.64	9412.33	1031.39	2549.26
元/工日		未计价材料费									
清单项目综合单价								1808.96			

材料费明细	主要材料名称、规格、型号	单位	数量	单价/元	合价/元	暂估单/元	暂估合价/元
	其他材料费			——		——	
	材料费小计			——		——	

表 2-33　砖砌体（编码：010401）

项目编码	项目名称	项目特征描述	计量单位	工程内容		对应定额子目
010401001	砖基础	1. 垫层材料种类、厚度 2. 砖品种、规格、强度等级 3. 基础类型 4. 基础深度 5. 砂浆强度等级	m³	1. 铺设垫层		4-1~4-20
				2. 防潮层铺设	防水砂浆	7-147
				3. 砂浆制作、运输、砌砖	砖基础	3-1
					砖平璇	3-109

表 2-34　砌块砌体（编码：010402）

项目编码	项目名称	项目特征描述	计量单位	工程内容		对应定额子目
010402001	空心砖墙砌块墙	1. 墙体类型 2. 墙体厚度 3. 空心砖、砌块品种、规格、强度等级 4. 勾缝要求 5. 砂浆强度等级、配合比	m³	1. 砂浆制作、运输、砌砖	多孔砖墙	3-17~3-19
					空心砖墙	3-20~3-22
					砌块墙	3-33~3-35
				2. 勾缝		装饰 2-64
				1. 砂浆制作、运输、砌砖		
				2. 勾缝		

例 2-7　已知砖基础分部分项工程量清单，具体内容见表 2-35。试确定此清单项目的综合单价及合价。

表 2-35　分部分项工程和单价措施项目清单与计价表

序号	项目编码	项目名称	项目特征描述	计量单位	工程量	金额/元		
						综合单价	合价	其中:暂估价
8	010401001001	砖基础	MU10 标准砖;M5 水泥砂浆;1:2 水泥砂浆防潮层 20mm 厚(内掺水泥重 5%的防水剂)	m³	36.22			

解：根据表 2-35 对清单项目特征的描述，该项目包括砌砖基础和抹墙身防潮层两项工作内容。对照表 2-33，砖基础对应某省建筑工程计价定额子目是 3-1、墙身防潮层对应定额子目是 7-147。

1）施工工程量计算。砖基础施工工程量同清单工程量，防潮层工程量计算如下（长度取自清单工程量计算）：

$$S=(0.365×95.50+0.24×29.48+6.3×0.125)m^2=42.72m^2$$

2）综合单价计算。由某省计价定额参考价目表建 7-147、建 3-1 中所列定额基价，并对其中人工、材料、机械的单价按市场价格进行了换算。换算后，每 100m² 防水砂浆的市场基价（人+材+机）为 1038.06 元，人工费与机械费之和为 297.22 元；每 10m³ 砖基础的市场基价为 1742.82 元，人工费与机械费之和为 389.05 元。又参考某省清单计价费用定额，企业管理费、利润的计费基数均为人工费与机械费之和，费率分别为 18.2%和 23.4%。

则砖基础清单项目的综合单价为

[（42.72×1038.06/100+36.22×1742.82/10）+（42.72×297.22/100+36.22×389.05/10）×（1+18.2%+23.4%）] 元/36.22m³ = 204.17 元/m³

合价为

（204.17×36.22）元 = 7395.04 元

砖基础清单项目综合单价计算表见表 2-36。

表 2-36　综合单价分析表

工程名称：　　　　　　　　　标段：　　　　　　　　　　　第　页共　页

项目编码	010401001001		项目名称		砖基础	计量单位		m³	工程量	36.22

清单综合单价组成明细

定额编号	定额名称	定额单位	数量	单价				合价			
				人工费	材料费	机械费	管理费和利润	人工费	材料费	机械费	管理费和利润
建 7-147	防水砂浆平面	100m²	0.4272	276.59	740.84	20.63		118.16	343.52	8.81	
建 3-1	砖基础	10m³	3.622	365.40	1353.77	23.65		1323.48	4903.35	85.66	
人工单价		小计						1441.64	5219.85	94.47	639.02
元/工日		未计价材料费									
清单项目综合单价								204.17			
材料费明细	主要材料名称、规格、型号			单位	数量	单价/元	合价/元	暂估单价/元	暂估合价/元		
	其他材料费					—		—			
	材料费小计					—		—			

例 2-8 已知空心砖墙分部分项工程量清单，具体内容见表 2-37。试确定此清单项目的综合单价及合价。

表 2-37 分部分项工程和单价措施项目清单与计价表

序号	项目编码	项目名称	项目特征描述	计量单位	工程量	综合单价	合价	其中:暂估价
						金额/元		
10	010401003002	空心砖墙	空心砖孔隙率大于4%;墙厚240mm;M5混合砂浆	m³	57.97			

解: 根据表 2-37 对清单项目特征的描述，对照表 2-34，空心砖墙对应某省建筑工程计价定额子目是 3-22，其计量单位为 $10m^3$。

1）施工工程量计算。空心砖墙施工工程量同清单工程量。

2）综合单价计算。由某省计价定额参考价目表建 3-22 中所列定额基价，并对其中人工、材料、机械的单价按市场价格进行了换算。换算后，每 $10m^3$ 空心砖墙的市场基价为 1562.71 元，其中人工费与机械费之和为 387.14 元。又参考某省清单计价费用定额，企业管理费、利润的计费基数均为人工费与机械费之和，费率分别为 18.2% 和 23.4%。

则砖基础清单项目的综合单价为

$$[57.97×1562.71/10+57.97×387.14/10×(1+18.2\%+23.4\%)]元/57.97m^3 = 172.38元/m^3$$

合价为

$$(172.38×57.97)元 = 9992.87 元$$

空心砖墙清单项目综合单价计算表见表 2-38。

表 2-38 综合单价分析表

工程名称:　　　　　　　　标段:　　　　　　　　　　第　页共　页

项目编码	010401003002	项目名称	空心砖墙	计量单位	m³	工程量	57.97

清单综合单价组成明细

定额编号	定额名称	定额单位	数量	单价				合价			
				人工费	材料费	机械费	管理费和利润	人工费	材料费	机械费	管理费和利润
建3-22	空心砖墙	10m³	5.797	373.80	1175.57	13.34		2166.92	7068.92	77.33	
人工单价		小计						2166.92	7068.92	77.33	933.60
元/工日		未计价材料费									
清单项目综合单价								172.88			

材料费明细	主要材料名称、规格、型号			单位	数量	单价/元	合价/元	暂估单价/元	暂估合价/元
	其他材料费					—		—	
	材料费小计					—		—	

（四）混凝土及钢筋混凝土工程

为了便于在实际工作中指导清单项目设置和综合单价分析，现列出了每一清单项目可组合的主要内容以及对应的计价定额子目。表 2-39、表 2-40 列出了基础梁清单项目和散水、坡道清单项目可组合的主要内容以及对应的计价定额子目。

表 2-39　现浇混凝土梁（编码：010503）

项目编码	项目名称	项目特征描述	计量单位	工程内容	对应定额子目
010503001	基础梁	1. 梁底标高 2. 梁截面 3. 混凝土强度等级 4. 混凝土拌和料要求	m³	混凝土制作、运输、浇筑、振捣、养护	4-41

表 2-40　现浇混凝土其他构件（编码：010507）

项目编码	项目名称	项目特征描述	计量单位	工程内容		对应定额子目
010507001	散水、坡道	1. 垫层材料种类、厚度 2. 面层厚度 3. 混凝土强度等级 4. 混凝土拌和料要求 5. 填塞材料种类	m²	1. 地基夯实	原土打夯	1-56
				2. 铺设垫层		4-1～4-20
				3. 混凝土制作、运输、浇筑、振捣、养护	混凝土坡道	4-74
					水泥砂浆防滑坡道	4-72
					混凝土散水（含抹面）	4-71
				4. 变形缝填塞		7-151～7-165

例 2-9　已知基础梁分部分项工程量清单与计价表，具体内容见表 2-41。试确定此清单项目的综合单价及合价。

表 2-41　分部分项工程和单价措施项目清单与计价表

序号	项目编码	项目名称	项目特征描述	计量单位	工程量	金额/元		
						综合单价	合价	其中:暂估价
19	010503001001	基础梁	混凝土强度等级 C30；1:3 水泥砂浆找平层 20mm 厚；炉渣垫层 200mm 厚	m³	41.48			

解：根据表 2-41 对清单项目特征的描述并结合施工方案。对照表 2-39，基础梁对应某省建筑工程计价定额子目是 4-41，水泥砂浆找平层和炉渣垫层虽不在表 2-39 所包含的工程内容之内，但可参考现浇混凝土基础项目报价，水泥砂浆找平层对应某省装饰装修工程计价定额子目是 1-20，炉渣垫层对应某省建筑工程消耗量定额子目是 4-15。

1）施工工程量计算。基础梁施工工程量同清单工程量。

炉渣垫层工程量为（地梁长度取自清单工程量计算）

$$V = [(0.35+0.2)×181.3+(0.25+0.2)×13.81+(0.3+0.2)×6.705+(0.25+0.2)×3.43] m^2$$
$$×0.2m = 22.17m^3$$

水泥砂浆找平层工程量计算为

$$S = [(0.35+0.2)×181.3+(0.25+0.2)×13.81+(0.3+0.2)×6.705+(0.25+0.2)×3.43] m^2$$
$$= 110.83m^2$$

2) 综合单价计算。由某省计价定额参考价目表建 4-41、建 4-15、装 1-20 中所列定额基价，并对其中人工、材料、机械的单价按市场价格进行了换算。换算后，每 10m³ 基础梁混凝土的市场基价为 2009.55 元，人工费与机械费之和为 521.96 元；每 1m² 水泥砂浆找平层的市场基价为 6.45 元，人工费与机械费之和为 3.33 元；每 10m³ 炉渣垫层的市场基价为 398.58 元，人工费与机械费之和为 138.00 元。又参考某省清单计价费用定额，企业管理费、利润的计费基数均为人工费与机械费之和，费率分别为 18.2% 和 23.4%。

则基础梁清单项目的综合单价为

$$[(41.48×2009.55/10+110.83×6.45+22.17×398.58/10)+(41.48×521.96/10+$$

$$110.83×3.33+22.17×138.00/10)×(18.2\%+23.4\%)]元/41.48m³=267.97元/m³$$

合价为

$$(267.97×41.48)元=11115.40 元$$

基础梁清单项目综合单价计算表见表 2-42。

表 2-42　综合单价分析表

工程名称：　　　　　　　　标段：　　　　　　　　　　　　　　第　页共　页

项目编码	010503001001	项目名称	基础梁		计量单位		m³	工程量	41.48
清单综合单价组成明细									

定额编号	定额名称	定额单位	数量	单价				合价			
				人工费	材料费	机械费	管理费和利润	人工费	材料费	机械费	管理费和利润
建4-41换	现浇混凝土基础梁C30	10m³	4.148	400.20	1487.59	121.76		1660.03	6398.91	276.67	
装1-20	水泥砂浆硬基层上20mm	m²	110.83	3.12	3.12	0.21		345.79	345.79	23.27	
建4-15	炉(矿)渣垫层干铺	10m³	2.217	138.00	260.58			305.95	577.71		
人工单价		小计						2311.77	7322.41	299.95	1086.47
元/工日		未计价材料费									
		清单项目综合单价						267.97			

材料费明细	主要材料名称、规格、型号			单位	数量	单价/元	合价/元	暂估单/元	暂估合价/元
	其他材料费					—		—	
	材料费小计					—		—	

例 2-10　已知散水项目工程量清单，具体内容见表 2-43。试确定此清单项目的综合单价及合价。

表 2-43　分部分项工程和单价措施项目清单与计价表

序号	项目编码	项目名称	项目特征描述	计量单位	工程量	综合单价	合价	其中:暂估价
						金额/元		
26	010507001001	散水	天然配级砂石垫层300mm 厚;C15 混凝土80mm 随打随抹光;变形缝处填沥青	m²	74.06			

解：根据表 2-43 对清单项目特征的描述。对照表 2-44,砂垫层对应某省建筑工程计价定额子目是 4-3,混凝土散水一次抹光对应某省建筑工程计价定额子目是 4-71,油膏嵌缝对应某省建筑工程计价定额子目是 7-157。

1) 施工工程量计算。散水施工工程量同清单工程量。

砂垫层工程量为

$$V = (74.06 \times 0.3)\,\mathrm{m}^3 = 22.218\mathrm{m}^3$$

油膏嵌缝工程量为

$$L = L_{外} - 台阶所占长度 = [101.80 - (4 + 2.5 + 1.9 + 14.4 + 0.37)]\,\mathrm{m} = 78.63\mathrm{m}$$

2) 综合单价计算。由某省计价定额参考价目表建 4-3、建 4-71、建 7-157 中所列定额基价,并对其中人工、材料、机械的单价按市场价格进行了换算。换算后,每 10m³ 砂垫层的市场基价为 374.58 元,人工费与机械费之和为 171.37 元;每 100m² 混凝土散水的市场基价为 1692.76 元,人工费与机械费之和为 562.87 元;每 100m 油膏嵌缝的市场基价为 306.83元,人工费与机械费之和为 166.80 元。又参考某省清单计价费用定额,企业管理费、利润的计费基数均为人工费与机械费之和,费率分别为 18.2% 和 23.4%。

则基础梁清单项目的综合单价为

$$[(22.218 \times 374.58/10 + 74.06 \times 1692.76/100 + 78.63 \times 306.83/100) + (22.218 \times 171.37/10 + 74.06 \times 562.87/100 + 78.63 \times 166.80/100) \times (18.2\% + 23.4\%)]\,元/74.06\mathrm{m}^2 = 36.64元/\mathrm{m}^2$$

合价为

$$(36.64 \times 74.06)\,元 = 2713.56\,元$$

散水清单项目综合单价计算表见表 2-44。

表 2-44　综合单价分析表

工程名称：　　　　　　　　　标段：　　　　　　　　　　　　　　第　页共　页

项目编码	010507001001	项目名称	散水	计量单位	m²	工程量	74.06

清单综合单价组成明细

定额编号	定额名称	定额单位	数量	单价				合价			
				人工费	材料费	机械费	管理费和利润	人工费	材料费	机械费	管理费和利润
建 4-3	砂垫层	10m³	2.222	167.70	203.21	3.67		372.60	451.49	8.15	
建 4-71	混凝土散水	100m²	0.7406	493.50	1129.89	69.37		365.49	836.85	51.37	
建 7-157	建筑油膏	100m	0.7863	166.80	140.03			131.15	110.11		

（续）

项目编码	010507001001	项目名称	散水	计量单位	m²	工程量	74.06

清单综合单价组成明细

定额编号	定额名称	定额单位	数量	单价				合价			
				人工费	材料费	机械费	管理费和利润	人工费	材料费	机械费	管理费和利润
人工单价			小计					869.24	1398.45	59.52	386.66
元/工日			未计价材料费								
		清单项目综合单价						36.64			

材料费明细	主要材料名称、规格、型号				单位	数量	单价/元	合价/元	暂估单价/元	暂估合价/元
	其他材料费						—		—	
	材料费小计						—		—	

（五）门窗工程

为了便于在实际工作中指导清单项目设置和综合单价分析，列出了每一清单项目可组合的主要内容以及对应的计价定额子目。表 2-45 列出了全钢板大门清单项目可组合的主要内容以及对应的计价定额子目。

表 2-45　厂库房大门、特种门（编码：010804）

项目编码	项目名称	项目特征描述	计量单位	工程内容		对应定额子目
010804003	全钢板大门	1. 开启方式 2. 有框、无框 3. 含门扇数 4. 材料品种、规格 5. 五金种类、规格 6. 防护材料种类 7. 油漆品种、刷漆遍数	樘	1. 门（骨架）制作、安装		5-21~5-26
				2. 五金配件安装		5-54~5-55
				3. 门（骨架）运输（2类）		6-45~6-50
				4. 刷防护材料、油漆	刷油漆	装饰5-180~5-202
					刷防火漆	装饰5-204

例 2-11　已知遥控车库门分部分项工程量清单，具体内容见表 2-46。试确定此清单项目的综合单价及合价。

表 2-46　分部分项工程和单价措施项目清单与计价表

序号	项目编码	项目名称	项目特征描述	计量单位	工程量	金额/元		
						综合单价	合价	其中:暂估价
46	010804003001	遥控全钢板车库门	上翻门;直接从厂家定做;2700mm×2400mm	樘	1			

解：根据表 2-46 对清单项目特征的描述，该项目在某省建筑工程计价定额中没有对应子目，此类项目可以直接向厂家询价。

1）施工工程量计算。遥控全钢板车库门的施工工程量为

$$S = (2.7 \times 2.4)\,\text{m}^2 = 6.48\,\text{m}^2$$

2）综合单价计算。经过市场询价，遥控车库门市场单价为 270 元/m²（包括制作、安装及售后服务），按照惯例此类工程不再计取管理费和利润。

则遥控车库门的综合单价为

$$（6.48×270）元/1樘 = 1749.60元/樘$$

合价为

$$1749.60 元/樘×1 樘 = 1749.60 元$$

遥控全钢板车库门清单项目综合单价计算表见表 2-47。

表 2-47　综合单价分析表

工程名称：　　　　　　　　　标段：　　　　　　　　　　第　页共　页

项目编码	010804003001	项目名称	遥控全钢板车库门	计量单位		樘	工程量	1

清单综合单价组成明细

定额编号	定额名称	定额单位	数量	单价				合价			
				人工费	材料费	机械费	管理费和利润	人工费	材料费	机械费	管理费和利润
估价	遥控全钢板车库门	m²	6.48	30.00	220.00	20.00		194.40	1425.60	129.60	
人工单价			小计					194.40	1425.60	129.60	
元/工日			未计价材料费								
清单项目综合单价								1749.60			

材料费明细	主要材料名称、规格、型号				单位	数量	单价/元	合价/元	暂估单价/元	暂估合价/元
	其他材料费						—		—	
	材料费小计						—		—	

为了便于在实际工作中指导清单项目设置和综合单价分析，列出了每一清单项目可组合的主要内容以及对应的计价定额子目。表 2-48 列出了金属窗中塑钢窗清单项目可组合的主要内容以及对应的计价定额子目。

表 2-48　金属窗（编码：010807）

项目编码	项目名称	项目特征描述	计量单位	工程内容		对应定额子目
010807001	塑钢窗	1. 窗类型 2. 框材质、外围尺寸 3. 扇材质、外围尺寸 4. 玻璃品种、厚度、五金材料、品种、规格 5. 防护材料种类 6. 油漆品种、刷涂遍数	樘	窗制作、运输、安装、五金、玻璃安装、刷防护材料、油漆	塑钢窗单层	4-309
					塑钢窗带纱	4-310

例 2-12　已知塑钢窗分部分项工程量清单与计价表，具体内容见表 2-49。试确定此清单项目的综合单价及合价。

表 2-49 塑钢窗分部分项工程量清单与计价表

序号	项目编码	项目名称	项目特征描述	计量单位	工程量	金额/元		
						综合单价	合价	其中:暂估价
32	010807001	塑钢窗	洞口尺寸:1800mm×2000mm	樘	22			

解:根据表 2-49 对清单项目特征的描述,该项目对应某省装饰装修工程计价定额子目是装 4-309。

1)施工工程量计算。

$$S = 1.8\text{m} \times 2.0\text{m} \times 22 = 79.20\text{m}^2$$

2)综合单价计算。塑钢门窗一般均由专业门窗公司施工,在确定此类项目综合单价时,应首先到相应的门窗公司去询价,然后再根据市场价格和以往经验来报价,最后综合各种因素确定塑钢窗的分包单价为 170.00 元/m²,此类项目一般不计管理费和利润。

则塑钢窗项目的综合单价为:

$$[79.20 \times 170.00]\text{元}/22\text{樘} = 612.00\text{元}/\text{樘}$$

合价为:

$$(612.00 \times 22)\text{元} = 13464.00\text{元}$$

塑钢窗清单项目综合单价计算表见表 2-50。

表 2-50 综合单价分析表

工程名称:　　　　　　　　标段:　　　　　　　　　　　第　页共　页

项目编码	010807001001		项目名称	塑钢窗		计量单位	樘		工程量	22

清单综合单价组成明细

定额编号	定额名称	定额单位	数量	单价				合价			
				人工费	材料费	机械费	管理费和利润	人工费	材料费	机械费	管理费和利润
估价	塑钢窗	m²	79.20	20.00	140.00	10.00		1584.00	11088.00	792.00	

人工单价	小计				1584.00	11088.00	792.00	
元/工日	未计价材料费							

清单项目综合单价				612.00

材料费明细	主要材料名称、规格、型号	单位	数量	单价/元	合价/元	暂估单价/元	暂估合价/元
	其他材料费			—		—	
	材料费小计			—		—	

（六）屋面及防水工程

为了便于在实际工作中指导清单项目设置和综合单价分析,列出了每一清单项目可组合的主要内容以及对应的计价定额子目。表 2-51 列出了屋面防水中屋面卷材防水清单项目可组合的主要内容以及对应的计价定额子目。

表 2-51 屋面防水（编码：010902）

项目编码	项目名称	项目特征描述	计量单位	工程内容		对应定额子目
010902001	屋面卷材防水	1. 卷材品种、规格 2. 防水层做法 3. 嵌缝材料种类 4. 防护材料种类	m²	1. 基层处理、抹找平层		装饰 1-20～1-27
				2. 刷底油、铺油毡卷材、接缝、嵌缝		7-18～7-54
				3. 铺保护层	水泥砂浆	1-20 1-22
					细石混凝土	1-23 1-24

例 2-13 已知屋面卷材防水分部分项工程量清单，具体内容见表 2-52。试确定此清单项目的综合单价及合价。

表 2-52 分部分项工程和单价措施项目清单与计价表

序号	项目编码	项目名称	项目特征描述	计量单位	工程量	金额/元		
						综合单价	合价	其中:暂估价
48	010902001001	屋面卷材防水	SBS 改性沥青卷材防水 4.0mm；1：3 水泥砂浆找平层 25mm	m²	691.33			

解：根据表 2-52 对清单项目特征的描述，该项目包括屋面找平层和防水层两项内容，对照表 2-52，找平层对应某省装饰装修工程计价定额子目 1-21 和 1-22，屋面卷材防水按市场价格计算。

1）施工工程量计算。找平层工程量和卷材防水施工工程量均与清单工程量相同。

2）综合单价计算。由某省装饰装修工程计价定额参考价目表装 1-21、装 1-22 中所列定额基价，并对其中人工、材料、机械的单价按市场价格进行了换算。换算后，每 1m² 水泥砂浆找平层 20mm 厚的市场基价为 6.82 元，人工费与机械费之和为 3.45 元；每增减 5mm 定额的市场基价为 1.29 元，人工费与机械费之和为 0.61 元。又参考某省清单计价费用定额，企业管理费、利润的计费基数均为人工费与机械费之和，费率分别为 18.2% 和 23.4%。经市场询价，卷材防水的市场分包价格为 20.00 元/m²。

则屋面卷材防水项目的综合单价为

$$[691.33 \times (6.82+1.29) + 691.33 \times (3.45+0.61) \times (18.2\%+23.4\%) +$$
$$691.33 \times 20] 元 / 691.33 m^2 = 29.80 元/m^2$$

合价为

$$(29.80 \times 691.33) 元 = 20601.63 元$$

屋面卷材防水清单项目综合单价计算表见表 2-53。

（七）保温、隔热、防腐工程

为了便于在实际工作中指导清单项目设置和综合单价分析，列出了每一清单项目可组合的主要内容以及对应的计价定额子目。表 2-54 列出了保温隔热屋面清单项目可组合的主要内容以及对应的计价定额子目。

表 2-53　综合单价分析表

工程名称：　　　　　　　　　标段：　　　　　　　　　　　　第　页共　页

| 项目编码 | 010902001001 | 项目名称 | 屋面卷材防水 | 计量单位 | m² | 工程量 | 691.33 |

清单综合单价组成明细

定额编号	定额名称	定额单位	数量	单价				合价			
				人工费	材料费	机械费	管理费和利润	人工费	材料费	机械费	管理费和利润
装 1-21	水泥砂浆	m²	691.33	3.20	3.37	0.25		2212.26	2329.78	172.83	
装 1-22	水泥砂浆每增减 5mm	m²	691.33	0.56	0.68	0.05		387.14	470.10	34.57	
估价	卷材防水	m²	691.33	4.00	16.00			2765.32	11061.28		
人工单价		小计						5364.72	13861.17	207.40	1167.63
元/工日		未计价材料费									
	清单项目综合单价								29.80		

材料费明细	主要材料名称、规格、型号		单位	数量	单价/元	合价/元	暂估单价/元	暂估合价/元
	其他材料费					—		—
	材料费小计					—		—

表 2-54　保温、隔热（编码：0110001）

项目编码	项目名称	项目特征描述	计量单位	工作内容	对应定额子目
011001001	保温隔热屋面	1. 保温隔热材料品种、规格、厚度 2. 隔气层材料厚度 3. 粘结材料种类、做法 4. 防护材料种类、做法	m²	1. 基层清理 2. 刷粘结材料 3. 铺粘保温层 4. 刷防护材料	8-196～8-207

例 2-14　已知保温隔热屋面分部分项工程量清单，具体内容见表 2-55。试确定此清单项目的综合单价及合价。

解：根据表 2-55 对清单项目特征的描述，该项目包括聚苯乙烯泡沫保温和炉渣找坡两项内容，对照表 2-54，炉渣找坡对应某省建筑工程计价定额子目是 8-207，聚苯乙烯泡沫保温计价定额没有适当的子目，按市场价计算。

表 2-55　分部分项工程和单价措施项目清单与计价表

序号	项目编码	项目名称	项目特征描述	计量单位	工程量	金额/元		
						综合单价	合价	其中：暂估价
52	011001001001	保温隔热屋面	聚苯乙烯泡沫板 80mm 厚；炉渣找坡层最薄处 30mm 厚	m²	625.24			

1）施工工程量计算。

聚苯乙烯泡沫板施工工程量为

$$V = 625.24 \text{m}^2 \times 0.08 \text{m} = 50.02 \text{m}^3$$

炉渣找平层施工工程量为

$$V = 625.24 \text{m}^2 \times \left(\frac{0.03 + 11 \times 2.5\% + 0.03}{2} \right) \text{m} = 104.73 \text{m}^3$$

2）综合单价计算。由某省建筑工程计价定额参考价目表8-207所列定额基价，并对其中人工、材料、机械的单价按市场价格进行了换算。换算后，每10m^3炉渣找坡层的市场基价为820.99元，人工费与机械费之和为347.7元。又参考某省清单计价费用定额，企业管理费、利润的计费基数均为人工费与机械费之和，费率分别为18.2%和23.4%。经市场询价，聚苯乙烯泡沫板的市场分包价格为210.00元/m^2。

则保温隔热屋面项目的综合单价为

$$[104.73 \times 820.99/10 + 104.73 \times 347.7/10 \times (18.2\% + 23.4\%) +$$
$$50.02 \times 210] \text{元}/625.24 \text{m}^2 = 32.97 \text{元}/\text{m}^2$$

合价为

$$(32.97 \times 625.24) \text{元} = 20614.16 \text{元}$$

保温隔热屋面清单项目综合单价计算表见表2-56。

表2-56 综合单价分析表

工程名称： 标段： 第 页共 页

项目编码	011001001001	项目名称	保温隔热屋面	计量单位	m^2	工程量	625.24

定额编号	定额名称	定额单位	数量	单价				合价			
				人工费	材料费	机械费	管理费和利润	人工费	材料费	机械费	管理费和利润
建8-207	屋面保温炉渣	10m^3	10.473	347.70	473.29	473.29		3641.46	4956.77		
市场价	聚苯乙烯80mm 厚	m^3	50.02	10.00	190.00	10.00		500.19	9506.61	500.19	
人工单价		小计						4141.65	14460.38	500.19	1514.85
元/工日		未计价材料费									
清单项目综合单价									32.97		

材料费明细	主要材料名称、规格、型号			单位	数量	单价/元	合价/元	暂估单价/元	暂估合价/元
	其他材料费						—		—
	材料费小计						—		—

（八）楼地面工程

为了便于在实际工作中指导清单项目设置和综合单价分析，列出了每一清单项目可组合的主要内容以及对应的计价定额子目。表2-57列出了块料面层中石材楼地面清单项目可组合的主要内容以及对应的计价定额子目。

表 2-57 块料面层（编码：011102）

项目编码	项目名称	项目特征描述	计量单位	工程内容		对应定额子目
011102001	石材楼地面	1. 垫层材料种类、厚度 2. 找平层厚度、砂浆配合比 3. 防水层、材料种类 4. 填充材料种类、厚度 5. 结合层厚度、砂浆配合比 6. 面层材料品种、规格、品牌、颜色 7. 嵌缝材料种类 8. 防护层材料种类 9. 酸洗、打蜡要求	m²	1. 垫层铺设		1-1~1-19
				2. 基层清理、抹找平层		1-20~1-27
				3. 防水层铺设	卷材防水	TJ7-89~7-106
					涂膜防水	TJ7-107~7-146
					防水砂浆	TJ7-147~7-150
					变形缝	TJ7-151~7-169
				4. 填充层		TJ8-1235~8-237
				5. 面层铺设	大理石楼地面	1-58~1-64
					花岗岩楼地面	1-65~1-71
				6. 酸洗、打蜡		1-56
				7. 嵌缝	块料面层铜分隔条	1-48~1-49
				8. 刷防护材料	石材底面刷养护液	1-103~1-111
					石材表面刷保护液	1-112

例 2-15 已知石材楼地面分部分项工程量清单，具体内容见表 2-58。试确定此清单项目的综合单价及合价。

表 2-58 分部分项工程和单价措施项目清单与计价表

序号	项目编码	项目名称	项目特征描述	计量单位	工程量	金额/元		
						综合单价	合价	其中：暂估价
1	011102001001	花岗岩地面	20mm 厚芝麻白磨光花岗岩（600mm×600mm）铺面；撒素水泥面（洒适量水）；30mm 厚 1：4 干硬性水泥砂浆结合层；刷素水泥浆一道；80mm 厚 C15 混凝土；素土夯实	m²	543.86			

解：根据表 2-58 对清单项目特征的描述，该项目包括花岗岩面层和素混凝土垫层两项内容，对照表 2-58，花岗岩面层对应某省装饰装修工程计价定额子目是装 1-65，混凝土垫层对应某省装饰装修工程计价定额子目是装 1-18。

1）施工工程量计算。花岗岩面层施工工程量同清单工程量。

混凝土垫层施工工程量为

$$V = 543.86\text{m}^2 \times 0.08\text{m} = 43.51\text{m}^3$$

2）综合单价计算。由某省装饰装修工程计价定额参考价目表装 1-18、装 1-65 所列定额基价，并对其中人工、材料、机械的单价按市场价格进行了换算。换算后，每 1m³ 素混凝土垫层的市场基价为 197.51 元，其中人工费与机械费之和为 58.72 元；每 1m² 花岗岩面层的市场基价为 98.11 元，其中人工费与机械费之和为 10.44 元。又参考某省清单计价费用定额，企业管理费、利润的计费基数均为直接工程费中人工费与机械费之和，费率分别为 18.2% 和 23.4%。

则花岗岩地面项目的综合单价为

$$[543.86×98.11+43.51×197.51+(543.86×10.44+43.51×58.72)×$$
$$(18.2\%+23.4\%)]元/543.86m^2=120.21元/m^2$$

合价为

$$(120.21×543.86)元=65377.41元$$

花岗岩地面清单项目综合单价计算表见表2-59。

表2-59 综合单价分析表

工程名称：　　　　　　　　　　　标段：　　　　　　　　　　　第 页共 页

项目编码	011102001001		项目名称	花岗岩地面		计量单位		m²		工程量	543.86
清单综合单价组成明细											
定额编号	定额名称	定额单位	数量	单价				合价			
				人工费	材料费	机械费	管理费和利润	人工费	材料费	机械费	管理费和利润
装1-18	混凝土垫层	m³	43.51	49.00	138.79	9.72		2131.99	6038.59	422.91	
装1-65	花岗岩地面	m²	543.86	10.12	87.67	0.32		5503.86	47680.21	174.04	
人工单价		小计						7635.79	53718.79	596.94	3424.82
元/工日		未计价材料费									
清单项目综合单价								120.21			
材料费明细	主要材料名称、规格、型号				单位	数量	单价/元	合价/元	暂估单价/元		暂估合价/元
	其他材料费						—	—			—
	材料费小计						—	—			—

(九) 墙、柱面工程

为了便于在实际工作中指导清单项目设置和综合单价分析，列出了每一清单项目可组合的主要内容以及对应的计价定额子目。表2-60列出了墙面镶贴块料中块料墙面清单项目可组合的主要内容以及对应的计价定额子目。

表2-60 墙面镶贴块料（编码：011204）

项目编码	项目名称	项目特征描述	计量单位	工程内容		对应定额子目
011204003	块料墙面	1. 墙体类型 2. 底层厚度、砂浆配合比 3. 结合层厚度、材料种类 4. 挂贴方式 5. 干挂方式（膨胀螺栓、铁龙骨） 6. 面层材料品种、规格、品牌、颜色 7. 缝宽、嵌缝材料种类 8. 防护材料种类 9. 磨光、酸洗、打蜡要求	m²	基层清理、砂浆制作、运输、地层抹灰、结合层铺贴、面层铺贴、面层挂贴、面层干挂、嵌缝、磨光、酸洗、打蜡	凹凸假麻石	2-153　2-156
					陶瓷锦砖	2-159　2-162 2-165　2-168
					瓷板	2-171　2-274 2-177　2-179 2-181　2-183 2-185　2-187 2-189　2-191
					文化石	2-193　2-195
					面砖（粘贴）	2-197～2-232
					面砖（干挂、挂贴）	2-233～2-238
				刷防护材料		

例 2-16　已知块料墙面项目分部分项工程量清单，具体内容见表 2-61。试确定此清单项目的综合单价及合价。

解：根据表 2-61 对清单项目特征的描述，该项目包括抹找平层和粘贴面砖两项内容，对应某省装饰装修工程计价定额子目是装 2-189，此定额子目中已包括了抹找平层和结合层，因此找平层不用再套其他定额子目。

表 2-61　分部分项工程和单价措施项目清单与计价表

序号	项目编码	项目名称	项目特征描述	计量单位	工程量	金额/元		
						综合单价	合价	其中:暂估价
16	011204003001	内墙面砖	内墙面砖 200mm × 300mm;1：2 水泥砂浆 6mm 厚;1：3 水泥砂浆找平层 16mm 厚	m²	304.39			

1) 施工工程量计算。内墙面砖施工工程量同清单工程量。

2) 综合单价计算。由某省装饰装修工程计价定额参考价目表装 2-189 所列定额基价，并对其中人工、材料、机械的单价按市场价格进行了调整。换算后，每 1m² 内墙面砖的市场基价为 57.16 元，其中人工费与机械费之和为 17.18 元。又参考某省清单计价费用定额，企业管理费、利润的计费基数均为直接工程费中人工费与机械费之和，费率分别为 18.2% 和 23.4%。

则花岗岩地面项目的综合单价为

$$[304.39×57.16+304.39×17.18×(18.2\%+23.4\%)]元/304.39m² = 64.31元/m²$$

合价为

$$(64.31×304.39)元 = 19575.32元$$

内墙面砖清单项目综合单价计算表见表 2-62。

表 2-62　综合单价分析表

工程名称：　　　　　　　　标段：　　　　　　　　　　　　第　页共　页

项目编码	011204003001	项目名称	内墙面砖	计量单位	m²	工程量	304.39

清单综合单价组成明细

定额编号	定额名称	定额单位	数量	单价				合价			
				人工费	材料费	机械费	管理费和利润	人工费	材料费	机械费	管理费和利润
装 2-189	内墙面砖	m²	304.39	16.96	39.98	0.22		5162.45	12166.47	70.01	
人工单价			小计					5162.45	12166.47	70.01	2176.71
元/工日			未计价材料费								
		清单项目综合单价								64.31	

材料费明细	主要材料名称、规格、型号			单位	数量	单价/元	合价/元	暂估单价/元	暂估合价/元
	其他材料费						—		—
	材料费小计						—		—

（十）天棚工程

为了便于在实际工作中指导清单项目设置和综合单价分析，列出了每一清单项目可组合的主要内容以及对应的计价定额子目。表 2-63 列出了天棚抹灰清单项目可组合的主要内容以及对应的计价定额子目。

表 2-63　天棚抹灰（编码：011301）

项目编码	项目名称	项目特征描述	计量单位	工程内容			对应定额子目
011301001	天棚抹灰	1. 基层类型 2. 抹灰厚度、材料种类 3. 装饰线条道数 4. 砂浆配合比	m²	1. 基层清理、底层抹灰、抹面层	混凝土天棚	石灰砂浆	3-1~3-2
						水泥砂浆	3-3~3-4
						混合砂浆	3-5~3-6
						水泥砂浆勾缝	3-7
						石灰砂浆拉毛	3-8~3-9
						混合砂浆拉毛	3-10~3-11
					钢板网	混合砂浆底面	3-12
						石灰砂浆	3-13~3-15
					板条	石灰砂浆	3-16~3-18
				2. 抹装饰线条		三道内	3-19
						五道内	3-20

例 2-17　已知天棚抹灰分部分项工程量清单，具体内容见表 2-64。试确定此清单项目的综合单价及合价。

表 2-64　分部分项工程和单价措施项目清单与计价表

序号	项目编码	项目名称	项目特征描述	计量单位	工程量	金额/元		
						综合单价	合价	其中：暂估价
21	011301001001	天棚抹混合砂浆	2.5mm 厚 1:0.3:2.5 水泥石灰膏砂浆抹面；2.5mm 厚 1:0.3:3 水泥石灰膏砂浆打底扫毛；刷素水泥浆结合层一道（内掺建筑胶）	m²	1304.32			

解：根据表 2-64 对清单项目特征的描述，该项目对应某省装饰装修工程计价定额子目是装 3-5。

1）施工工程量计算。天棚抹灰施工工程量同清单工程量。

2）综合单价计算。由某省装饰装修工程计价定额参考价目表装 3-5 所列定额基价，并对其中人工、材料、机械的单价按市场价格进行了调整。换算后，每 1m² 天棚抹混合砂浆的市场基价为 6.60 元，其中人工费与机械费之和为 4.77 元。又参考某省清单计价费用定额，企业管理费、利润的计费基数均为直接工程费中人工费与机械费之和，费率分别为 18.2% 和 23.4%。

则天棚抹混合砂浆项目的综合单价为：

$$[1304.32 \times 6.60 + 1304.32 \times 4.77 \times (18.2\% + 23.4\%)]元/1304.32m^2 = 8.58元/m^2$$

合价为：

$$(1304.32 \times 8.58)元 = 11191.07元$$

天棚抹混合砂浆清单项目综合单价计算表见表 2-65。

表 2-65　综合单价分析表

工程名称：　　　　　　　　标段：　　　　　　　　第　页共　页

项目编码	011301001001	项目名称	天棚抹混合砂浆	计量单位		m²	工程量	1304.32

清单综合单价组成明细									
定额编号	定额名称	定额单位	数量	单价					
				人工费	材料费	机械费	管理费和利润		
装3-5	天棚抹混合砂浆	m²	1304.32	4.64	1.83	0.13			

定额编号	定额名称	定额单位	数量	合价			
				人工费	材料费	机械费	管理费和利润
装3-5	天棚抹混合砂浆	m²	1304.32	6052.04	2399.95	156.52	
人工单价	小计			6052.04	2399.95	156.52	2582.76
元/工日	未计价材料费						
清单项目综合单价				8.58			

材料费明细	主要材料名称、规格、型号	单位	数量	单价/元	合价/元	暂估单价/元	暂估合价/元
	其他材料费			—		—	
	材料费小计			—		—	

二、措施项目费的确定

措施项目清单计价的编制应考虑到编制招标控制价和投标价的区别而进行。

措施项目费由单价措施项目费和总价措施项目费组成。总价措施项目费是不能计量而以某个基数为基础。单价措施项目费是以综合单价形式计算的措施费项目。

（一）单价措施费的计算

单价措施费包括脚手架费，混凝土、钢筋混凝土模板及支架费，垂直运输费，大型机械进出厂及安拆费，施工排水降水费，超高施工增加等。

单价措施费应根据本企业制定的施工方案或施工组织设计，并结合本企业的技术装备水平、以往的工程经验和企业内部的措施项目定额来准确报价，没有企业定额的也可参考建设行政主管部门颁发的计价定额及参考价目表来报价。措施项目清单中的混凝土及钢筋混凝土模板与支架、脚手架、重要施工技术措施项目费用（如降水、地基加固等）的报价，应与"施工组织设计"相符，并在投标文件中列出详细报价明细表；如该措施项目报价与施工组织设计明显不符，经评标委员会评审后作废标处理。

单价措施项目综合单价的计算方法与分部分项工程项目基本相同。

例 2-18　试确定现浇柱模板中措施项目清单的综合单价和合价。现浇柱模板措施项目清单见表 2-66。

解：根据某省建筑工程计价定额的规定，结合施工企业的具体情况制定模板工程的施工方案，并根据确定的施工方案选套对应的定额子目。

表 2-66　分部分项工程和单价措施项目清单与计价表

工程名称：　　　　　　　　　标段：　　　　　　　　　　　　第　页 共　页

序号	项目编码	项目名称	项目特征描述	计量单位	工程量	金额/元		
						综合单价	合价	其中暂估价
1	011702002001	矩形柱模板	组合钢模板木支撑	m²	280.95			

参考某省计价定额表，并结合企业的实际情况对其中材料费进行了适当的调整，其综合单价的组成及企业管理费和利润费率均与分部分项工程项目中建筑工程部分相同，计算结果见表 2-67。

表 2-67　综合单价分析表

工程名称：　　　　　　　　　标段：　　　　　　　　　　　　第　页 共　页

项目编码	011702002001	项目名称	矩形柱模板	计量单位	m²	工程量	280.95

清单综合单价组成明细

定额编号	定额名称	定额单位	数量	单价				合价			
				人工费	材料费	机械费	管理费和利润	人工费	材料费	机械费	管理费和利润
建12-208	矩形柱模板	m²	280.95	12.30	6.525	1.21		3455.68	1833.42	340.06	
人工单价		小计						3455.68	1833.42	340.06	1579.02
元/工日		未计价材料费									
清单项目综合单价								24.59			

材料费明细	主要材料名称、规格、型号	单位	数量	单价/元	合价/元	暂估单价/元	暂估合价/元
	其他材料费			—		—	
	材料费小计			—		—	

例 2-19　已知脚手架工程量清单见表 2-68，试确定脚手架措施项目清单的综合单价和合价。

表 2-68　分部分项工程和单价措施项目清单与计价表

工程名称：　　　　　　　　　标段：　　　　　　　　　　　　第　页 共　页

序号	项目编码	项目名称	项目特征描述	计量单位	工程量	金额/元		
						综合单价	合价	其中暂估价
	011701001001	综合脚手架	框架结构檐高9.25m	m²	1271.60			

解：根据表 2-68，参考某省计价定额和计价费用定额。

综合单价计算为：

由某省计价定额参考价目表建 12-268 额基价，每 100m² 综合脚手架基价为 751.00 元，其中人工费与机械费之和为每 371.00 元/100m² 参考某省清单计价费用定额，企业管理费、利润的计费基数均为人工费与机械费之和，费率分为：18.20%和23.40%。

则综合脚手架清单项目的综合单价为（表2-69）

$$[1271.60×751.00/100+1271.60×371.00/100×(18.20\%+23.40\%)]元/1271.60m^2=9.06元/m^2$$

合价为

$$1271.60×9.06=11520.65 元$$

表2-69　综合单价分析表

工程名称：　　　　　　　　　　标段：　　　　　　　　　　第　页共　页

项目编码	011701001001	项目名称	综合脚手架	计量单位	m²	工程量	1271.60

清单综合单价组成明细								

定额编号	定额名称	定额单位	数量	单价				合价			
				人工费	材料费	机械费	管理费和利润	人工费	材料费	机械费	管理费和利润
建12-286	综合脚手架	100m²	12.716					3547.76	4835.26	1173.56	
人工单价			小计					3547.76	4835.26	1173.56	1964.07
元/工日			未计价材料费								
清单项目综合单价									9.06		
材料费明细	主要材料名称、规格、型号					单位	数量	单价/元	合价/元	暂估单价/元	暂估合价/元
	其他材料费								—		—
	材料费小计								—		—

例2-20　已知垂直运输措施项目清单见表2-70，试确定垂直运输措施项目清单和综合单价和合价。

解：根据表2-70，参考某省计价定额参考价目表和计价费用定额。

表2-70　分部分项工程和单价措施项目清单与计价表

工程名称：　　　　　　　　　　标段：　　　　　　　　　　第　页共　页

序号	项目编码	项目名称	项目特征描述	计量单位	工程量	金额/元		
						综合单价	合价	其中暂估价
1	0111703001001	垂直运输	公共运输,框架结构檐高9.25m	m²	1291.60			

综合单价计算如下：

由某省计价定额参考价目表建12-208定额基价，每$100m^2$垂直运输基价为759.58元，其中人工费与机械费之和为每759.58元/$100m^2$参考某省清单计价费用定额，企业管理费、利润的计费基数均为人工费与机械费之和，费率分别为：18.20%和23.40%。

则综合脚手架清单项目的综合单价为（表2-71）

$$[1271.60×759.58/100+1271.60×759.58/100×(18.20\%+23.40\%)]元/1271.60m^2=10.76元/m^3$$

合价为

$$1271.60×10.76=13676.89 元$$

表 2-71 综合单价分析表

工程名称：　　　　　　　　标段：　　　　　　　　　　第 页共 页

项目编码	011703001001	项目名称	垂直运输	计量单位		m²	工程量	1271.60

清单综合单价组成明细

定额编号	定额名称	定额单位	数量	单价				合价			
				人工费	材料费	机械费	管理费和利润	人工费	材料费	机械费	管理费和利润
建 12-208	垂直运输	100m²	12.716			759.58				9658.82	
人工单价		小计								9658.82	4018.07
元/工日		未计价材料费									
清单项目综合单价									10.76		

材料费明细	主要材料名称、规格、型号				单位	数量	单价/元	合价/元	暂估单价/元	暂估合价/元
	其他材料费							—		—
	材料费小计							—		—

（二）总价措施项目

1. 安全文明施工费

根据建设部建办［2005］89 号《建筑工程安全防护、文明施工措施费用及使用管理规定》，此文件中所指建筑工程安全防护、文明施工费用是由《建筑安装工程费用项目组成》（建标［2003］206 号）文件中所含的文明施工费、环境保护费、临时设施费、安全施工费组成。由此可见，上述四项措施费用是政府规定计取的，是要按照有关规定执行的。对于如何计取这几项措施费用，建设部建办［2005］89 号文中的第六条也作出了相应的规定："依法进行工程招投标的项目，招标方或具有资质的中介机构编制招标文件时，应当按照有关规定单独列出安全文明施工措施项目清单。投标方应当根据现行标准规范，结合工程特点、工期进度和作业环境要求，在施工组织设计文件中制定相应的安全文明施工措施，并按照招标文件的要求结合自身的施工技术水平、管理水平对工程安全文明施工措施单独报价，投标方安全文明施工措施的报价，不得低于工程所在地工程造价管理机构测定费率计算所需费用总额的 90%。"这些都要求承发包双方要按规定执行，不可将这几项费用作为竞争的费用。

2. 夜间施工费和非夜间施工照明

夜间施工费是指因夜间施工所发生的夜班补助费、夜间施工降效、夜间施工照明设备摊销及照明用电等费用。非夜间施工是白天在照明状态下施工。如某省费用标准规定，夜间施工和非夜间施工费参考计算方法如表 2-72。

表 2-72 夜间施工和白天需要照明费　　　（单位：元/工日）

项 目	合 计	夜餐补助费	工效降低和照明设施折旧费
夜间施工	13	5	8
非夜间施工	8	—	8

3. 二次搬运费

二次搬运费应根据施工组织设计和现场签证按实计算，国有投资项目签证应由造价管理部门确认。

4. 冬雨季施工费

冬雨季施工费可参考本地区造价主管部门公布的参考费率来报价，其报价方法同建设工程安全文明施工措施费的报价方法相同。如某省费用标准公布的冬雨季施工费的参考费率见表 2-73。

表 2-73　冬雨季施工费率　　　　　　　　　　（%）

项　　目	人工费与机械费之和为基数	项　　目	人工费与机械费之和为基数
冬期施工	6	雨期施工	1

注：冬期施工工程量，为达到冬期施工标准所发生的工程量，雨期施工为全部工程量。

5. 地上、地下设施，建筑物的临时保护设施费

地上、地下设施，建筑物的临时保护设施费根据施工现场情况，结合实际按现场签证计算。

6. 已完工程及设备保护费

已完工程及设备保护费按批准的施工组织设计或签证计算。已完工程及设备保护费可根据实际需要做防护的分项工程的工程量，参考当地的计价定额参考价目表报价。

例 2-21　根据某省《建筑工程安全防护、文明施工措施费用及使用管理规定》，计算课题 3 案例建筑工程措施项目中，安全文明施工费的价格（已知实例建筑工程分部分项工程费中人工费与机械费之和为 162353.86 元）。

解：查某省建设工程费用标准，建筑工程中安全文明施工措施费以人工费与机械费之和为基数，费率为 10.40%，同时规定企业在投标报价时不得低于上述标准 90%。

则建筑工程中

安全文明施工措施费＝建筑工程分部分项直接工程费×相应费率

＝162353.86 元×10.40%＝16884.80 元

例 2-22　已知某工程主体施工阶段，施工组织设计规定采用塔式起重机 6t，轨道铺设长度为 80m，确定此措施项目的价格。

解：大型施工机械的进出场及安拆包括轨道铺设、场外运输和安拆三部分内容。

1）施工工程量计算。轨道铺设长度为 80m，场外运输和安拆均为 1 台次。

2）综合单价计算。大型机械设备进出场及安拆措施项目计价表见表 2-74。

表 2-74　大型机械设备进出场及安拆措施项目计价表

序号	定额编号	工程内容	单位	数量	合价组成/元					金额/元
					人工费	材料费	机械费	管理费	利润	
1	1002	轨道式基础（双轨）	m	80	3600.00	9285.60	249.60			
	2001	塔式起重机 6t（以内）	台次	1	1800.00	92.94	3947.53			
	3014	塔式起重机 2~6t	台次	1	360.00	66.15	5884.49			
		合　计			5760.00	9444.69	10081.62	2883.17	3706.94	33108.47

由全国统一机械台班定额某省参考价目表 1002、2001、3014 分别可得：轨道式基础（双轨）的定额基价为 159.87 元/m，人工费与机械费之和为 48.12 元/m；塔式起重机 6t（以内）安装、拆卸一次定额基价 5840.47 元/台次，人工费与机械费之和为 5747.5 元/台

次；塔式起重机 2~6t 场外运输费用为 7888.30 元/台次，人工费与机械费之和为 6244.49 元/台次。又参考某省清单计价费用定额，企业管理费、利润的计费基数均为人工费与机械费之和，费率分别为 18.2% 和 23.4%。

则此措施项目的价格为

[（159.87×80+5840.47+7888.30）+（48.12×80+5747.5+6244.49）×（18.2%+23.4%）] 元
=33108.47元

三、其他项目费的确定

（一）其他项目费的概念

其他项目费是指暂列金额、暂估价、计日工、总承包服务费等估算金额的总和。

（二）其他项目费的计算

其他项目清单计价是通过其他项目清单与计价汇总表体现出来的，其内容包括暂列金额、暂估价、计日工和总承包服务费。

1. 暂列金额

暂列金额主要指招标人在工程量清单中暂定并包括在合同价款中的一笔款项。

暂列金额由清单编制人根据业主意图和拟建工程的工程特点和工期长短等实际情况确定，在招标文件中明确。一般可取分部分项工程费的 10%~15%，工程造价的 3%~5% 作为暂列金额。

暂列金额作为工程造价的组成部分，投标人在报价时，一定要按招标文件的要求将暂列金额列入投标报价中。但暂列金额只有根据发生的实际情况并经过现场工程师的批准后方能使用，未使用的部分归业主所有。

2. 暂估价

暂估价包括材料、工程设备暂估单价和专业工程暂估价，其中材料暂估单价应按照工程造价管理机构发布的工程造价信息或参考市场价格确定。应按招标工程量清单中列出的单价计入综合单价。是指招标人在工程量清单中提供的用于支付必然发生但暂时不能确定价格的材料、工程设备的单价以及专业工程的金额。

3. 计日工

计日工是指在施工过程中，完成招标人提出的施工图样以外的零星项目或工作，通常由招标人提供人工、材料、施工机械暂定数量，按综合单价计价。编制招标控制价时，单价由招标人按有关计价规定确定，投标时，由投标人自主报价计入投标总价中。其综合单价计价程序，见表 2-75。

表 2-75　计日工清单综合单价计价程序

序　号	费用项目内容	计日工项目名称		
		人　工	材　料	施 工 机 械
1	人工单价	A		
	材料单价		B	
	机械台班单价			C
2	企业管理费	A×企业管理费费率	B×企业管理费费率	C×企业管理费费率
3	利润	A×利润率	B×利润率	C×利润率
4	综合单价	A+2+3	B+2+3	C+2+3

4. 总承包服务费

总承包服务费是指总承包人为配合协调发包人进行的工程分包自行采购供应的设备、材料等进行管理、服务以及施工现场管理、竣工资料汇总整理等服务所需的费用，按招标工程量清单中列出的内容和要求，由招标人自己确定。

当编制招标控制价时按照下列标准计算：

1）招标人仅要求对分包的专业工程进行总承包管理和协调时，按分包的专业工程估算造价的 1.5% 计算。

2）招标人要求对分包的专业工程进行总承包管理和协调并同时要求提供配合服务时，根据招标文件中列出的配合服务内容和提出的要求按他分包专业工程估算造价的 3% ~ 5% 计算。

3）招标人自行供应材料的，按招标人供应材料价值的 1% 计算。

四、规费、税金项目费的确定

（一）规费的计算

规费是根据国家法律、法规规定，由省级政府或省级有关权力部门规定施工企业必须缴纳的，应计入建筑安装工程造价的费用，通常按照本地区的相关规定计算。一般情况下，施工企业规费计取标准和方法由本地区省级建设行政主管部门在每年年初进行核定，核定依据是根据施工企业提供企业营业执照（副本），资质证书（副本），上年度会计事务所出具的审计报告，上年度报统计部门的统计报表及上年度缴纳养老保险费、失业保险费、医疗保险费、生育保险费、工伤保险费、住房公积金的证明。表 2-76 中列出了某地区规费的标准。

表 2-76　规 费 标 准

序号	规 费 名 称		规费费率上限（%）
			人工费+机械费为基数
1	工程排污费		按工程所在地市造价管理部门规定标准执行
2	社会保障费	养老保险	16.36
3		失业保险	1.64
4		医疗保险	6.55
5		生育保险	0.82
6		工伤保险	0.82
7	住房公积金		8.18
8	危险作业意外伤害保险		由市造价管理部门按有关部门标准确定

例 2-23　已知课题 3 案例中规费项目清单，试确定规费项目清单计价。人工费与机械费之和为 237244.49 元，根据某地区规定危险作业意外伤害保险按 1.5 元/m² 计算，工程排污费和工程定额测定费暂不计算。

解：根据规费项目清单内容，结合表 2-76 规费标准，计算如下：

1）社会保障费。

237244. 49 元 × (16. 36% + 1. 64% + 6. 55% + 0. 82% + 0. 82%) = 237244. 49 元 × 26. 19% = 62134. 33元

2）住房公积金。

237244. 49 元×8. 18% = 19406. 60 元

3）危险作业意外伤害保险。

1271. 60 元×1. 5 = 1907. 40 元

4）规费。

（62134. 33+19406. 60+1907. 40）元 = 83448. 33元

规费项目清单与计价表见表2-77。

表2-77　规费项目清单与计价表

工程名称：××办公楼建筑与装饰工程　　　　标段：　　　　　　第　页共　页

序　号	项 目 名 称	计 算 基 础	费率（%）	金额/元
1	社会保障费	人工费+机械费	26. 19	62134. 33
2	住房公积金	人工费+机械费	8. 18	19406. 00
3	危险作业意外伤害保险	每 m² 建筑面积1. 5 元		1907. 40
	合　　计			83448. 33

（二）税金的计算

税金是国家税法规定的应计入建筑安装工程造价内的增值税销项税额、城市维护建设税。通常根据本地区规定的税率以分部分项工程费、措施项目费、其他项目费和规费之和（即不包含税金工程造价）为计算基数乘以规定税率计算的。税率按建设行政主管部门的规定执行。

教学内容4　工程价款结算

一、工程价款结算的概念、作用、方式

1. 工程价款结算的概念

工程价款结算是指发承包双方根据合同约定对合同工程在实施中、终止时、已完工后进行的合同价款计算、调整和确认。只要是发包方和承包方之间存在经济活动，就应按合同的要求进行价款结算。工程价款结算包括期中结算、终止结算和竣工结算。

2. 工程价款结算的作用

1）工程价款结算是办理已完工程的工程价款，确定承包方的货币收入，确定施工生产过程中资金消耗的依据。

2）工程价款结算是统计承包方完成生产计划和发包方完成建设投资任务的依据。

3）工程价款结算是承包方完成该工程项目的总货币收入，是企业内部进行成本核算，确定工程实际成本的重要依据。

4）工程价款结算文件经发包方与承包方确认即应当作为工程决算的依据。

5）工程价款结算的完成，标志着承包方和发包方双方所承担的合同义务和经济责任的结束。

3. 工程价款结算的方式

由于建筑工程项目具有建设周期长，且整个建筑产品又具有不可分割的特点，因此，只有整个单项或单位工程完工，才能进行竣工验收。但一个工程项目从施工准备开始，就要采购建筑材料并支付各种费用，施工期间更要支付人工费、材料费、机械费以及各项施工管理费，所以工程建设是一个不断消耗和不断投入的过程。为了补偿施工中的资金消耗，同时也为了反映工程建设进度与实际投资完成情况，不可能等到工程全部竣工之后才结算和支付工程价款。因此，工程结算实质上是工程价款的结算，它是发包方与承包方之间的商品货币结算，通过结算实现承包方的工程收入。

工程价款的支付分为预付款和工程进度款。预付款是指在工程开工之前的施工准备阶段，由发包方预先支付一部分资金，主要用于材料的准备。工程进度款是指工程开工之后，按工程实际完成情况定期由发包方拨付已完工程部分的价款。

根据工程性质、规模、资金来源和施工工期，以及承包内容不同，采用的结算方式也不同。一般工程价款结算方式可分为定期结算、分段结算、年终结算、竣工后一次结算、目标结算、其他结算等。

（1）定期结算　定期结算是指定期由承包方提出已完成的工程进度报表，连同工程价款结算账单，经发包方签证，交银行办理工程价款结算。

1）月初预支，月末结算，竣工后清算的办法。在月初（或月中），承包方按施工作业计划和施工图预算，编制当月工程价款预支账单，其中包括预计完成的工程名称、数量和预算价值等，经发包方认定，交银行预支大约 50% 的当月工程价款，月末按当月施工统计数据，编制已完工程月报表和工程价款结算账单，经发包方签证，交银行办理月末结算。同时，扣除本月预支款，并办理下月预支款。本期收入额为月终结算的已完工程价款金额。

2）月末结算。月初（或月中）不实行预支，月终承包方按统计实际完成的分部分项工程量，编制已完工程月报表和工程价款结算账单，经发包方签证，交银行审核办理结算。

（2）分段结算　分段结算是指以单项（或单位）工程为对象，按其施工形象进度划分为若干施工阶段，按阶段进行工程价款结算。

1）阶段预支和结算。根据工程的性质和特点，将其施工过程划分若干施工形象进度阶段，以审定的施工图预算为基础，测算每个阶段的预支款数额。在施工开始时，办理第一阶段的预支款，待该阶段完成后，计算其工程价款，经发包方签证，交银行审查并办理阶段结算，同时办理下阶段的预支款。

2）阶段预支，工程结算。对于工程规模不大，投资额较小，承包合同价值在 50 万元以下，或工期较短，一般在六个月以内的工程，将其施工全过程的形象进度大体分几个阶段，承包方按阶段预支工程价款，在工程竣工验收后，经发包方签证，通过银行办理工程结算。

（3）年终结算　年终结算是指单位工程或单项工程不能在本年度竣工，而要转入下年度继续施工。为了正确统计承包方本年度的经营成果和建设投资完成情况，由承包方、发包方和银行对正在施工的工程进行已完成和未完成工程量盘点，结清本年度的工程价款。

（4）竣工后一次结算　基本建设投资由预算拨款改为银行贷款，取消了预付备料款和预支工程价款制度，承包方所需流动资金，全部由银行贷款。采用新的贷款制度的建设项目，或者按承包合同规定，实行工程结算的工程项目，工程价款结算实行竣工后一次结算。竣工后一次结算的工程，一般按建设项目工期长短不同可分为：

1）建设项目工程结算。建设项目工程结算是指建设工期在一年内的工程，一般以整个建设项目为结算对象，实行竣工后一次结算。

2）单项工程工程结算。单项工程工程结算是指当年不能竣工的建设项目，其单项工程在当年开工，当年竣工的，实行单项工程竣工后一次结算。

单项工程当年不能竣工的工程项目，也可以实行分段结算、年终结算或竣工后总结算的方法。

（5）目标结算　目标结算是在工程合同中，将承包工程的内容分解成不同的控制界面，以发包方验收控制界面作为支付工程价款的前提条件。也就是说，将合同中的工程内容分解成不同的验收单元，当承包方完成单元工程内容并经发包方（或其委托人）验收后，发包方支付构成单元工程内容的工程价款。

（6）结算双方约定的其他结算方式

二、工程价款结算的编制格式（除表 2-78 ～ 表 2-91 外，其他与前面一致）

1）竣工结算书封面。

2）竣工结算总价扉页。

3）总说明。

4）建设项目竣工结算汇总表。

5）单项工程竣工结算汇总表。

6）单位工程竣工结算汇总表。

7）分部分项工程和单价措施项目清单与计价表。

8）综合单价分析表。

9）综合单价调整表。

10）总价措施项目清单与计价表。

11）其他项目清单与计价汇总表。

12）规费、税金项目计价表。

13）工程计量申请（核准）表。

14）合同价款支付申请（核准）表。

15）总价项目进度款支付分解表。

16）进度款支付申请（核准）表。

17）竣工结算款支付申请（核准）表

18）最终结算支付申请（核准）表。

19）发包人提供材料和工程设备一览表。

表 2-78　竣工结算书封面

_____工程

竣工结算总价

发　包　人：_____
（单位盖章）

承　包　人：_____
（单位盖章）

造价咨询人：_____
（单位盖章）

年　　月　　日

表 2-79　竣工结算总价扉页

<h1>_____工程</h1>

<h1>竣工结算总价</h1>

签约合同价（小写）：_____　（大写）：_____

竣工结算价（小写）：_____　（大写）：_____

发　包　人：_____　承　包　人：_____　造价咨询人：_____
　　　　（单位盖章）　　　　　　　　（单位盖章）　　　　　　　　（单位资质专用章）

法定代表人　　　　　　　　　法定代表人　　　　　　　　法定代表人
或其授权人：_____　　或其授权人：_____　　或其授权人：_____
　　　（签字或盖章）　　　　　　　（签字或盖章）　　　　　　（签字或盖章）

编　制　人：_____　核　对　人：_____
　　（造价人员签字盖专用章）　　　　　　（造价工程师签字盖专用章）

编制时间：　年　月　日　　核对时间：　年　月　日

表 2-80　建设项目竣工结算汇总表

工程名称：　　　　　　　　　　　　　　　　　　　　　　　　　　　　第　页 共　页

序　号	单项工程名称	金额/元	其　中：	
			安全文明施工费/元	规费/元
合　计				

表 2-81　单项工程竣工结算汇总表

工程名称：　　　　　　　　　　　　　　　　　　　　　　　第　页　共　页

序号	单位工程名称	金额/元	其　中：	
			安全文明施工费/元	规费/元
合　计				

表 2-82　单位工程竣工结算汇总表

工程名称：　　　　　　　　　标段：　　　　　　　　第　页共　页

序　号	汇 总 内 容	金额/元
1	分部分项工程	
1.1		
1.2		
1.3		
1.4		
1.5		
2	措施项目	
2.1	其中:安全文明施工费	
3	其他项目	
3.1	其中:专业工程结算价	
3.2	其中:计日工	
3.3	其中:总承包服务费	
3.4	其中:索赔与现场签证	
4	规费	
5	税金	
竣工结算总价合计 = 1+2+3+4+5		

注：如无单位工程划分，单项工程也使用本表汇总。

表 2-83　索赔与现场签证计价汇总表

工程名称：　　　　　　　　　　　标段：　　　　　　　　　第　页共　页

序号	签证及索赔项目名称	计 量 单 位	数　　量	单价/元	合价/元	索赔及签证依据
本页小计						—
合　　计						—

注：签证及索赔依据是指经双方认可的签证单和索赔依据的编号。

表 2-84　费用索赔申请（核准）表

工程名称：　　　　　　　　　　标段：　　　　　　　　　　　　编号：

致：_____（发包人全称） 　　根据施工合同条款第_____条的约定，由于_____原因，我方要求索赔金额（大写）_____元，（小写）_____元，请予核准。 　　附：1. 费用索赔的详细理由和依据： 　　　　2. 索赔金额的计算： 　　　　3. 证明材料： 　　　　　　　　　　　　　　　　　　　　　　　　承包人（章） 　　　　　　　　　　　　　　　　　　　　　　　　承包人代表_____ 　　　　　　　　　　　　　　　　　　　　　　　　日　　　期_____	
复核意见： 　　根据施工合同条款第_____条的约定，你方提出的费用索赔申请经复核： 　　□　不同意此项索赔，具体意见见附件。 　　□　同意此项索赔，索赔金额的计算，由造价工程师复核。 　　　　　　　　　　监理工程师_____ 　　　　　　　　　　日　　　期_____	复核意见： 　　根据施工合同条款第_____条的约定，你方提出的费用索赔申请经复核，索赔金额为（大写）_____元，（小写）_____元。 　　　　　　　　　　造价工程师_____ 　　　　　　　　　　日　　　期_____
审核意见： 　　□　不同意此项索赔。 　　□　同意此项索赔，与本期进度款同期支付。 　　　　　　　　　　　　　　　　　　　　　　　　发包人（章） 　　　　　　　　　　　　　　　　　　　　　　　　发包人代表_____ 　　　　　　　　　　　　　　　　　　　　　　　　日　　　期_____	

注：1. 在选择栏中的"□"内作标识"√"。
　　2. 本表一式四份，由承包人填报，发包人、监理人、造价咨询人、承包人各存一份。

表2-85 现场签证表

工程名称： 标段： 编号：

施工部位		日期	

致：_____（发包人全称）

　　根据_____（指令人姓名） 年 月 日的口头指令或你方_____（或监理人） 年 月 日的书面通知，我方要求完成此项工作应支付价款金额为（大写）_____元，（小写）_____元，请予核准。

　　附：1. 签证事由及原因：

　　　　2. 附图及计算式：

承包人（章）

承包人代表_____

日　　期_____

复核意见：	复核意见：
你方提出的此项签证申请经复核：	□　此项签证按承包人中标的计日工单价计算，金额为（大写）_____元，（小写）_____元。
□　不同意此项签证，具体意见见附件。	
□　同意此项签证，签证金额的计算，由造价工程师复核。	□　此项签证因无计日工单价，金额为（大写）_____元，（小写）_____元。
<div align="center">监理工程师_____ 日　　期_____</div>	<div align="center">造价工程师_____ 日　　期_____</div>

审核意见：

　　□　不同意此项签证。

　　□　同意此项签证，价款与本期进度款同期支付。

发包人（章）

发包人代表_____

日　　期_____

注：1. 在选择栏中的"□"内作标识"√"。

　　2. 本表一式四份，由承包人在收到发包人（监理人）的口头或书面通知后填写，发包人、监理人、造价咨询人、承包人各存一份。

表 2-86 工程计量申请（核准）表

工程名称：　　　　　　　　　　标段：　　　　　　　　　　第　页共　页

序号	项目编码	项目名称	计量单位	承包人申报数量	发包人核实数量	发承包人确认数量	备注

承包人代表：　　　　监理工程师：　　　　造价工程师：　　　　发包人代表：

日期：　　　　日期：　　　　日期：　　　　日期：

表 2-87　预付款支付申请（核准）表

工程名称：　　　　　　　　　　标段：　　　　　　　　　　编号：

至：_____（发包人全称）

　　我方根据施工合同的约定,现申请支付工程预付款额为（大写）_____（小写

_____），请予核准。

序号	名称	申请金额/元	复核金额/元	备注
1	已签约合同价款金额			
2	其中:安全文明施工费			
3	应支付的预付款			
4	应支付的安全文明施工费			
5	合计应支付的预付款			

承包人（章）

造价人员_____　　　承包人代表_____　　　日　期_____

复核意见：
　□ 与合同约定不相符,修改意见见附件。
　□ 与合同约定相符,具体金额由造价工程师复核。

　　　　　　监理工程师_____
　　　　　　日　期_____

复核意见：
　　你方提出的支付申请经复核,应支付预付款金额为（大写）_____（小写_____）。

　　　　　　造价工程师_____
　　　　　　日　期_____

审核意见：
　□ 不同意。
　□ 同意,支付时间为本表签发后的 15 天内。

　　　　　　发包人（章）
　　　　　　发包人代表_____
　　　　　　日　期_____

注:1. 在选择栏中的"□"内作标识"√"。
　　2. 本表一式四份,由承包人填报,发包人、监理人、造价咨询人、承包人各存一份。

表 2-88　总价项目进度款支付分解表

工程名称：　　　　　　　　　标段：　　　　　　　　　　　　　　　　　　（单位:元）

序号	项目名称	总价金额	首次支付	二次支付	三次支付	四次支付	五次支付	
	安全文明施工费							
	夜间施工增加费							
	二次搬运费							
	社会保险费							
	住房公积金							
	合计							

编制人（造价人员）：　　　　　　　　　　　　　　　　复核人（造价工程师）：

注：1. 本表应由承包人在投标报价时根据发包人在招标文件明确的进度款支付周期且慢报价填写，签订合同时，发
　　　承包双方可就支付分解协商调整后作为合同附件。
　　2. 单价合同使用本表，"支付"栏时间应与单价项目进度款支付周期相同。
　　3. 总价合同使用本表，"支付"栏时间应与约定的工程计量周期相配同。

表 2-89 进度款支付申请（核准）表

工程名称：　　　　　　　　标段：　　　　　　　　编号：

致：_____（发包人全称）

我方于_____至_____期间已完成了_____工作,根据施工合同的约定,现申请支付本期的工程款额为(大写)_____元,(小写)_____元,请予核准。

序　号	名　称	金额(元)	备　注
1	累计已完成的工程价款		
2	累计已实际支付的工程价款		
3	本周期已完成的工程价款		
4	本周期完成的计日工金额		
5	本周期应增加和扣减的变更金额		
6	本周期应增加和扣减的索赔金额		
7	本周期应抵扣的预付款		
8	本周期应扣减的质保金		
9	本周期增加或扣减的其他金额		
10	本周期实际应支付的工程价款		

承包人(章)

承包人代表_____

日　　期_____

复核意见：

□　与实际施工情况不相符,修改意见见附件。

□　与实际施工情况相符,具体金额由造价工程师复核。

监理工程师_____

日　　期_____

复核意见：

你方提出的支付申请经复核,本期间已完成工程款额为(大写)_____元,(小写)_____元,本期间应支付金额为(大写)_____元,(小写)_____元。

造价工程师_____

日　　期_____

审核意见：

□　不同意。

□　同意,支付时间为本表签发后的 15 天内。

发包人(章)

发包人代表_____

日　　期_____

注：1. 在选择栏中的"□"内作标识"√"。

2. 本表一式四份,由承包人填报,发包人、监理人、造价咨询人、承包人各存一份。

表 2-90 竣工结算款支付申请（核准）表

工程名称：　　　　　　　　　　　标段：　　　　　　　　　　　编号：

致：_____（发包人全称）

　　我方于_____至_____期间已完成合同约定的工作，工程已经完工，根据施工合同的约定，现申请支付竣工结算合同款额为（大写）_____（小写_____），请予核准。

序号	名称	申请金额/元	复核金额/元	备注
1	竣工结算合同价款总额			
2	累计已实际支付的合同价款			
3	应预留的质量保证金			
4	应支付的竣工结算款金额			

承包人（章）

造价人员_____　　　承包人代表_____　　　日　期_____

复核意见： □ 与实际施工情况不相符，修改意见见附件。 □ 与实际施工情况相符，具体金额由造价工程师复核。 监理工程师_____ 日　期_____	复核意见： 　　你方提出的竣工结算款支付申请经复核，竣工结算款总额为（大写）_____（小写_____），扣除前期支付以及质量保证金后应支付金额为（大写）_____（小写_____）。 造价工程师_____ 日　期_____

审核意见：
□ 不同意。
□ 同意，支付时间为本表签发后的 15 天内。

发包人（章）
发包人代表_____
日　期_____

　　注：1. 在选择栏中的"□"内作标识"√"。
　　　　2. 本表一式四份、由承包人填报，发包人、监理人、造价咨询人、承包人各存一份。

217

表 2-91　最终结清支付申请（核准）表

工程名称：　　　　　　　　　　标段：　　　　　　　　　　编号：

致：　　　　　　　　　　　　　　　　　　　　　　　　　　　　（发包人全称）

　　我方于　　　　　至　　　　　期间已完成了缺陷修复工作,根据施工合同的约定,现申请支付最终结清合同款额为(大写)　　　　　　(小写　　　　　),请予核准。

序号	名称	申请金额/元	复核金额/元	备注
1	已预留的质量保证金			
2	应增加因发包人原因造成缺陷的修复金额			
3	应扣减承包人不修复缺陷、发包人组织修复的金额			
4	最终应支付的合同价款			

上述 3、4 详见附件清单

承包人（章）

　　　造价人员　　　　　　　　　　承包人代表　　　　　　　　　　日　期　　　　　　

复核意见： 　□ 与实际施工情况不相符,修改意见见附件。 　□ 与实际施工情况相符,具体金额由造价工程师复核。 　　　　　　　　　监理工程师　　　　　 　　　　　　　　　日　期	复核意见： 　　你方提出的支付申请经复核,最终应支付金额为(大写)　　　　　(小写　　　　　)。 　　　　　　　　　造价工程师　　　　　 　　　　　　　　　日　期

审核意见：
　□ 不同意。
　□ 同意,支付时间为本表签发后的 15 天内。

发包人（章）
发包人代表　　　　　　
日　期　　　　　　

注：1. 在选择栏中的"□"内作标识"✓"。如监理人已退场,监理工程师栏可空缺。

　　2. 本表一式四份、由承包人填报,发包人、监理人、造价咨询人、承包人各存一份。

三、工程价款结算的内容

1） 工程计量
2） 合同价款调整
3） 合同价款中期支付
4） 竣工结算与支付
5） 合同价款争议的解决

四、工程价款结算的编制

（一） 工程计量

工程量的正确计量是发包人向承包人支付工程进度款的前提和依据。工程计量可采用工程按照形象进度分段计量或按月计量的方式，当采用分段计量方式时，应在合同中约定具体的工程分段划分，付款周期应与计量周期一致。工程计量应按合同价款约定的方式按单价合同或总价合同而计量。

1. 单价合同的计量

《计价规范》规定单价合同的工程计量应按下列要求计量：

1） 若发现招标工程量清单中出现缺项、工程量偏差，或因工程变更引起工程量的增减，应按承包人在履行合同过程中实际完成的工程量计算。

2） 承包人应当按照合同约定的计量周期和时间，向发包人提交当期已完工程量报告。发包人应在收到报告后 7 天内核实，并将核实计量结果通知承包人。发包人未在约定时间内进行核实的，则承包人提交的计量报告中所列的工程量视为承包人实际完成的工程量。

3） 发包人认为需要进行现场计量核实时，应在计量前 24 小时通知承包人，承包人应为计量提供便利条件并派人参加。双方均同意核实结果时，则双方应在上述记录上签字确认。承包人收到通知后不派人参加计量，视为认可发包人的计量核实结果。发包人不按照约定时间通知承包人，致使承包人未能派人参加计量，计量核实结果无效。

4） 如承包人认为发包人的计量结果有误，应在收到计量结果通知后的 7 天内向发包人提出书面意见，并附上其认为正确的计量结果和详细的计算资料。发包人收到书面意见后，应对承包人的计量结果进行复核后通知承包人。承包人对复核计量结果仍有异议的，按照合同约定的争议解决办法处理。

5） 承包人完成已标价工程量清单中每个项目的工程量并经发包人核实无误后，发承包双方应对每个项目的历次计量报表进行汇总，以核实最终结算工程量，并在汇总表上签字确认。

2. 总价合同的计量

采用工程量清单方式招标形成的总价合同，其工程量应按单价合同的计量规定计量。"计价规范"规定总价合同的工程计量应按下列要求：

1） 总价合同项目的计量应以合同工程经审定批准的施工图纸为依据，发承包双方应在合同中约定工程计量的形象目标或时间节点进行计量。

2） 承包人应在合同约定的每个计量周期内，对已完成的工程进行计量，并向发包人提交达到工程形象目标完成的工程量和有关计量资料的报告。

3）发包人应在收到报告后 7 天内对承包人提交的上述资料进行复核，以确定实际完成的工程量和工程形象目标。对其有异议的，应通知承包人进行共同复核。

(二) 合同价款期中支付

1. 预付及其计算

承包方承包工程，一般都实行包工包料，这就需要有一定数量的备料周转金，用以提前储备材料和订购构配件，保证施工的顺利进行。在没有实行由银行贷款和国家核拨定额流动资金的地区或建设项目，应由发包方预付款。

实行预付款的建设项目，承包方与发包方签订的施工合同或协议中，应写明工程款预付数额，扣还的起扣点以及办理的手续和方法。当合同对预付款的支付没有约定时，按以下规定办理：

1）预付款的额度：原则上预付比例不低于签约合同价（扣除暂列金额）的 10%，不高于签约合同价（扣除暂列金额）的 30%，对重大工程项目，按年度工程计划逐年预付。实行工程量清单计价的工程，实体性消耗和非实体性消耗部分宜在合同中分别约定预付款比例（或金额）。

2）预付款的支付时间：在具备施工条件的前提下，发包人应在双方签订合同后的一个月内或约定的开工日期前 7 天内预付工程款。

3）若发包人未按合同约定预付款，承包人应在预付时间到期后 10 天内向发包人发出要求预付的通知，发包人收到通知后仍不按要求预付，承包人可在付款期满后的第 8 天起暂停施工，发包人应从约定应付之日起按同期银行贷款利率计算向承包人支付应预付款的利息，并承担违约责任。

4）凡是没有签订合同或不具备施工条件的工程，发包人不得预付工程款，不得以预付款为名转移资金。

(1) 预付款的确定　确定预付款数额的原则，应该是保证施工所需材料和构件的正常储备。预付款数额太少，备料不足，可能造成施工生产停工待料；预付数额太多，会造成资金积压浪费，不便于承包方管理和资金核算。预付款的数额一般由下列因素决定：施工工期、主要材料（包括构配件）占年度建筑安装工作量的比重（简称主材所占比重）、材料储备期。

预付款由下列公式计算：

$$预付款 = \frac{年度建筑安装工作量 \times 主要材料所占比重}{年度施工日历天数} \times 材料储备天数$$

或

$$预付款 = 工程备料款额度 \times 年度建筑安装工作量$$

材料储备天数可根据材料储备定额或当地材料供应情况确定。预付款额度一般不得超过当年建筑安装工作量的 30%，大量采用预制构件以及工期在六个月以内的工程可以适当增加。具体额度由建筑主管部门根据工程类别、施工工期分类确定，也可由甲、乙双方根据施工工程实际测算后，确定额度，列入施工合同条款。

例 2-24　某工程计划年度完成建筑安装工作量为 600 万元，计划工期为 210 天，预算价值中材料费占 60%，材料储备期为 60 天，试确定预付款数额。

解：
$$预付款 = \frac{600 \text{ 万元} \times 60\%}{210 \text{ 天}} \times 60 \text{ 天} = 102.86 \text{ 万元}$$

（2）预付款的扣还　预付款是按全年建筑安装工作量与所需材料储备计算的，因而随着工程的进展、未完工程比例的减少，所需材料储备量也随之减少。预付款应以抵扣工程价款的方式陆续扣还，预付款的扣还是随着工程价款的结算，以冲减工程价款的方法逐渐抵扣，待到工程竣工时，全部预付款抵扣完。

1）确定预付款起扣点。确定预付款开始抵扣时间，应该以未施工工程所需主要材料及构配件的耗用额刚好同预付备款料相等为原则，预付款的起扣点可按下式计算：

$$起扣点进度 = \left(1 - \frac{预付款的额度}{主材所占比重}\right) \times 100\%$$

2）应扣预付款数额。工程进度达到起扣点时，应自起扣点开始，在每次结算的工程价款中扣抵预付款，抵扣的数量为本期工程价款数额和材料比的乘积。一般情况下，预付款的起扣点与工程价款结算间隔点不一定重合。因此，第一次扣还预付款数额计算式与其后各次预付款扣还数额计算式略有不同。具体计算方法如下：

第一次扣还预付款数额 =（累计完成建筑安装工程费用 - 起扣点金额）× 主材比重

第二次及其以后各次扣还预付款数额 = 本期完成的建筑安装工程费用 × 主材比重

例 2-25　某工程年度计划完成建筑安装产值为 800 万元，其六月份累计完成建筑安装产值为 480 万元，当月完成产值为 110 万元，七月份完成产值为 100 万元。按合同规定预付款额度为 25%，材料所占比重为 50%，试计算预付款，起扣点进度，起扣点金额及六、七月份应抵扣的预付款数额。

解：预付款数额：　　　　　　800 万元 × 25% = 200 万元

起扣点进度：$\left(1 - \dfrac{25\%}{50\%}\right) \times 100\% = 50\%$

起扣点金额：800 万元 × 50% = 400 万元

六月份应抵扣的预付款数额：（480 - 400）万元 × 50% = 40 万元

七月份应抵扣的预付款数额：100 万元 × 50% = 50 万元

2. 安全文明施工费

（1）安全文明施工费的支付　发包人应在工程开工后的 28 天内预付不低于当年施工进度计划的安全文明施工费总额的 60%，其余部分与进度款同期支付。

（2）发包人没有按时支付安全文明施工费的后果　承包人可催告发包人支付，发包人在付款期满后的 7 天内仍未支付的，若发生安全事故的，发包人应承担相应责任。

（3）安全文明施工费的使用　承包人应对安全文明施工费专款专用，在财务账目中单独列项备查，不得挪作他用，否则发包人有权要求其限期改正；逾期未改正的，造成的损失和（或）延误的工期由承包人承担。

3. 工程进度款的支付

建设项目的施工过程中，发包承双方需按照合同约定的时间、程序和方法，根据工程计量的确认情况，工程期中价款结算，发包人向承包人支付工程进度款，以保证工程的顺利实施。进度款支付周期应与合同约定的工程计量周期一致。

承包人应在每个付款周期末，向发包人递交进度款支付申请一式四份，并附相应的证明文件。除合同另有约定外，进度款支付申请应包括下列内容：

1）累计已完成的合同价款。

2）累计已实际支付的合同价款。

3）本周期合计完成的合同价款。包括已完成的单价项目金额，应支付的总价项目金额，计日工价款，安全文明施工费。

4）本周期合计应扣减的金额。本周期应扣回的预付款。本周期应扣减的金额。

5）本周期实际应支付的合同价款。

发包人应按合同约定的时间核对承包人的支付申请，并应按合同约定的时间和比例向承包人支付工程进度款。当发、承包双方在合同中未对工程进度款支付申请的核对时间以及工程进度款的支付时间、支付比例作约定时，按以下规定办理：

1）发包人应在收到承包人的工程进度款支付申请后14天内核对完毕。否则，从第15天起承包人递交的工程进度款支付申请视为被批准。

2）发包人应在批准工程进度款支付申请的14天内，向承包人按不低于期中结算价款总额的60%，不高于计量工程价款的90%支付工程进度款。

3）发包人在支付工程进度款时，应按合同约定的时间、比例（或金额）扣回工程预付款。

例2-26　某项工程发包方与承包方签订的关于工程价款的合同内容如下：

1）建筑安装工程造价800万元，建筑材料及设备费占施工产值的比重为60%。

2）预付工程款为建筑安装工程造价的20%，工程实施后，预付工程款从未施工工程尚需的主要材料及构件的价值相当于工程款数额时起扣。

3）工程进度款逐月计算。

4）工程保留金为建筑安装工程造价的3%，工程结算月一次扣留。

5）材料价差调整按有关规定计算（规定上半年材料价差上调10%，在6月份一次调增）。

工程各月实际完成产值见表2-92。

表2-92　工程各月实际完成产值

月　份	2	3	4	5	6
完成产值/万元	80	140	190	240	150

求：1）该工程的预付工程款、起扣点为多少？

2）该工程2~5月每月拨付工程款为多少？累计工程款为多少？

3）6月份办理工程结算，该工程结算造价为多少？发包方应付工程结算款为多少？

解：

1）预付工程款：800万元×20%＝160万元

起扣点：800万元−160万元/60%＝533万元

2）各月拨付工程款：

2月份：工程款80万元，累计工程款80万元

3月份：工程款140万元，累计工程款220万元

4月份：工程款190万元，累计工程款410万元

5月份：工程款240万元−（240万元+410万元−533万元）×60%＝169.8万元，累计工程款579.8万元

3）工程结算总造价：800 万元+800 万元×0.6×10%＝848 万元

业主应付工程结算款：848万元–579.8万元–（848万元×3%）–160万元＝82.76万元

（三）合同价款调整与支付

工程建设过程中，发、承包双方在履行合同的过程中，随着国家相关政策的变化及工程造价管理部门发布的工程造价调整文件的要求，工程进展中发生的意外等，均导致工程价款务必要进行调整。

1. 工程价款调整的因素

下列事项（但不限于）发生，发、承包双方应当按照合同约定进行合同价款的调整：

1）法律法规变化。

2）工程变更。

3）项目特征不符。

4）工程量清单缺项。

5）工程量偏差。

6）计日工。

7）物价变化。

8）暂估价。

9）不可抗力。

10）前竣工（赶工补偿）。

11）误期赔偿费。

12）索赔。

13）现场签证。

14）暂列金额。

15）发承包双方约定的其他调整事项。

2. 工程价款调整的方法

（1）关于工程量发生变化的调整　工程变更、工程量清单缺项、工程量偏差均会影响工程量变化。招标人提供的分部分项工程量清单中的工程量，不能直接作为工程结算的计算依据，应当根据施工现场实际计量的工程数量计算工程价款。因此，实行工程量清单计价的招标工程在计算工程价款时，应该按照施工合同的约定调整工程量数量，进行工程价款调整；施工合同未约定或约定不明确的，无论签订的施工合同是总价合同、单价合同或其他形式合同，都应根据工程量清单所列的分部分项项目按实际发生调整工程量数量进行工程价款调整。

1）工程量清单项目的工程量偏差超过 15%时，可进行调整。当工程量清单项目的工程量增加 15%以上时，其增加部分工程量的综合单价应予降低；当工程量减少 15%以上时，减少后剩余部分工程量综合单价应予提高，经发包人确认后调整。

2）当施工中施工图样（含设计变更）与工程量清单项目特征描述不一致时，发、承包双方应按实际施工的项目特征重新确定综合单价。

3）因分部分项工程量清单漏项或非承包人原因的工程变更，造成增加新的工程量清单项目，其对应的综合单价按下列方法确定：

① 已标价工程量中已有适用于变更工程项目的，按合同中已有的项目单价确定。

② 清单中有类似的，参照类似的综合单价确定。

③ 合同中没有适用或类似的综合单价，由承包人提出综合单价，经发包人确认后执行。

4）因分部分项工程量清单漏项或非承包人原因的工程变更，引起措施项目发生变化，工程量增加的措施项目费调增工程量，减少的措施项目费调减，经发包人确认后调整合同价款。

（2）关于市场价格方面发生变化的调整 工程建设过程中，若市场价格发生变化超过一定幅度时，工程价款应该调整。调整方法应按合同约定，如合同没有约定或约定不明确的，可按以下规定执行：

1）人工单价发生变化时，发、承包双方应按省级或行业建设主管部门或其授权的工程造价管理机构发布的人工成本文件调整工程价款。

2）材料价格变化超过省级和行业建设主管部门或其授权的工程造价管理机构规定的幅度时应当调整，承包人应在采购材料前将采购数量和新的材料单价报发包人核对，确认用于本合同工程时，发包人应确认采购材料的数量和单价。发包人在收到承包人报送的确认资料后 3 个工作日不予答复的视为已经认可，作为调整工程价款的依据。如果承包人未报送发包人核对即自行采购材料，再报发包人确认调整工程价款的，如发包人不同意，则不作调整。

（3）关于不可抗力事件导致的工程价款的调整

1）工程本身的损害，因工程损害导致第三方人员伤亡和财产损失以及运至施工场地用于施工的材料和待安装的设备的损害，由发包人承担。

2）发包人、承包人人员伤亡由其所在单位负责，并承担相应费用。

3）承包人的施工机械设备损坏及停工损失，由承包人承担。

4）停工期间，承包人应发包人要求留在施工场地的必要的管理人员及保卫人员的费用，由发包人承担。

5）工程所需清理、修复费用，由发包人承担。

6）不可抗力解除后复工的，若不能按期竣工，应合理延长工期，发包人要求赶工的，赶工费用应由发包人承担。

3. 合同价款调整时间和程序

当合同价款调整因素确定后，发、承包双方应按合同约定的时间和程序提出并确认调整的工程价款。如果合同中未作相应约定，可按如下规定办理：

1）调整因素确定后 14 天内，由受益方向对方递交调整工程价款报告，受益方在 14 天内未递交调整工程报告的视为不调整工程价款。

2）收到调整工程价款报告的一方，应在收到之日起 14 天内予以确认或提出协商意见，如在 14 天内未作确认也未提出协商意见时，视为调整工程价款报告已被确认。

3）经发、承包双方确定调整的合同价款，作为追加（减）合同价款与工程进度款同期支付。

4. 索赔

索赔是指工程过程中，发、承包双方在履行合同时，合同当事人一方因非自身原因而遭受损失时，按合同约定或法律规定应由对方承担责任，从而向对方提出补偿要求的行为。

建设工程施工中的索赔是发、承包双方行使正当权利的行为，承包人可向发包人索赔，发包人也可向承包人索赔，但更多是承包人向发包人索赔。

（1）承包人向发包人索赔

1）承包人向发包人的索赔应在索赔事件发生后，持证明索赔事件发生的有效证据，依

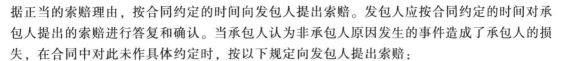

据正当的索赔理由，按合同约定的时间向发包人提出索赔。发包人应按合同约定的时间对承包人提出的索赔进行答复和确认。当承包人认为非承包人原因发生的事件造成了承包人的损失，在合同中对此未作具体约定时，按以下规定向发包人提出索赔：

① 承包人应在确认引起索赔的事件发生后 28 天内向发包人发出索赔通知，事件的事由说明发生索赔，否则承包人无权获得追加付款，竣工时间不得延长。

② 承包人应在现场或发包人认可的其他地点，保持证明材料索赔可能需要的记录。发包人收到承包人的索赔通知后，未承认发包人责任前，可检查记录保持情况，并可指示承包人保持进一步的同期记录。

③ 如果引起索赔的事件具有连续影响，承包人应继续递交延续索赔通知，说明连续影响索赔的的实际情况和记录。

④ 承包人应在索赔事件产生的影响结束后 28 天内，递交一份最终索赔报告。

2）承包人索赔处理程序和要求。

① 承包人在合同约定的时间内向发包人递交费用索赔意向通知书。

② 发包人在收到承包人的索赔通知后，指定专人收集与索赔有关的资料，应及时索赔承包人的记录和证明材料。

③ 承包人在合同约定的时间内向发包人递交费用索赔申请表。

④ 发包人指定专人初步审查费用索赔申请表，符合索赔和合同约定。

⑤ 发包人指定专人进行费用索赔核对，经造价工程师复核索赔金额后，与承包人协商确定并由发包人批准。

3）索赔事件发生后，在造成费用损失时，往往会造成工期的变动。当索赔事件造成的费用损失与工期相关联时，承包人应根据发生的索赔事件，在向发包人提出费用索赔要求的同时，提出工期延长的要求。

发包人在批准承包人索赔报告时，应将索赔事件造成的费用损失和工期延长联系起来，综合作出批准费用索赔和工期延长的决定。

（2）发包人向承包人索赔

若发包人认为由于承包人的原因造成额外损失，发包人应在确认引起索赔的事件后，按合同约定向承包人发出索赔通知，并提出索赔的时间、程序和要求。当合同中对此未作具体约定时，按以下规定办理：

1）发包人应在确认引起索赔的事件发生后 28 天内向承包人发出索赔通知，否则承包人免除该索赔的全部责任。

2）承包人在收到发包人索赔报告后的 28 天内，应作出回应，表示同意或不同意并附具体意见，如在收到索赔报告后的 28 天内，未向发包人作出答复，视为该项索赔报告已经认可。

5. 现场签证

现场签证是指发包人现场代表或其授权的监理人、工程造价咨询人与承包人现场代表就施工过程中涉及的责任事件所作的签认证明。

承包人应发包人要求完成合同以外的零星工作或非承包人责任事件发生时，承包人应按合同约定及时向发包人提出现场签证。当合同对此未作具体约定时，承包人应在发包人提出要求后 7 天内向发包人提出签证，发包人签证后施工。若没有相应的计日工单价，签证中还应包括用工数量和单价、机械台班数量和单价、使用材料数量和单价等。若发包人未签证同意，承包人施工后发生争议的，责任由承包人自负。

发包人应在收到承包人的签证报告 48 小时内给予确认或提出修改意见，否则视为该签证报告已经认可，并且经发、承包双方确认的索赔与现场签证费用应与工程进度款同期支付。

（四）结算与支付

1. 竣工结算的编制依据

1）"计价规范"。

2）工程合同。

3）工程竣工图样及相关资料。

4）发承包双方已确认的工程量及其结算的合同价款。

5）发承包双方确认追加（减）的合同价款。

6）投标文件。

7）其他依据。

2. 竣工结算的编制

1）分部分项工程和措施项目费中的单价项目应依据发承包双方确认的工程量与已标价工程清单的综合单价计算。如发生调整的，以发承包双方确认调整的综合单价计算。

2）措施项目中的总价项目应依据已标价工程量清单项目和金额计算。发生调整的，应以发承包双方确认调整的金额计算。措施项目费中的安全文明施工费按照国家或省级、行业建设主管部门的规定计算。

3）其他项目费。

① 计日工的费用应按发包人实际签证确认的数量和合同约定的相应单价计算。

② 当暂估价中的材料是招标采购的，其单价按中标价在综合单价中调整，当暂估价中的材料为非招标采购的，其单价按发、承包双方最终确认的单价在综合单价中调整。当暂估价中的专业工程是招标采购的，其金额按中标价计算。当暂估价中的专业工程为非招标采购的，其金额按发、承包双方与分包人最终确认的金额计算。

③ 总承包服务费应依据合同约定的金额计算，发、承包双方依据合同约定对总承包服务费进行了调整，应按调整后的金额计算。

④ 索赔事件产生的费用应在其他项目费中反映。索赔费用的金额应依据发、承包双方确认的索赔项目和金额计算。

⑤ 现场签证费用金额依据发、承包双方签证确认的金额计算。

⑥ 合同价款中的暂列金额在用于各项价款调整、索赔与现场签证后，若有余额，则余额归发包人，若出现差额，则由发包人补足并反映在相应的工程价款中。

4）规费和税金应按照国家或省级、行业建设主管部门对规费和税金的计取标准计算。

3. 竣工结算的确认与支付

（1）竣工结算的确认

1）当合同工程完工后，承包人应在提交竣工验收申请前编制完成竣工结算文件，并在提交竣工验收申请的同时向发包人提交竣工结算文件。承包人未在规定的时间内提交竣工结算文件，经发包人催告后 14 天内仍未提交或没有明确答复，发包人有权根据已有资料编制竣工结算文件，作为办理竣工结算和支付结算款的依据，承包人应予以认可。

2）发包人应在收到承包人提交的竣工结算文件后的 28 天内核对。发包人经核实，认

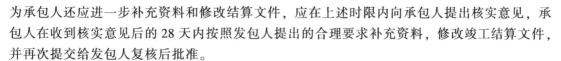

为承包人还应进一步补充资料和修改结算文件，应在上述时限内向承包人提出核实意见，承包人在收到核实意见后的 28 天内按照发包人提出的合理要求补充资料，修改竣工结算文件，并再次提交给发包人复核后批准。

3）发包人应在收到承包人再次提交的竣工结算文件后的 28 天内予以复核，并将复核结果通知承包人。如果发包人、承包人对复核结果无异议的，应在 7 天内在竣工结算文件上签字确认，竣工结算办理完毕；如果发包人或承包人对复核结果认为有误的，无异议部分 7 天内办理不完全竣工结算；有异议部分由发承包双方协商解决，协商不成的，按照合同约定的争议解决方式处理。

4）发包人在收到承包人竣工结算文件后的 28 天内，不审核竣工结算或未提出审核意见的，视为承包人提交的竣工结算文件已被发包人认可，竣工结算办理完毕。承包人在收到发包人提出的核实意见后的 28 天内，不确认也未提出异议的，视为发包人提出的核实意见已被承包人认可，竣工结算办理完毕。

（2）竣工结算的支付　承包人应根据办理的竣工结算文件，向发包人提交竣工结算款支付申请。具体内容包括竣工结算合同价款总额、累计已实际支付的合同价款、应预留的质量保证金和实际应支付的竣工结算款金额。发包人应在收到承包人提交竣工结算款支付申请后 7 天内予以核实，向承包人签发竣工结算支付证书。发包人签发竣工结算支付证书后的 14 天内，按照竣工结算支付证书列明的金额向承包人支付结算款。同时发包人应按照合同约定的质量保证金比例从结算款预留质量保证金。在合同约定的缺陷责任期终止后，承包人应按照合同约定向发包人提交最终结清支付申请。发包人应在收到最终结清支付申请后的 14 天内予以核实，并应向承包人签发最终结清证书，在签发最终结清支付证书后的 14 天内，按照最终结清支付证书列明的金额向承包人支付最终结清款，此时标志发承包双方工程合同价款办理终结。

五、合同价款争议解决

工程建设过程中，发、承包双方有可能在工程计价方面存在争议，对出现的争议问题可以采取如下处理原则：

1）在工程计价中，对工程造价计价依据、办法以及相关政策规定发生争议事项的，由工程造价管理机构负责解释。

2）发包人对工程质量有异议时，工程价款结算的处理原则为：

① 已竣工验收或已竣工未验收但实际投入使用的工程，其质量争议按该工程保修合同执行，竣工价款结算按合同约定办理。

② 已竣工未验收且未实际投入使用的工程以及停工、停建工程的质量争议，双方应就有争议的部分委托有资质的检测鉴定机构进行检测，根据检测结果确定解决方案，或按工程质量监督机构的处理决定执行后办理竣工价款结算。

3）发生工程造价合同纠纷时的解决方法：

① 双方协商。

② 提请调整，工程造价管理机构负责调解工程造价问题。

③ 按合同约定向仲裁机构申请仲裁或向人民法院起诉。

对在合同纠纷案件处理中，需作工程造价鉴定的，应委托具有相应资质的工程造价咨询人进行。工程造价咨询人对工程造价鉴定提出意见书，工程造价鉴定意见书见表 2-93、表 2-94。

表2-93　工程造价鉴定意见书封面

_____工程

编号：×××［2×××］××号

工程造价鉴定意见书

造价咨询人：_____

（单位盖章）

年　　月　　日

表 2-94　工程造价鉴定意见书扉页

_____工程

工程造价鉴定意见书

鉴定结论：

造价咨询人：_____
（盖单位章及资质专用章）

法定代表人：_____
（签字或盖章）

造价工程师：_____
（签字盖专用章）

年　　　月　　　日

六、工程计价资料管理

工程计价资料是工程计价和结算的依据，必须严格管理。"计价规范"对工程计价资料管理规定如下：

1) 发承包双方应当在合同中约定各自在合同工程中现场管理人员的职责范围，双方现场管理人员在职责范围内的签字确认的书面文件，是工程计价的有效凭证，但如有其他有效证据，或经实证证明其是虚假的除外。

2) 任何书面文件送达时，应由对方签收，通过邮寄应采用挂号传送，或发承包双方商定的电子传输方式发送。交付、传送或传输至指定的接收人的地址。

3) 发承包双方分别向对方发出的任何书面文件，均应将其抄送现场管理人员，如系复印件应加盖合同工程管理机构印章，证明与原件同样。双方现场管理人员向对方所发任何书面文件，亦应将其复印件发送给发承包双方，复印件也应加盖其合同工程管理机构印章，证明与原件同样。

4) 发承包双方均应当及时签收另一方送达其指定接收地点的来往信函，拒不签收的，送达信函的一方可以采用特快专递或者公证方式送达，所造成的费用增加（包括被迫采用特殊送达方式所发生的费用）和（或）延误的工期由拒绝签收一方承担。

5) 书面文件和通知不得扣压，一方能够提供证据证明另一方拒绝签收或已送达的，应视为对方已签收并承担相应责任。

6) 发承包双方以及工程造价咨询人对具有保存价值的各种载体的计价文件，均应收集齐全，整理立卷后归档。归档的工程计价成果文件应包括纸质原件和电子文件，可以分阶段进行，也可以在项目结算完成后进行。归档文件必须经过分类整理，并应组成符合要求的案卷，向接受单位移交档案时，应编制移交清单，双方签字、盖章后方可交接。工程造价咨询人归档的计价文件，保存期不宜少于五年。

核心知识点思考与练习

1. 什么是综合单价？综合单价如何确定？

2. 招标控制价和投标价的编制依据有哪些？

3. 招标控制价和投标价的格式由哪些内容组成？

4. 什么是措施项目费？如何计算措施项目费？

5. 工程合同价款约定的内容有哪些？

6. 什么是其他项目费？其他项目费的确定有哪些规定？

7. 规费和税金项目费用的确定依据有哪些？

8. 工程价款结算分为哪几种方式？

9. 工程价款结算编制内容有哪些？

10. 工程价款结算作用有哪些？

11. 索赔和现场签证各自的含义是什么？

12. 竣工结算的编制依据有哪些？

13. 某工程采用大理石地面，清单工程量为 155.00m^2，具体做法为面层采用 600mm×600mm 大理石用水泥砂浆粘贴，C10 素混凝土垫层 100mm 厚。试根据以下条件（表 2-95）计算此项目的综合单价和合价。（已知：企业管理费费率为人工费和机械费之和的 24%，利

润率为人工费和机械费之和的 15%，不计风险)

表　2-95　　　　　　　　　　　　　　　　　　　　　　　　　(单位：元)

定 额 编 号	项 目 名 称	定 额 基 价	其　中		
			人工费	材料费	机械费
1-58	大理石楼地面周长 3200mm 以内单色	152.97	9.96	142.69	0.32
1-18 换	混凝土垫层	171.31	49.00	104.10	18.21

14. 某施工单位进行Φ22 螺纹钢筋制作、绑扎清单项目 150t，综合单价计算时，基本数据考虑如下：每绑扎 1t 成品钢筋需要用钢筋 1.05t，每吨钢筋材料费 3000 元，每制作绑扎成品钢筋人工费 200 元，机械费 80 元，其他材料费 100 元，企业管理费和利润分别按人工费和机械费之和的 24% 和 15%，规费 6.86%，增值税税率 9%。已知措施项目清单费 1000元，其他项目清单费 400 元。试计算该工程Φ22 螺纹钢筋制作、绑扎项目的工程造价。

课题3

工程量清单编制和投标报价编制综合能力训练

知识目标：某办公楼工程施工图识读；工程量清单编制相关知识；投标报价编制依据和编制方法。

能力目标：会编制某办公楼工程工程量清单；会编制某办公楼工程投标报价，并能熟练应用广联达造价软件。

【课程思政】

综合能力训练是本课程教学的最后环节，也是学生今后进入建筑行业从事工程造价相关工作的预热环节。一个从业人员必须具备的基本职业素质是什么？那就是爱岗敬业。一个企业好比一台大机器，其中的任何一个环节哪怕是一个小小的螺钉出现问题，都会影响整台机器的运转。由此可见，对于一个企业来说，如果一个从业人员不能尽职尽责，忠于职守，也会影响整个企业或公司的发展进程。因此，爱岗就是要热爱自己的本职工作，敬业就是用一种严肃的态度对待自己的工作，勤勤恳恳、兢兢业业、忠于职守、尽职尽责。古往今来，成功者无不是爱岗敬业之人，中国古代思想家很早就提倡敬业精神，孔子称为"执事敬"，朱熹解释敬业为"专心致志，已事其业"，这与现代企业的要求是一脉相承的。歌德曾经说过："你要欣赏自己的价值，就得给世界增加价值"。美国肯尼迪总统在就职演说中曾经说过："不要问国家为我们做了什么，而要问我们为自己的国家做了什么"。当我们将爱岗敬业当做人生追求的一种境界时，就会在工作中少一些计较，多一些奉献，少一些抱怨，多一些责任，不断提升自己的政治素质和综合能力把工作做到尽善尽美。总而言之，爱岗敬业是一种态度，更是一种境界，是我们每一个同学必须追求的境界。

能力训练1　工程量清单编制案例

一、××办公楼建筑与装饰工程招标文件（部分内容）

1. 招标范围

本工程施工的招标范围为：××办公楼工程的全部建筑与装饰工程。工程所需的所有材料均由投标人采购。

2. 工程概况

××办公楼为二层，建筑面积为 1271.60m²，结构形式为框架结构，人工挖孔灌注桩基础，施工工期为 3 个月。施工现场临近公路，交通运输方便，拟建建筑物东 20m 为原有建筑物，西 80m 为城市交通道路，南 70m 处有围墙，北 10m 处有车库。

3. 要求

1）参与投标的施工企业的资质及其他要求：三级以上（含三级）建筑施工企业。

2）工程质量应符合《建筑工程施工质量验收统一标准》的要求。

4. 投标报价

1）投标人根据招标人提供的工程量清单编制投标报价，其合同价采用固定单价合同。

2）投标报价应按照《建设工程工程量清单计价规范》《建设工程工程量清单计价规范××省实施细则》中工程量清单计价的有关规定进行编制。

3）工程量清单采用综合单价计价。综合单价应包括完成工程量清单中一个规定计量单位项目所需的人工费、材料费、机械使用费、企业管理费和利润，并考虑风险因素。

4）投标报价应包括按招标文件规定完成工程量清单所列项目的全部费用，包括分部分项工程费、措施项目费、其他项目费、规费和税金。

5）规费根据××市有关规定，按税金以外的工程造价的 6.86% 计取，增值税率按 9%。

6）考虑施工中可能发生的设计变更或清单有误，预留金额 5 万元。投标人须将招标人预留金计入投标总价，否则视为不响应招标文件要求，作废标处理。

二、××办公楼建筑与装饰工程施工图（图 3-1～图 3-16）

工程做法表

序号	施工做法名称	工 程 做 法	施工部位
1	外墙柱面一般抹灰	1.1：2 水泥砂浆罩面 6mm 厚 2.1：3 水泥砂浆打底 12mm 厚，刷素水泥浆一道 3. 混凝土基体	外墙柱面
2	外墙勒脚蘑菇石	1.25mm 厚蘑菇石（花岗岩）板，白水泥擦缝 2.30mm 厚 1：2.5 水泥砂浆粘贴	外墙勒脚
3	外墙灰色釉面砖	1. 贴青灰色面砖（白水泥勾缝） 2.1：2 水泥砂浆 6mm 厚 3.1：3 水泥砂浆找平层 16mm 厚	勒脚以上外墙
4	内墙抹混合砂浆	1.1：1：4 混合砂浆 6mm 厚 2.1：3：9 混合砂浆 12mm 厚 3. 砖墙面	内墙面
5	内墙面砖	1. 内墙面砖 200mm×300mm 2.1：2 水泥砂浆 6mm 厚 3.1：3 水泥砂浆找平层 16mm 厚	卫生间、 盥洗室墙面
6	水泥砂浆顶棚	1.5mm 厚 1：2.5 水泥水泥砂浆抹面 2.5mm 厚 1：3 水泥砂浆打底 3. 刷素水泥浆结合层一道（内掺建筑胶）	卫生间、 盥洗室顶棚

（续）

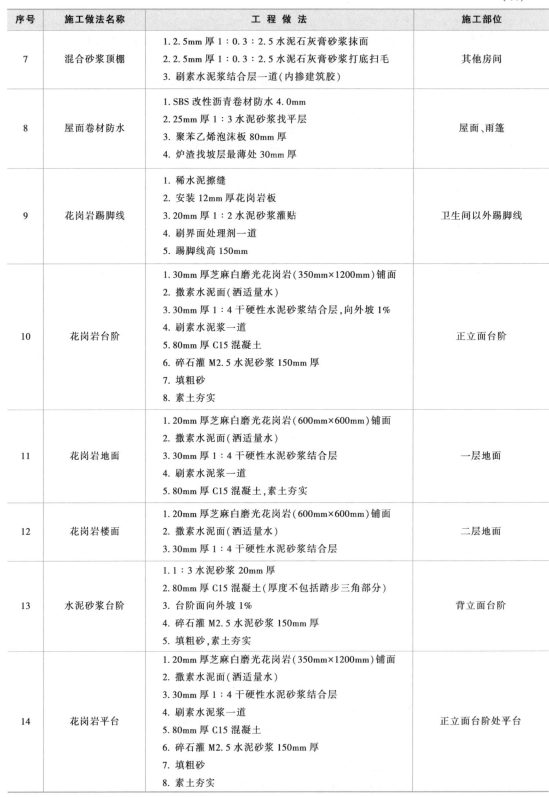

序号	施工做法名称	工 程 做 法	施工部位
7	混合砂浆顶棚	1. 2.5mm 厚 1：0.3：2.5 水泥石灰膏砂浆抹面 2. 2.5mm 厚 1：0.3：2.5 水泥石灰膏砂浆打底扫毛 3. 刷素水泥浆结合层一道（内掺建筑胶）	其他房间
8	屋面卷材防水	1. SBS 改性沥青卷材防水 4.0mm 2. 25mm 厚 1：3 水泥砂浆找平层 3. 聚苯乙烯泡沫板 80mm 厚 4. 炉渣找坡层最薄处 30mm 厚	屋面、雨篷
9	花岗岩踢脚线	1. 稀水泥擦缝 2. 安装 12mm 厚花岗岩板 3. 20mm 厚 1：2 水泥砂浆灌贴 4. 刷界面处理剂一道 5. 踢脚线高 150mm	卫生间以外踢脚线
10	花岗岩台阶	1. 30mm 厚芝麻白磨光花岗岩（350mm×1200mm）铺面 2. 撒素水泥面（洒适量水） 3. 30mm 厚 1：4 干硬性水泥砂浆结合层，向外坡 1% 4. 刷素水泥浆一道 5. 80mm 厚 C15 混凝土 6. 碎石灌 M2.5 水泥砂浆 150mm 厚 7. 填粗砂 8. 素土夯实	正立面台阶
11	花岗岩地面	1. 20mm 厚芝麻白磨光花岗岩（600mm×600mm）铺面 2. 撒素水泥面（洒适量水） 3. 30mm 厚 1：4 干硬性水泥砂浆结合层 4. 刷素水泥浆一道 5. 80mm 厚 C15 混凝土，素土夯实	一层地面
12	花岗岩楼面	1. 20mm 厚芝麻白磨光花岗岩（600mm×600mm）铺面 2. 撒素水泥面（洒适量水） 3. 30mm 厚 1：4 干硬性水泥砂浆结合层	二层地面
13	水泥砂浆台阶	1. 1：3 水泥砂浆 20mm 厚 2. 80mm 厚 C15 混凝土（厚度不包括踏步三角部分） 3. 台阶面向外坡 1% 4. 碎石灌 M2.5 水泥砂浆 150mm 厚 5. 填粗砂，素土夯实	背立面台阶
14	花岗岩平台	1. 20mm 厚芝麻白磨光花岗岩（350mm×1200mm）铺面 2. 撒素水泥面（洒适量水） 3. 30mm 厚 1：4 干硬性水泥砂浆结合层 4. 刷素水泥浆一道 5. 80mm 厚 C15 混凝土 6. 碎石灌 M2.5 水泥砂浆 150mm 厚 7. 填粗砂 8. 素土夯实	正立面台阶处平台

图纸目录

序号	图别	图号	图名	备注
1	首页	2-1	工程做法图表	
2	首页	2-2	图纸目录 门窗统计表 建筑设计说明	
3	建施	1	一层平面图	
4	建施	2	二层平面图	
5	建施	3	1—1、2—2剖面图	
6	建施	4	正、背、右侧立面图	
7	建施	5	结构设计总说明	
8	结施	1	结构设计总说明	
9	结施	2	基础平面图	
10	结施	3	基础详图	
11	结施	4	一层柱配筋图	
12	结施	5	二层柱配筋图	
13	结施	6	一层梁配筋图	
14	结施	7	二层梁配筋图	
15	结施	8	一层板配筋图	
16	结施	9	二层板配筋图	
17	结施	10	梁、板结构详图	
18	结施	11	楼梯结构详图	

建筑设计说明

一、设计依据
1. xx市计委有关文件。
2. xx市规划局审定的规划图。
3. xx市审图中心审定的地质报告。
4. 建设单位提供的设计任务书及具体要求。
5. 根据《建筑抗震设计规范》(GB 50011—2001),该地震烈度7度设防。
6. 根据《建筑设计防火规范》(GB 50016—2006),按二级防火设防。
7. 国家现行的建筑设计规程及规范。

二、建筑概况:本工程为办公楼。
1. 总建筑面积:1271.60m²。
2. 建筑层次:二层。

三、总图位置及标高
1. 本工程总图平面位置见规划图,建筑±0.000m相当于绝对标高23.150m。
2. 本施工图尺寸均以毫米为单位,标高则以米为单位,本工程标注标高为结构标高。

四、墙体说明
1. 主体墙体见结施总说明。
2. 60mm厚砖墙需用MU10承重粘土砖,M10水泥砂浆砌筑。

五、室内外装修及屋面工程做法详见工程做法表。

门窗统计表

序号	设计编号	规格／($\frac{宽度×高度}{mm×mm}$)	樘数	图集编号	门窗材料	备注
1	M-C	2700×2400	1	选标车库门		
2	M-1	6500×3500	2	建施5	钛金门	
3	M-2	1500×2000	1	用户自购	铝合金地弹门	
4	M-3	1300×2000	2	用户自购	铝合金地弹门	
5	M-4	1000×2700	12	用户自购	实木装饰门	
6	M-5	900×2700	5	用户自购	实木装饰门	
7	M-6	600×1750	12	用户自购	夹板装饰门	
8	M-7	1500×2000	2	用户自购	实木装饰门	
9	C-1	6000×2900	2	建施5	钛金窗	
10	C-2	1800×2000	22	92SJ704(一)	塑钢窗	
11	C-3	1500×2000	2	92SJ704(一)	塑钢窗	
12	C-4	3000×2000	8	92SJ704(一)	塑钢窗	
13	C-5	1500×1000	3	92SJ704(一)	塑钢窗	

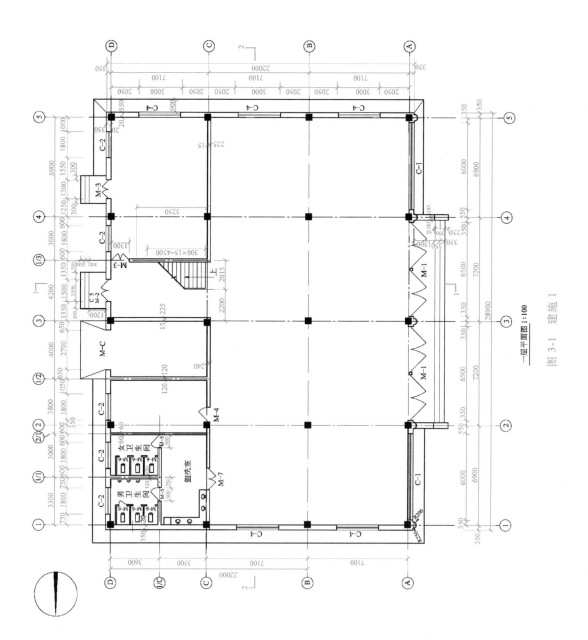

一层平面图 1:100

图 3-1 建施 1

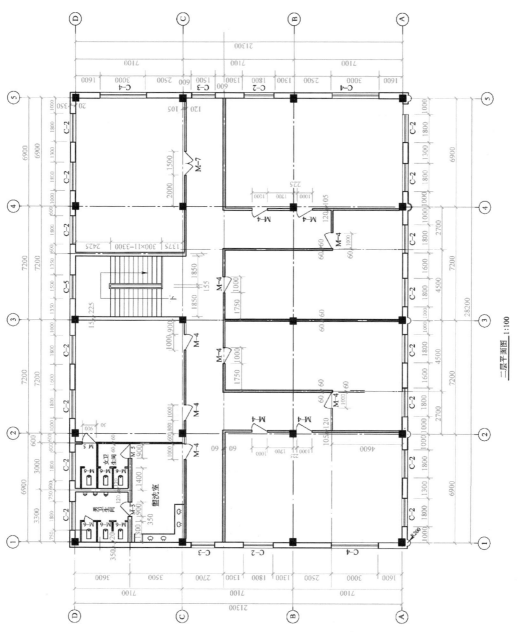

二层平面图 1:100

图 3-2　建施 2

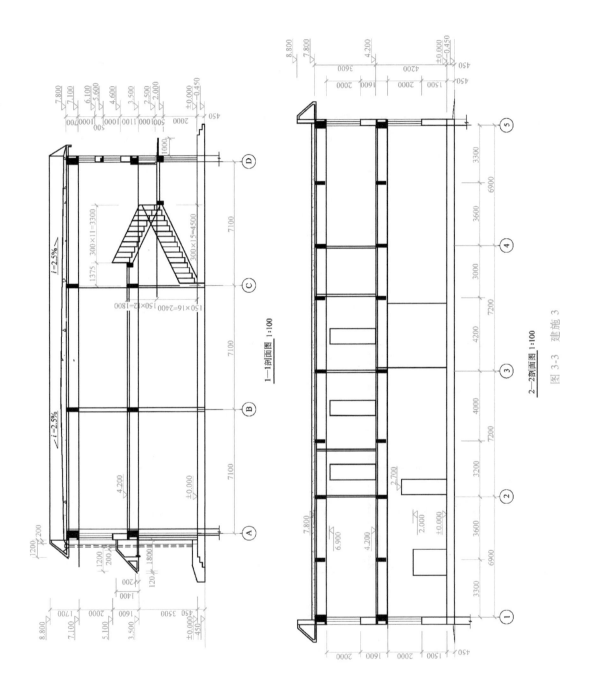

1—1剖面图 1:100

2—2剖面图 1:100

图 3-3 建施 3

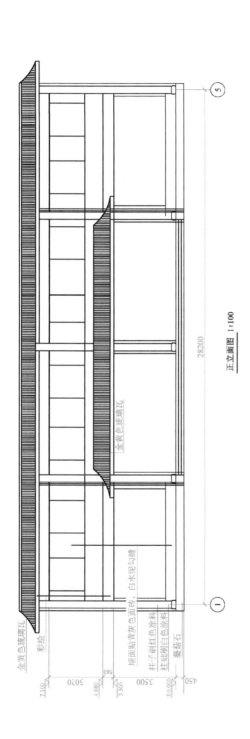

正立面图 1:100

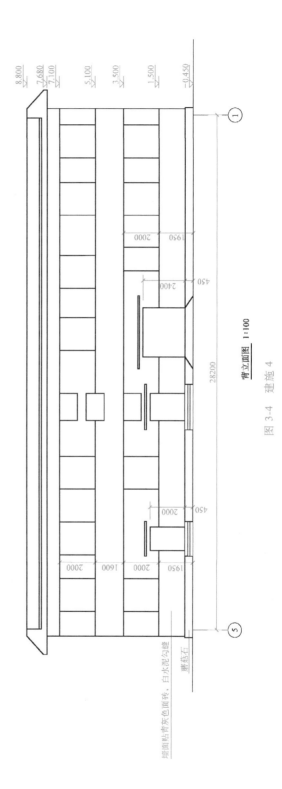

背立面图 1:100

图 3-4 建施 4

建筑工程计量与计价 第4版

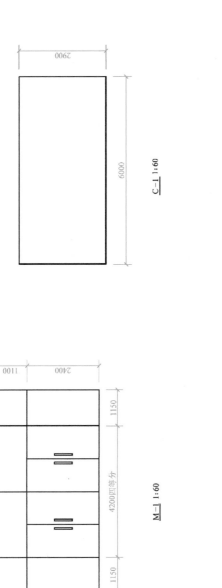

C—1 1:60

M—1 1:60

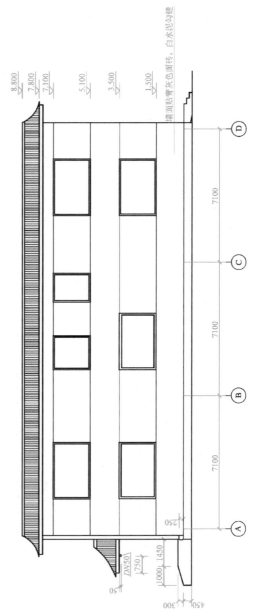

右侧立面图 1:100

图 3-5 建施 5

墙面贴青灰色面砖，白水泥勾缝

240

结构设计总说明

一、设计依据
1. 批准设计任务书：详见建筑总说明。
2. 工程地质勘测报告：本市建筑设计院0122号岩土工程勘测报告书。

二、自然条件
1. 基本风压：0.5kN/m²。
2. 基本雪压：0.5kN/m²。
3. 土壤标准冻结深度：自然地面下1.100mm。

三、工程简况
4. 本工程抗震设防烈度为7度，有关抗震措施均见《钢筋混凝土抗震构造》。
5. 本工程地质条件详见地质勘测报告。
本工程结构体系：框架结构，抗震等级为三级。
±0.000相当于绝对标高29.150m。

四、使用材料
1. 混凝土（未注明）。
垫层：C15
梁、板、楼梯：C30　过梁、构造柱：C20　柱：C30
柱：C30
梁：30mm　板：25mm　卫生间现浇板：20mm　其他现浇板：15mm
纵向受力钢筋的混凝土保护层厚度。

五、砖砌体
±0.000以下为实心砖砌体，用MU10红砖，M5水泥砂浆砌筑。
±0.000以上：370mm外墙，240mm内墙为实心砖砌体，用M5混合砂浆砌筑空心砖砌体。
干10kN/m² 120mm内墙为粉煤灰砖，用M5混合砂浆砌筑。
240mm内墙方实心砖填充墙，用M5混合砂浆砌筑。

六、设计与施工要求

1. 未注明现浇板厚度为120mm，现浇板构造负筋每处设1Φ6通长筋，板中未注明分布钢筋为Φ6@250。
2. 现浇板内下部受力钢筋伸入支座的锚固长度在边支座不小于200mm（除图中注明外），在中间支座伸至支座中心线，凹边支座钢筋设置：板底钢筋短跨方向在上，支座钢筋短跨方向在左，现浇板支座负筋的弯折长度为-150mm。
3. 现浇板预留洞口与水暖图配合预留，洞口大于300四周每边设2Φ12加强筋。
4. 在120墙下现浇板内设2Φ12加强筋。
5. 填充墙上的门窗过梁根据门窗宽度和填充墙厚度按表选用。
6. 预制构件相遇处预制构件与现浇构件相遇时，将预制构件改成现浇，截面及配筋不变。
7. 后砌墙的长度大于墙长的1/5，且不小于700mm，墙大于5m时，墙顶与上部梁、板拉结见2002G802第23页来取措施。墙长超过2倍时，墙中设置通长钢筋混凝土腰梁240mm×240mm，4Φ14，Φ6@200。墙高超过4m时，墙体半高处设与柱连接钢筋混凝土柱系梁全长水平系梁详见2002G802第24页。
填充墙在柱内均沿墙高设2Φ6@500拉结筋，拉结筋伸入墙内的锚固长度大于250mm，构造柱240mm×240mm，板拉见2002G802第24页。

门窗过梁统计表

编号	洞口尺寸 (长×宽) (mm×mm)	过梁编号	数量	混凝土体积/m³	Φ4	Φ10以内
M-7	1500×2000	GL1.15-1	1	0.029	0.12	1.65
		GL1.15-2	1	0.058	0.27	2.47
M-3	1300×2000	GL1.13-2	1	0.052	0.24	1.24
M-4	1000×2700	GL1.10-1	7	0.022	1.10	0.7
		GL1.10-2	1	0.043	0.22	1.04
M-5	900×2700	GL1.9-2	4	0.040	0.20	0.98
C-5	1500×1000	GL2.15-1	1	0.068	0.75	2.47

图3-6　结施1

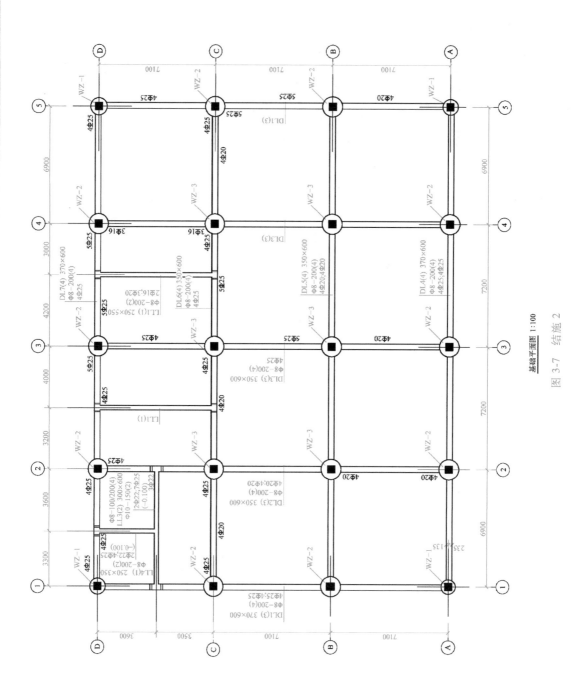

基础平面图 1:100

图 3-7 结施 2

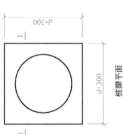

护壁详图

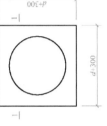

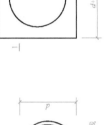

1—1

桩号	各部尺寸				纵向钢筋	单桩承载力特征值(kN)
	D	b	d	H		
WZ-1	800	0	800	0	12Φ14	1880
WZ-2	1200	150	900	450	12Φ14	2600
WZ-3	1400	200	1000	600	16Φ14	3300

基础说明：

1.本工程根据某市建筑设计研究院0122号岩土工程勘探报告，设计为钢筋混凝土挖孔灌注桩。要求桩端全断面进入卵石层大于1倍桩径，共20根。需试桩，桩关主筋伸入桩帽内大于40d（d为桩主筋直径），回填土应夯实。桩侧设护壁与否由施工单位据现场土质而定。成孔后须清除孔底沉渣，并用1:4素水泥浆灌注后方可浇注混凝土。桩基开挖时，不应逐个干挖扩底，而应逐个跳花施工，待第一批桩浇灌混凝土强度达到30%后，再挖扩相邻桩。

2.材料：桩帽：的混凝土强度等级为C30，桩身及护壁的混凝土强度等级为C20，钢筋：HPB235级(Φ)，HRB335级(Φ)。桩主筋保护层为40mm，箍筋为螺旋箍。挖孔桩定位轴线居中。

3.桩顶通筋范围内，应采用原浆捣浇混凝土，拉梁与桩帽整浇。拉梁纵向筋锚入桩帽35d（d为纵筋直径）。

4.地梁顶标高-0.800m，相当于绝对标高23.950m。拉梁与桩帽定位轴线居中，主、次梁相交处设2Φ20吊筋。

5.桩长取6.00m。

桩帽平面

A—A

螺旋线

纵向制筋

图3-8　结施3

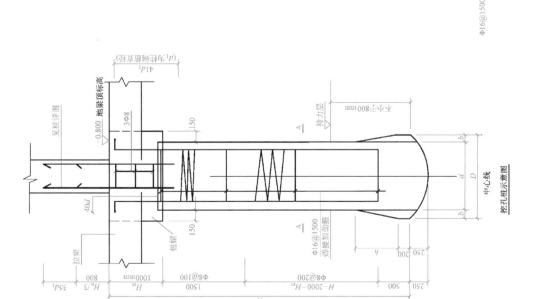

挖孔桩示意图

中心线

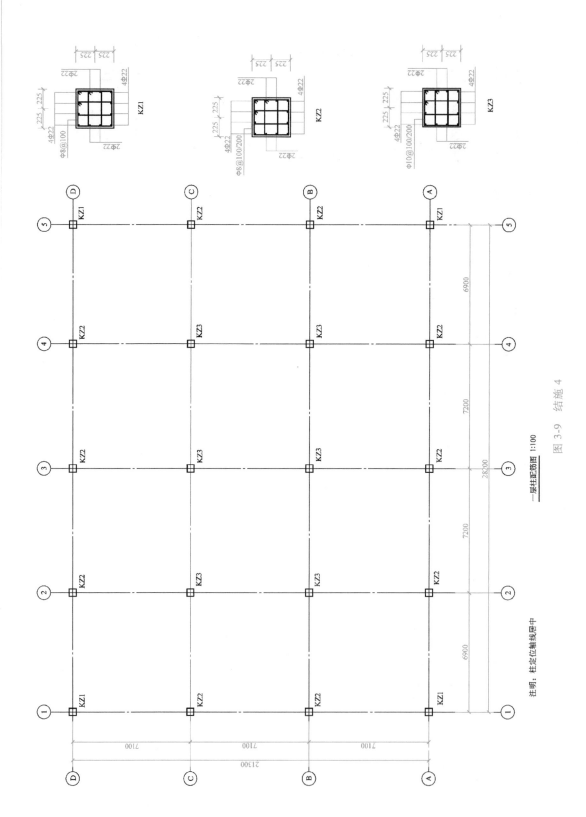

一层柱配筋图 1:100

图 3-9 结施 4

注明：柱定位轴线居中

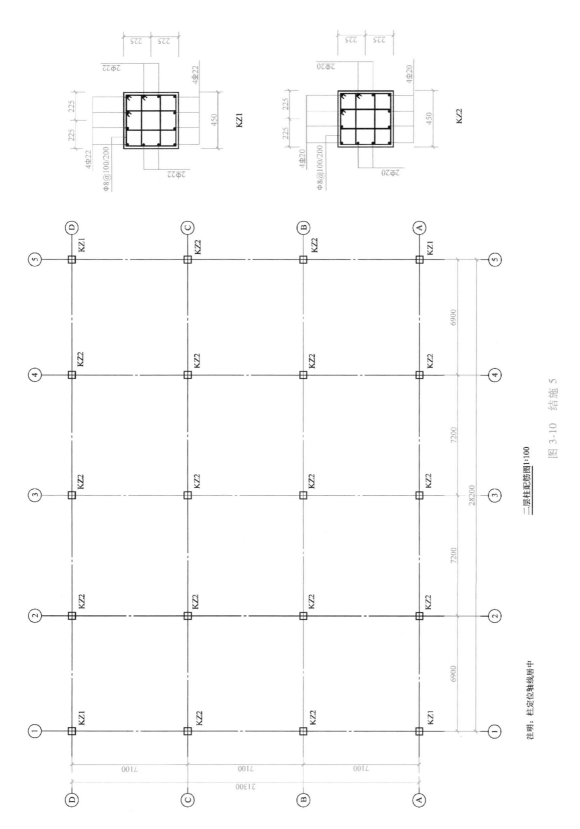

二层柱配筋图1:100

图 3-10　结施 5

注明: 柱定位轴线居中

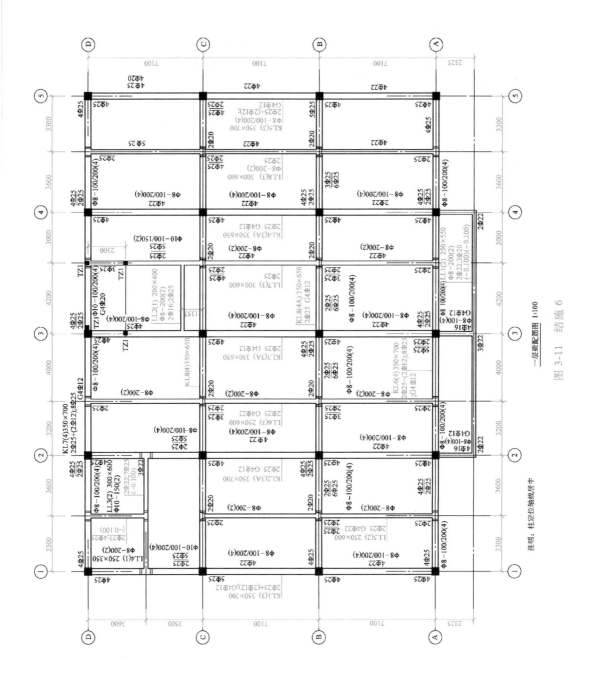

一层梁配筋图 1:100

图 3-11 结施 6

注明：柱定位轴线居中

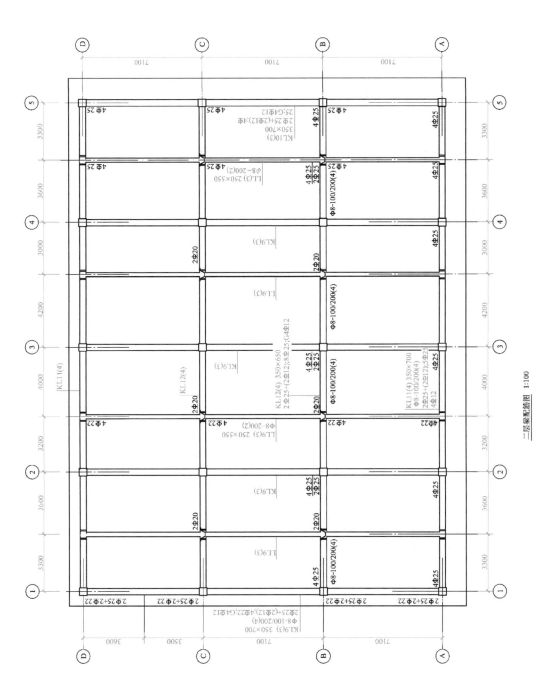

二层梁配筋图 1:100

图 3-12   结施 7

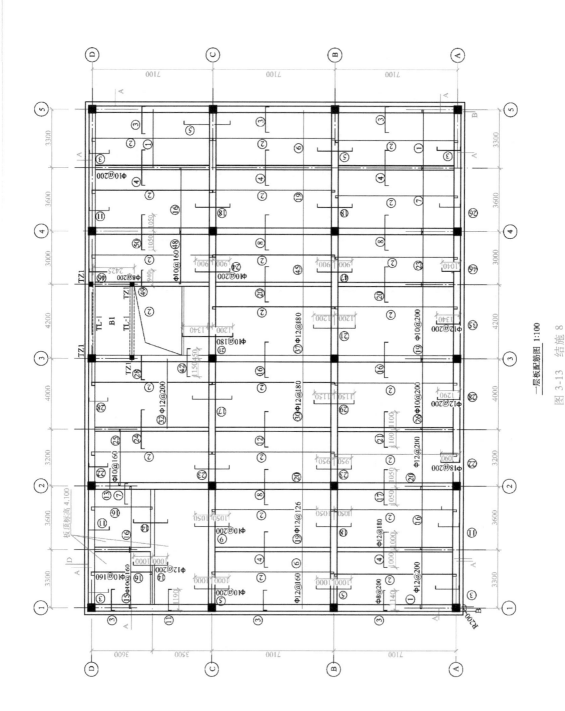

一层板配筋图 1:100

图 3-13 结施 8

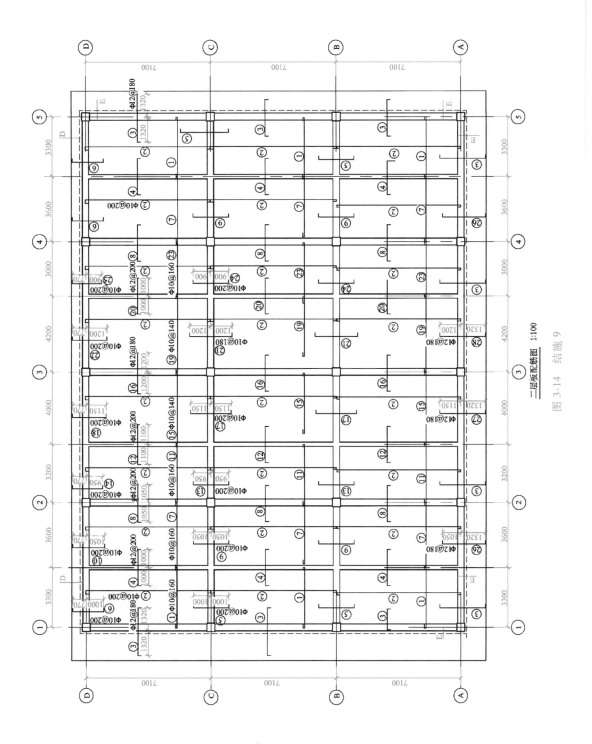

二层板配筋图 1:100

图 3-14 结施 9

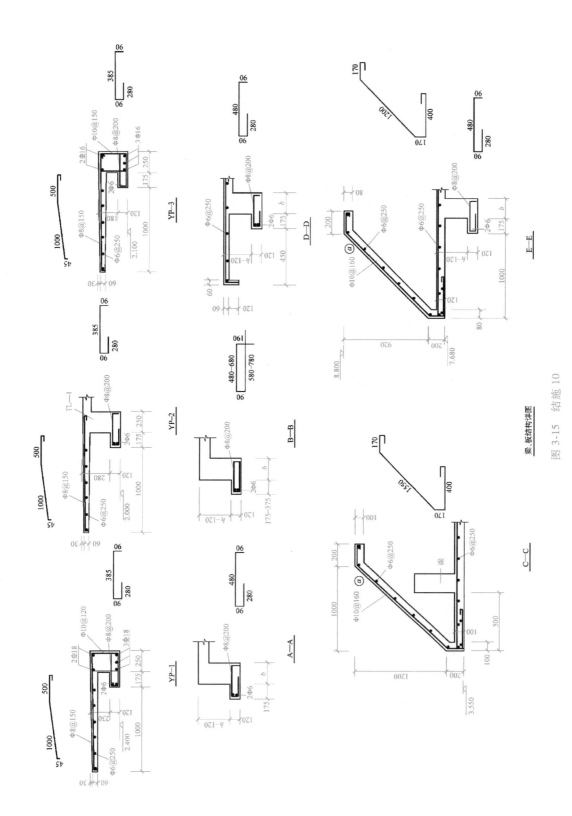

图 3-15 结施 10

梁、板结构洋图

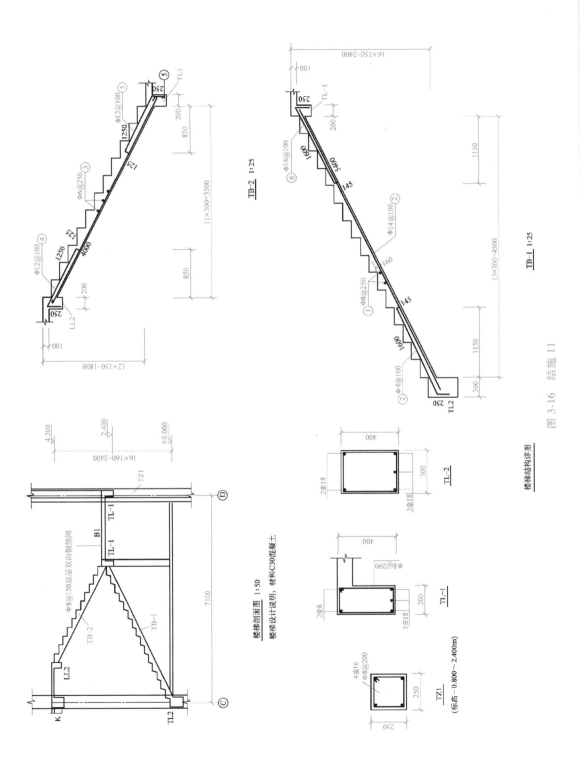

楼梯剖面图 1:50

楼梯设计说明: 材料C30混凝土

楼梯结构详图

图 3-16　结施 11

三、能力训练：××办公楼建筑与装饰工程招标工程量清单编制

××办公楼建筑及装饰装修工程

招 标 工 程 量 清 单

工程造价

招 标 人： _____(略)_____ 咨 询 人： _____(略)_____
　　　　　　　　（单位盖章）　　　　　　　　　　　　　　（单位资质专用章）

法定代表人　　　　　　　　　　　　　　法定代表人
或其授权人： _____(略)_____ 或其授权人： _____(略)_____
　　　　　　　（签字或盖章）　　　　　　　　　　　　　（签字或盖章）

编 制 人： _____(略)_____ 复 核 人： _____(略)_____
　　　　　（造价人员签字盖专用章）　　　　　　　　（造价工程师签字盖专用章）

编制时间： 年 月 日　　　　　　　复核时间： 年 月 日

总 说 明

工程名称：××办公楼建筑与装饰工程

1. 工程概况：××办公楼为二层，建筑面积为 1271.60m²，结构形式为框架结构，人工挖孔灌注桩基础，施工工期为 3 个月。施工现场临近公路，交通运输方便，拟建建筑物东 20m 为原有建筑物，西 80m 为城市交通道路，南 70m 处有围墙，北 10m 处有车库。

2. 本工程施工的招标范围为：××办公楼工程的全部建筑与装饰工程。

3. 工程量清单编制依据：《建设工程工程量清单计价规范》、招标文件、施工设计图文件、施工组织设计等。

4. 工程质量应达到合格标准。

5. 工程所需的所有材料均由投标人采购。

6. 考虑施工中可能发生的设计变更或清单有误，预留金额 5 万元。

7. 投标人在投标时，应按《建设工程工程量清单计价规范》规定的统一格式，提供"分部分项工程量清单综合单价分析表"、"措施项目费分析表"。

分部分项工程和单价措施项目清单与计价表

工程名称：××办公楼建筑与装饰工程　　　标段：××

序号	项目编码	项目名称	项目特征描述	计量单位	工程量	综合单价	合价	其中：暂估价
						金额/元		
A　土石方工程								
1	010101001001	平整场地	土壤类别：Ⅰ、Ⅱ类土；弃土运距：20m以内	m²	635.8			
2	010101004001	挖基坑土方	土壤类别：Ⅰ、Ⅱ类土；基础类型：条基；挖土深度：2m以内；弃土运距：5km	m³	148.77			
3	010103001001	土方回填	夯填	m³	70.18			
4	010103001002	室内土方回填	夯填	m³	112.32			
C　桩基工程								
5	010302005001	人工挖孔混凝土灌注桩	土壤级别：Ⅲ类土；单桩长度：6000mm；桩截面：直径800mm；混凝土强度等级：C20	根	4			
6	010302005002	人工挖孔混凝土灌注桩	土壤级别：Ⅲ类土；单桩长度：6000mm；桩截面：直径900mm；混凝土强度等级：C20	根	10			
7	010302005003	人工挖孔混凝土灌注桩	土壤级别：Ⅲ类土；单桩长度：6000mm；桩截面：直径1000mm；混凝土强度等级：C20	根	6			
D　砌筑工程								
8	010401001001	砖基础	MU10标准砖；M5.0水泥砂浆；1：2水泥砂浆防潮层厚20mm	m³	36.22			
9	010401005001	空心砖墙	空心砖孔隙率>4%；墙厚370mm；M5混合砂浆	m³	133.88			
10	010401005002	空心砖墙	空心砖孔隙率>4%；墙厚240mm；M5混合砂浆	m³	57.97			
11	010402001003	粉煤灰砌块墙	粉煤灰小型空心砌块；墙厚120mm；M5混合砂浆	m³	13.31			
12	010401012001	框架外贴砌砖	MU10标准砖；M5混合砂浆	m³	28.45			
13	010401012002	台阶挡墙	MU10标准砖；M5水泥砂浆	m³	1.32			
14	010401003001	女儿墙实心砖墙	MU10标准砖；墙厚240mm；M5混合砂浆	m³	10.98			
15	010401003001	轻质隔墙	轻质隔墙厚120mm	m²	309.008			
E　混凝土及钢筋混凝土工程								
16	010501005001	桩承台基础	混凝土强度等级：C30	m³	29.38			
17	010502001001	矩形框架柱	柱截面尺寸：450mm×450mm；混凝土强度等级：C30	m³	34.83			
18	010502001002	矩形柱	混凝土强度等级：C30	m³	0.6			

(续)

序号	项目编码	项目名称	项目特征描述	计量单位	工程量	综合单价	合价	其中：暂估价
						金额/元		
19	010503001001	基础梁	混凝土强度等级：C30；1：3 水泥砂浆找平层 20mm 厚；炉渣垫层 200mm 厚	m³	41.48			
20	010503002001	矩形框架梁	混凝土强度等级：C30	m³	104.35			
21	010503002002	矩形单梁	混凝土强度等级：C30	m³	24.98			
22	010505003001	现浇平板	混凝土强度等级：C30	m³	138.64			
23	010503005001	现浇过梁	混凝土强度等级：C20	m³	1.42			
24	010506001001	现浇直形楼梯	混凝土强度等级：C30	m²	25.34			
25	010505007001	天沟、挑檐板	混凝土强度等级：C30	m³	25.97			
26	010507001001	散水	天然配级砂石垫层 300mm 厚；C15 混凝土 80mm 厚随打随抹光；变形缝处填沥青	m²	74.06			
27	010507001002	坡道	天然配级砂石垫层 800mm 厚；碎石灌 M2.5 水泥砂浆 150mm 厚；C15 混凝土 80mm 厚；1：32 水泥砂浆 25mm 厚	m²	7.2			
28	010505008001	雨篷	混凝土强度等级：C20	m³	0.63			
29	010510003001	预制过梁	混凝土强度等级：C20	m³	0.5			
30	010515001001	现浇混凝土钢筋	现浇构件圆钢筋φ6.5	t	1.916			
31	010515001002	现浇混凝土钢筋	现浇构件圆钢筋φ8	t	4.064			
32	010515001003	现浇混凝土钢筋	现浇构件圆钢筋φ10	t	11.307			
33	010515001004	现浇混凝土钢筋	现浇构件圆钢筋φ12	t	2.899			
34	010515001005	现浇混凝土钢筋	现浇构件圆钢筋φ14	t	0.153			
35	010515001006	现浇混凝土钢筋	现浇构件螺纹钢筋Φ12	t	5.495			
36	010515001007	现浇混凝土钢筋	现浇构件螺纹钢筋Φ14	t	1.857			
37	010515001008	现浇混凝土钢筋	现浇构件螺纹钢筋Φ16	t	0.977			
38	010515001009	现浇混凝土钢筋	现浇构件螺纹钢筋Φ18	t	0.701			
39	010515001010	现浇混凝土钢筋	现浇构件螺纹钢筋Φ20	t	4.415			

（续）

序号	项目编码	项目名称	项目特征描述	计量单位	工程量	金额/元		
						综合单价	合价	其中：暂估价
40	010515001011	现浇混凝土钢筋	现浇构件螺纹钢筋ϕ22	t	12.576			
41	010515001012	现浇混凝土钢筋	现浇构件螺纹钢筋ϕ25	t	26.721			
42	010515001013	现浇混凝土钢筋	箍筋ϕ6	t	0.3			
43	010515001014	现浇混凝土钢筋	箍筋ϕ8	t	5.274			
44	010515001015	现浇混凝土钢筋	箍筋ϕ10	t	0.23			
			H　门窗工程					
45	010801001001	实木装饰门	洞口尺寸:1000mm×2700mm;实木门框;实木装饰门扇（成品）,洞口尺寸1000mm×2700mm;润油粉、刮腻子、油色、清漆三遍	樘	12.00			
46	010801001002	实木装饰门	洞口尺寸:900mm×2700mm;实木门框;实木装饰门扇（成品）;润油粉、刮腻子、油色、清漆三遍	樘	5.00			
47	010801001003	全玻无亮自由门	洞口尺寸:1500mm×2000mm	樘	2.00			
48	010802001001	钛金地弹门	洞口尺寸:6500mm×3500mm	樘	2.00			
49	010802001002	铝合金地弹门	洞口尺寸:1500mm×2000mm	樘	1.00			
50	010802001003	铝合金地弹门	洞口尺寸:1300mm×2000mm	樘	2.00			
51	010804003001	遥控全钢板车库门	上翻门;直接从厂家定做;2700mm×2400mm	樘	1			
52	010807001005	钛金固定窗	洞口尺寸:6000mm×2900mm	樘	2.00			
53	010807001001	塑钢窗	洞口尺寸:1800mm×2000mm	樘	22.00			
54	010807001002	塑钢窗	洞口尺寸:1500mm×2000mm	樘	2.00			
55	010807001003	塑钢窗	洞口尺寸:3000mm×2000mm	樘	8.00			
56	010807001004	塑钢窗	洞口尺寸:1500mm×1000mm	樘	3.00			
			J　屋面及防水工程					
57	010901001001	挑檐琉璃瓦屋面		m²	118.31			
58	010902001001	屋面卷材防水	SBS 改性沥青卷材防水 4.0mm 厚,1:3 水泥砂浆找平层25mm 厚	m²	691.33			
59	010902001002	雨篷卷材防水	SBS 改性沥青卷材防水 4.0mm 厚,1:3 水泥砂浆找平层20mm 厚	m²	45.2			

（续）

序号	项目编码	项目名称	项目特征描述	计量单位	工程量	金额/元		
						综合单价	合价	其中：暂估价
60	010902003001	雨篷刚性防水	1：2.5 水泥砂浆 20mm 厚，掺水泥质量 5% 的防水剂	m²	8.4			
61	010902004001	雨篷排水管	硬聚氯乙烯（PVC-U）排水管 φ110×3.2	m	24.7			
K　保温、隔热、防腐工程								
62	011001001001	保温隔热屋面	聚苯乙烯泡沫板 80mm 厚；炉渣找坡层最薄处 30mm 厚	m²	625.24			
L　楼地面装饰工程								
63	011101001001	水泥砂浆楼地面	1：3 水泥砂浆 20mm 厚；80mm 厚 C15 混凝土；碎石灌 M2.5 水泥砂浆 150mm 厚；填粗砂 800mm 厚；素土夯实	m²	3.96			
64	011102001001	花岗岩地面	20mm 厚芝麻白磨光花岗岩（600mm×600mm）铺面；撒素水泥面（洒适量水）；30mm 厚 1：4 干硬性水泥砂浆结合层；刷素水泥浆一道；80mm 厚 C15 混凝土；素土夯实	m²	543.86			
65	011102001002	花岗岩楼面	20mm 厚芝麻白磨光花岗岩（600mm×600mm）铺面；撒素水泥面（洒适量水）；30mm 厚 1：4 干硬性水泥砂浆结合层	m²	529.80			
66	011102001003	花岗岩平台	20mm 厚芝麻白磨光花岗岩（600mm×600mm）铺面；撒素水泥面（洒适量水）；30mm 厚 1：4 干硬性水泥砂浆结合层；刷素水泥浆一道；80mm 厚 C15 混凝土；碎石灌 M2.5 水泥砂浆 150mm 厚；填粗砂 800mm 厚；素土夯实	m²	20.80			
67	011102003001	一层卫生间地砖地面	10mm 厚瓷质耐磨地砖（300mm×300mm）楼面，擦缝剂擦缝；撒素水泥浆；20mm 厚 1：4 干硬性水泥砂浆结合层；60mm 厚 C20 混凝土找坡层，最薄处 30mm 厚；SBS 改性沥青卷材防水，防水层周边卷起 150mm；40mm 厚 C20 细石混凝土随打随抹平；素土夯实	m²	40.13			
68	011102003002	二层卫生间地砖地面	10mm 厚瓷质耐磨地砖（300mm×300mm）楼面，擦缝剂擦缝；撒素水泥浆；20mm 厚 1：4 干硬性水泥砂浆结合层；60mm 厚 C20 混凝土找坡层，最薄处 30mm 厚；SBS 改性沥青卷材防水，防水层周边卷起 150mm；20mm 厚 1：3 水泥砂浆找平层，四周抹八字角	m²	41.06			

（续）

序号	项目编码	项目名称	项目特征描述	计量单位	工程量	金额/元		
						综合单价	合价	其中：暂估价
69	011105002001	花岗岩踢脚线（直线型）	稀水泥擦缝；安装 12mm 厚花岗岩板；20mm 厚 1∶2 水泥砂浆灌贴；刷界面处理剂一道；踢脚线高 150mm	m²	68.09			
70	011105002002	花岗岩踢脚线（锯齿型）	稀水泥擦缝；安装 12mm 厚花岗岩板；20mm 厚 1∶2 水泥砂浆灌贴；刷界面处理剂一道；踢脚线高 150mm	m²	28.07			
71	011106001001	花岗岩楼梯面层	30mm 厚芝麻白磨光花岗岩铺面；撒素水泥浆；30mm 厚 1∶4 干硬性水泥砂浆结合层，向外坡 1%；刷素水泥浆一道	m²	25.34			
72	011107001001	石材台阶面	30mm 厚芝麻白磨光花岗岩（350mm×1200mm）铺面，撒素水泥浆；30mm 厚 1∶4 干硬性水泥砂浆结合层，向外坡 1%；刷素水泥浆一道；80mm 厚 C15 混凝土；碎石灌 M2.5 水泥砂浆 150mm 厚；填粗砂；素土夯实	m²	14.03			
73	011107004001	水泥砂浆台阶面	1∶3 水泥砂浆 20mm 厚；80mm 厚 C15 混凝土（厚度不包括踏步三角部分）台阶面向外坡 1%；碎石灌 M2.5 水泥砂浆 150mm 厚；填粗砂；素土夯实	m²	3.96			
		M 墙、柱面装饰与隔断、幕墙工程						
74	011201001001	内墙抹混合砂浆	1∶1∶4 混合砂浆 6mm 厚；1∶3∶9 混合砂浆 12mm 厚；砖墙面	m²	1433.99			
75	011202001001	柱面一般抹灰	1∶2 水泥砂浆罩面 6mm 厚；1∶3 水泥砂浆打底 12mm 厚；刷素水泥浆一道；混凝土基体	m²	21.75			
76	011202001002	外墙柱面一般抹灰	1∶2 水泥砂浆罩面 6mm 厚；1∶3 水泥砂浆打底 12mm 厚；刷素水泥浆一道；混凝土基体	m²	24.69			
77	011204003001	内墙面砖	内墙面砖 200mm×300mm；1∶2 水泥砂浆 6mm 厚；1∶3 水泥砂浆找平层 16mm 厚	m²	317.67			
78	011204003002	外墙灰色釉面砖	贴青灰色面砖（白水泥擦缝）；1∶2 水泥砂浆 6mm 厚；1∶3 水泥砂浆找平层 16mm 厚	m²	537.66			
79	011204001001	外墙勒脚蘑菇石	25mm 厚蘑菇石（花岗岩）板，白水泥擦缝；30mm 厚 1∶2.5 水泥砂浆粘贴	m²	35.70			
80	011204001002	台阶挡墙花岗岩	25mm 厚蘑菇石（花岗岩）板，白水泥擦缝；30mm 厚 1∶2.5 水泥砂浆粘贴	m²	7.26			
81	011210001001	卫生间木隔断	面漆板隔断（包括门）直接从厂家定做	m²	24.15			

（续）

序号	项目编码	项目名称	项目特征描述	计量单位	工程量	综合单价	合价	其中：暂估价
						金额/元		
			N　天棚工程					
82	011301001001	天棚抹混合砂浆	2.5mm厚1：0.3：2.5水泥石灰膏砂浆抹面；2.5mm厚1：0.3：3水泥石灰膏砂浆打底扫毛；刷素水泥浆结合层一道（内掺建筑胶）	m²	1304.32			
83	011301001002	天棚抹水泥砂浆	5mm厚1：2.5水泥砂浆抹面；5mm厚1：3水泥砂浆打底；刷素水泥浆结合层一道（内掺建筑胶）	m²	45.10			
84	011301001003	雨篷底抹水泥砂浆	5mm厚1：2.5水泥砂浆抹面；5mm厚1：3水泥砂浆打底；刷素水泥浆结合层一道（内掺建筑胶）	m²	51.32			
85	011301001004	楼梯底面抹灰	5mm厚1：2.5水泥砂浆抹面；5mm厚1：3水泥砂浆打底；刷素水泥浆结合层一道（内掺建筑胶）	m²	31.01			
			P　油漆、涂料、裱糊工程					
86	011406001001	墙面抹灰面乳胶漆	刮大白腻子两遍；白色立邦乳胶漆两遍	m²	1444.55			
87	011406001002	天棚抹灰面乳胶漆	刮大白腻子两遍；白色立邦乳胶漆两遍	m²	1335.33			
88	011406001003	卫生间天棚刷防水乳胶漆	刮防水腻子两遍；刷防水乳胶漆两遍	m²	85.23			
89	011407001001	外墙圆柱面彩色涂料	多彩外墙乳胶涂料	m²	24.69			
90	011407001002	雨篷底面刷白色涂料		m²	51.32			
			Q　其他装饰工程					
91	011503001001	金属扶手带栏杆、栏板	扶手：不锈钢φ60；栏杆：竖条式,不锈钢管φ32×1.5	m	10.88			
			S　措施项目					
92	011701001001	综合脚手架	框架结构,檐口高度9.25m	m²	1271.60			
93	011702001001	钢筋混凝土桩承台基础模板	独立式组合钢模板木支撑	m²	85.46			
94	011702002001	钢筋混凝土矩形柱模板	组合钢模板木支撑	m²	280.95			

（续）

序号	项目编码	项目名称	项目特征描述	计量单位	工程量	金额/元		
						综合单价	合价	其中：暂估价
95	011702005001	钢筋混凝土基础梁模板	组合钢模板木支撑	m²	243.20			
96	011702006001	钢筋混凝土矩形梁模板	组合钢模板钢支撑	m²	811.40			
97	011702009001	钢筋混凝土过梁模板	复合木模板木支撑	m²	12.84			
98	011702009002	钢筋混凝土过梁模板	木模板	m²	0.50			
99	011702016001	钢筋混凝土平板模板	组合钢模板钢支撑	m²	1159.98			
100	011702022001	钢筋混凝土天沟模板	木模板木支撑	m²	305.22			
101	011702023001	钢筋混凝土悬挑板模板	阳台、雨篷木模板木支撑	m²	8.40			
102	011702024001	钢筋混凝土楼梯模板	木模板木支撑	m²	25.34			
103	011702027001	钢筋混凝土台阶模板	踏步宽300mm、350mm	m²	7.56			
104	011703001001	垂直运输	公共建筑,框架结构,檐口高度9.25m	m²	1271.60			

总价措施项目清单与计价表

工程名称：××办公楼建筑与装饰工程　　　标段：××　　　　　　第　页共　页

序号	项目编码	项目名称	计算基础	费率(%)	金额/元
1	011707001001	安全文明施工费			
2	011707002001	夜间施工费			不计
3	011707004001	二次搬运费			不计
4	011707005001	冬雨季施工费			
5	011707006001	地上、地下设施、建筑物的临时保护设施费			不计
6	011707007001	已完工程及设备保护费			不计
合　计					

其他项目清单与计价汇总表

工程名称：××办公楼建筑与装饰工程　　　　　标段：××　　　　　第　页共　页

序　号	项目名称	计算单位	金额/元	备　注
1	暂列金额	项	50000	
2	暂估价	项	不计	
3	计日工	项	不计	
4	总承包服务费	项	不计	
	合　计		50000	

规费、税金项目清单与计价表

工程名称：××办公楼建筑与装饰工程　　　　　标段：××　　　　　第　页共　页

序　号	项目名称	计算基础	费率(%)	金额/元
1	规费			
1.1	社会保障费			
1.2	住房公积金			
1.3	工程排污费			不计
1.4	危险作业意外伤害保险	按建筑面积 1.5 元/m^2 计算		
2	税金			
	合　计			

◎ 能力训练 2　投标报价编制案例 ◎

××办公楼建筑与装饰工程投标文件（部分内容）

一、编制依据

1）"××办公楼建筑与装饰工程工程量清单"及招标文件的有关规定。

2）建设工程工程量清单计价规范。

3）某省建筑工程消耗量定额、装饰装修工程的参考价目表或计价定额。

4）某省建设工程费用参考标准。

5）某地区人工、材料、机械台班的市场价格信息以及主要分包项目的分包价格信息。

6）按某地区规定价格按不含规费和税金工程造价的 0.23% 上调。

二、××办公楼建筑与装饰工程投标价

投 标 总 价

招 标 人：＿＿＿＿＿＿＿＿＿＿＿＿＿×××＿＿＿＿＿＿＿＿＿＿＿＿＿

工 程 名 称：＿＿＿＿＿＿＿××办公楼建筑与装饰工程＿＿＿＿＿＿＿

投标总价(小写)：＿＿＿＿＿＿＿＿1323316.36 元＿＿＿＿＿＿＿＿

（大写）：＿＿＿＿壹佰叁拾贰万叁仟叁佰壹拾陆圆叁角陆分＿＿＿＿

投 标 人：＿＿＿＿＿＿＿××建筑工程有限责任公司＿＿＿＿＿＿＿

（单位盖章）

法定代表人

或其授权人：＿＿＿＿＿＿＿＿＿＿＿＿＿×××＿＿＿＿＿＿＿＿＿＿＿＿＿

（签字或盖章）

编 制 人：＿＿＿＿＿＿＿＿＿＿＿＿＿×××＿＿＿＿＿＿＿＿＿＿＿＿＿

（造价人员签字盖专用章）

编 制 时 间：＿×＿年＿×＿月＿×＿日

单位工程投标报价汇总表

工程名称：××办公楼建筑和装饰工程　　　　标段：××　　　　　　第 页共 页

序号	汇总内容	计算基础	费率	金额/元
1	分部分项工程和单价措施项目费	Σ（清单工程量×综合单价）		1050963.09
1.1	其中人工费+机械费			237244.49
2	总价措施项目费			27045.87
3	其他项目费			50000
4	价调基金	(1+2+3)×核定费率	0.23%	2594.42
5	合计	1+2+3+4		1130603.38
6	规费	6.1+6.2+6.3+6.4		83448.33
6.1	社会保障费	1.1×核定费率	26.19%	62134.33
6.2	住房公积金	1.1×核定费率	8.18%	19406.60
6.3	工程排污费	按工程所在地规定计算		不计
6.4	危险作业意外伤害保险	按建筑面积每平米1.5元计算		1907.4
7	不含税工程造价	5+6		1214051.71
8	税金	7×税率	9%	109264.65
9	单位工程造价合计	7+8		1323316.36

分部分项工程和单价措施项目清单与计价表

工程名称:××办公楼建筑与装饰工程　　　　　　　标段:××　　　　　　　第　页共　页

序号	项目编码	项目名称	项目特征描述	计量单位	工程量	金额/元		
						综合单价	合价	其中:人工费+机械费
		分部分项工程和单价措施项目量清单项目					1050963.09	237244.49
		A　土石方工程					11735.94	8288.92
1	010101001001	平整场地	土壤类别:Ⅰ、Ⅱ类土;弃土运距:20m 以内	m²	635.8	1.8	1144.44	808.35
2	010101004001	挖基坑土方	土壤类别:Ⅰ、Ⅱ类土;基础类型:条基;挖土深度:2m 以内;弃土运距:5km	m³	148.77	36.52	5446.96	3847.05
3	010103001001	土方回填	夯填	m³	70.18	49.17	3450.75	2437.15
4	010103001002	室内土方回填	夯填	m³	112.32	15.08	1693.79	1196.37
		C　桩基工程					33325.08	12520.1
5	010302005001	人工挖孔混凝土灌注桩	土壤级别:Ⅲ类土;单桩长度:6000mm;桩截面:直径800mm;混凝土强度等级:C20	根	4	1296.65	5186.6	1955.02
6	010302005002	人工挖孔混凝土灌注桩	土壤级别:Ⅲ类土;单桩长度:6000mm;桩截面:直径900mm;混凝土强度等级:C20	根	10	1808.96	18089.60	6128.03
7	010302005003	人工挖孔混凝土灌注桩	土壤级别:Ⅲ类土;单桩长度:6000mm;桩截面:直径1000mm;混凝土强度等级:C20	根	6	1971.63	11829.78	4437.06
		D　砌筑工程					78975.44	20785.62
8	010401001001	砖基础	MU10 标准砖;M5.0 水泥砂浆;1:2 水泥砂浆防潮层 20mm(内掺水泥质量5%的防水剂)	m³	36.22	204.17	7395.04	1536.11
9	010401005001	空心砖墙	空心砖孔隙率>4%;墙厚370mm;M5 混合砂浆	m³	133.88	172.38	23078.23	5183.03
10	010401005002	空心砖墙	空心砖孔隙率>4%;墙厚240mm;M5 混合砂浆	m³	57.97	172.38	9992.87	2244.25
11	010402001003	粉煤灰砌块墙	粉煤灰小型空心砌块;墙厚120mm;M5 混合砂浆	m³	13.31	223.12	2969.73	410.19
12	010401012001	框架外贴砌砖	MU10 标准砖;M5 混合砂浆	m³	20.99	242.26	5085.04	1492.87
13	010401012002	台阶挡墙	台阶挡墙;MU10 标准砖;M5 水泥砂浆	m³	1.32	240.1	316.93	93.88

（续）

序号	项目编码	项目名称	项目特征描述	计量单位	工程量	综合单价	合价	其中：人工费+机械费
14	010401003001	女儿墙实心砖墙	MU10 标准砖；墙厚 240mm；M5 混合砂浆	m³	10.98	211.92	2326.88	554.98
15	010401003001	轻质隔墙	轻质隔墙120mm 厚	m²	309.01	90	27810.72	9270.3
		E 混凝土及钢筋混凝土工程					406282.19	49187.14
16	010501005001	桩承台基础	混凝土强度等级：C30	m³	29.38	223.93	6579.06	1499.91
17	010502001001	矩形框架柱	柱截面尺寸：450mm×450mm；混凝土强度等级：C30	m³	34.83	256.18	8922.75	2493.48
18	010502001002	矩形柱（TZ）	混凝土强度等级：C30	m³	0.6	256.18	153.71	42.95
19	010503001001	基础梁	混凝土强度等级：C30；1：3 水泥砂浆找平层 20mm 厚；炉渣垫层 200mm 厚	m³	41.48	267.97	11115.40	2611.71
20	010503002001	矩形框架梁	混凝土强度等级：C30	m³	104.35	231.58	24165.37	5551.42
21	010503002002	矩形单梁	混凝土强度等级：C30	m³	24.98	231.58	5784.87	1328.94
22	010505003001	现浇平板	混凝土强度等级：C30	m³	138.64	225.7	31291.05	6544.92
23	010503005001	现浇过梁	混凝土强度等级：C20	m³	1.42	254.87	361.92	120.66
24	010506001001	现浇直形楼梯	混凝土强度等级：C30	m²	25.34	71.84	1820.43	506.95
25	010505007001	天沟、挑檐板	混凝土强度等级：C30	m³	25.97	263.34	6838.94	2213.68
26	010507001001	散水	天然配级砂石垫层 300mm 厚；C15 混凝土 80mm 随打随抹光；变形缝处填沥青	m²	74.06	36.64	2713.56	928.76
27	010507001002	坡道	天然配级砂石垫层 800mm 厚；碎石灌 M2.5 水泥砂浆 150mm 厚；C15 混凝土 80mm 厚；1：3 水泥砂浆 25mm 厚	m²	7.2	106.22	764.78	252.84
28	010505008001	雨篷	混凝土强度等级：C20	m³	0.63	259.09	163.23	51.15
29	010510003001	预制过梁	混凝土强度等级：C20	m³	0.5	289.48	144.74	49.38
30	010515001001	现浇混凝土钢筋	现浇构件圆钢筋φ6.5	t	1.92	4502.99	8627.73	1363.44
31	010515001002	现浇混凝土钢筋	现浇构件圆钢筋φ8	t	4.06	4135.75	16807.69	1936.58
32	010515001003	现浇混凝土钢筋	现浇构件圆钢筋φ10	t	11.31	3952.45	44690.35	4050.51
33	010515001004	现浇混凝土钢筋	现浇构件圆钢筋φ12	t	2.9	3938.12	11416.61	1049.58
34	010515001005	现浇混凝土钢筋	现浇构件圆钢筋φ14	t	0.15	3866.84	591.63	48.36
35	010515001006	现浇混凝土钢筋	现浇构件螺纹钢筋Φ12	t	5.5	4006.6	22016.27	2255.2
36	010515001007	现浇混凝土钢筋	现浇构件螺纹钢筋Φ14	t	1.86	3952.99	7340.7	656.42
37	010515001008	现浇混凝土钢筋	现浇构件螺纹钢筋Φ16	t	0.98	3871.35	3782.31	314.62
38	010515001009	现浇混凝土钢筋	现浇构件螺纹钢筋Φ18	t	0.7	3828.94	2684.09	197.8

（续）

序号	项目编码	项目名称	项目特征描述	计量单位	工程量	金额/元		
						综合单价	合价	其中：人工费+机械费
39	010515001010	现浇混凝土钢筋	现浇构件螺纹钢筋Φ20	t	4.42	3566.9	15747.86	1096.85
40	010515001011	现浇混凝土钢筋	现浇构件螺纹钢筋Φ22	t	12.58	3755.68	47231.43	2958.76
41	010515001012	现浇混凝土钢筋	现浇构件圆钢筋φ25	t	26.72	3722.09	99457.97	5482.88
42	010515001013	现浇混凝土钢筋	箍筋φ6	t	0.3	4770.47	1431.14	270.15
43	010515001014	现浇混凝土钢筋	箍筋φ8	t	5.27	4322.45	22796.6	3208.54
44	010515001015	现浇混凝土钢筋	箍筋φ10	t	0.23	4065.17	934.99	100.7
		H　门窗工程					1749.6	324
45	010801001001	实木装饰门 1000mm×2700mm	实木门框；实木装饰门扇（成品）；润油粉、刮腻子、油色、清漆三遍	樘	12	814.55	9774.6	1430.48
46	010801001002	实木装饰门 900mm×2700mm	实木门框；实木装饰门扇（成品）；润油粉、刮腻子、油色、清漆三遍	樘	5	746.41	3732.05	551.03
47	010801001003	全玻无亮自由门 1500mm×2000mm		樘	2	850.32	1700.64	226.38
48	010802001001	钛金地弹门 6500mm×3500mm		樘	2	5685.23	11370.46	1058.79
49	010802001002	铝合金地弹门 1500mm×2000mm		樘	1	749.7	749.7	69.81
50	010802001003	铝合金地弹门 1300mm×2000mm		樘	2	649.74	1299.48	121
51	010804003001	遥控全钢板车库门	上翻门；直接从厂家定做；2700mm×2400mm	樘	1	1749.6	1749.6	324
52	010807001005	钛金固定窗 6000mm×2900mm		樘	2	4350	8700	1218
53	010807001001	塑钢窗 1800mm×2000mm		樘	22	612	13464	2376
54	010807001002	塑钢窗 1500mm×2000mm		樘	2	510	1020	180
55	010807001003	塑钢窗 3000mm×2000mm		樘	8	1020	8160	1440
56	010807001004	塑钢窗 1500mm×1000mm		樘	3	255	765	135
		J　屋面及防水工程					48956.62	10361.05
57	010901001001	挑檐琉璃瓦屋面		m²	118.31	223.97	26497.89	4381.6
58	010902001001	屋面卷材防水	SBS改性沥青卷材防水4.0mm，1：3水泥砂浆找平层25mm	m²	691.33	29.8	20601.63	5572.12

（续）

序号	项目编码	项目名称	项目特征描述	计量单位	工程量	金额/元		
						综合单价	合价	其中:人工费+机械费
59	010902001002	雨篷卷材防水	SBS 改性沥青卷材防水 4.0mm,1：3 水泥砂浆找平层 20mm	m²	45.2	28.26	1277.35	336.74
60	010902003001	雨篷刚性防水	1：2.5 水泥砂浆 20mm 厚,掺水泥质量 5% 的防水剂	m²	8.4	11.62	97.61	24.97
61	010902004001	雨篷排水管	硬聚氯乙烯（PVC-U）排水管 φ110×3.2	m	24.7	19.52	482.14	45.63
		K 保温、隔热防腐、工程					20614.16	4641.84
62	011001001001	保温隔热屋面	聚苯乙烯泡沫板 80mm 厚;炉渣找坡层最薄处 30mm 厚	m²	625.24	32.97	20614.16	4641.84
		L 楼地面装饰工程					156717.95	20354.68
63	011101001001	水泥砂浆楼地面	1：3 水泥砂浆 20mm 厚;80mm 厚 C15 混凝土;碎石灌 M2.5 水泥砂浆 150mm 厚;填粗砂 800mm 厚;素土夯实	m²	3.96	142.19	563.07	142.16
64	011102001001	花岗岩地面	20mm 厚芝麻白磨光花岗岩（600mm×600mm）铺面;撒素水泥面（洒适量水）;30mm 厚 1：4 干硬性水泥砂浆结合层;刷素水泥浆一道;80mm 厚 C15 混凝土;素土夯实	m²	543.86	120.21	65377.41	8232.73
65	011102001002	花岗岩楼面	20mm 厚芝麻白磨光花岗岩（600mm×600mm）铺面;撒素水泥面（洒适量水）;30mm 厚 1：4 干硬性水泥砂浆结合层	m²	529.8	102.45	54278.01	5531.11
66	011102001003	花岗岩平台	20mm 厚芝麻白磨光花岗岩（600mm×600mm）铺面;撒素水泥面（洒适量水）;30mm 厚 1：4 干硬性水泥砂浆结合层;刷素水泥浆一道;80mm 厚 C15 混凝土;碎石灌 M2.5 水泥砂浆 150mm 厚;填粗砂 800mm 厚;素土夯实	m²	20.8	205.47	4273.78	743.66
67	011102003001	一层卫生间地砖地面	10mm 厚瓷质耐磨地砖（300mm×300mm）楼面;擦缝剂擦缝;撒素水泥浆;20mm 厚 1：4 干硬性水泥砂浆结合层;60mm 厚 C20 混凝土找坡层,最薄处 30mm 厚;SBS 改性沥青卷材防水,防水层周边卷起 150mm;40mm 厚 C20 细石混凝土随打随抹平;素土夯实	m²	40.13	111.59	4478.11	1057.83

（续）

序号	项目编码	项目名称	项目特征描述	计量单位	工程量	综合单价	合价	其中：人工费+机械费
68	011102003002	二层卫生间地砖地面	10mm 厚瓷质耐磨地砖（300mm×300mm）楼面，擦缝剂擦缝；撒素水泥浆；20mm 厚1：4 干硬性水泥砂浆结合层；60mm 厚 C20 混凝土找坡层，最薄处 30mm 厚；SBS 改性沥青卷材防水，防水层周边卷起150mm；20mm 厚1：3 水泥砂浆找平层，四周抹八字角	m²	41.06	112.9	4635.67	1067.04
69	011105002001	花岗岩踢脚线（直线型）	稀水泥擦缝；安装 12mm 厚花岗岩板；20mm 厚1：2 水泥砂浆灌贴；刷界面处理剂一道；踢脚线高 150mm	m²	68.09	91.02	6197.55	1264.43
70	011105002002	花岗岩踢脚线（锯齿型）	稀水泥擦缝；安装 12mm 厚花岗岩板；20mm 厚1：2 水泥砂浆灌贴；刷界面处理剂一道；踢脚线高 150mm	m²	28.07	91.02	2554.93	521.26
71	011106001001	花岗岩楼梯面层	30mm 厚芝麻白磨光花岗岩铺面；撒素水泥浆；30mm 厚1：4 干硬性水泥砂浆结合层，向外坡 1%；刷素水泥浆一道	m²	25.34	189.3	4796.86	675.06
72	011107001001	石材台阶面	30mm 厚芝麻白磨光花岗岩（350mm×1200mm）铺面；撒素水泥浆；30mm 厚1：4 干硬性水泥砂浆结合层，向外坡 1%；刷素水泥浆一道；80mm 厚 C15 混凝土；碎石灌 M2.5 水泥砂浆 150mm 厚；填粗砂；素土夯实	m²	14.03	265.21	3720.9	549.57
73	011107004001	水泥砂浆台阶面	1：3 水泥砂浆 20mm 厚；80mm 厚 C15 混凝土（厚度不包括踏步三角部分）台阶面向外坡 1%；碎石灌 M2.5 水泥砂浆 150mm 厚；填粗砂；素土夯实	m²	3.96	234.27	927.71	223.85

267

（续）

序号	项目编码	项目名称	项目特征描述	计量单位	工程量	综合单价	合价	其中：人工费+机械费
						金额/元		
	M 墙、柱面装饰与隔断、幕墙工程						91970.39	28859.94
74	011201001001	内墙抹混合砂浆	1：1：4 混合砂浆 6mm；1：3：9 混合砂浆 12mm；砖墙面	m²	1433.99	11.47	16447.87	8202.42
75	011202001001	柱面一般抹灰	1：2 水泥砂浆罩面 6mm；1：3 水泥砂浆打底 12mm；刷素水泥浆一道；混凝土基体	m²	21.75	15.54	338	180.53
76	011202001002	外墙柱面一般抹灰	1：2 水泥砂浆罩面 6mm；1：3 水泥砂浆打底 12mm；刷素水泥浆一道；混凝土基体	m²	24.69	17.08	421.71	217.77
77	011204003001	内墙面砖	内墙面砖 200mm×300mm；1：2 水泥砂浆 6mm 厚；1：3 水泥砂浆找平层 16mm 厚	m²	304.39	64.31	19575.32	5232.46
78	011204003002	外墙灰色釉面砖	贴青灰色面砖（白水泥擦缝）；1：2 水泥砂浆 6mm 厚；1：3 水泥砂浆找平层 16mm 厚	m²	537.66	84.12	45227.96	13312.46
79	011204001001	外墙勒脚蘑菇石	25mm 厚蘑菇石（花岗岩）板，白水泥擦缝；30mm 厚 1：2.5 水泥砂浆粘贴	m²	35.7	147.51	5266.11	822.53
80	011204001002	台阶挡墙花岗岩	25mm 厚蘑菇石（花岗岩）板，白水泥擦缝；30mm 厚 1：2.5 水泥砂浆粘贴	m²	7.26	147.51	1070.92	167.27
81	011210001001	卫生间木隔断	面漆板隔断（包括门）直接从厂家定做	m²	24.15	150	3622.5	724.5
	N 天棚工程						12861.68	7036.86
82	011301001001	天棚抹混合砂浆	2.5mm 厚 1：0.3：2.5 水泥石灰膏砂浆抹面；2.5mm 厚 1：0.3：3 水泥石灰膏砂浆打底扫毛；刷素水泥浆结合层一道（内掺建筑胶）	m²	1304.32	8.58	11191.07	6208.56
83	011301001002	天棚抹水泥砂浆	5mm 厚 1：2.5 水泥砂浆抹面；5mm 厚 1：3 水泥砂浆打底；刷素水泥浆结合层一道（内掺建筑胶）	m²	45.1	13.11	591.26	293.15
84	011301001003	雨篷底抹水泥砂浆	5mm 厚 1：2.5 水泥砂浆抹面；5mm 厚 1：3 水泥砂浆打底；刷素水泥浆结合层一道（内掺建筑胶）	m²	51.32	13.11	672.81	333.58
85	011301001004	楼梯底面抹灰	5mm 厚 1：2.5 水泥砂浆抹面；5mm 厚 1：3 水泥砂浆打底；刷素水泥浆结合层一道（内掺建筑胶）	m²	31.01	13.11	406.54	201.57

（续）

序号	项目编码	项目名称	项目特征描述	计量单位	工程量	金额/元		
						综合单价	合价	其中：人工费+机械费
		P　油漆、涂料、裱糊工程					26239.45	9832.66
86	011406001001	墙面抹灰面乳胶漆	刮大白腻子两遍；白色立邦乳胶漆两遍	m²	1444.55	8.79	12697.59	4853.69
87	011406001002	天棚抹灰面乳胶漆	刮大白腻子两遍；白色立邦乳胶漆两遍	m²	1335.33	8.79	11737.55	4486.71
88	011406001003	卫生间天棚刷防水乳胶漆	刮防水腻子两遍；刷防水乳胶漆两遍	m²	85.23	8.95	762.81	272.74
89	011407001001	外墙圆柱面彩色涂料	多彩外墙乳胶涂料	m²	24.69	23.58	582.19	55.31
90	011407001002	雨篷底面刷白色涂料		m²	51.32	8.95	459.31	164.22
		Q　其他装饰工程						
91	011503001001	金属扶手带栏杆、栏板	扶手：不锈钢 φ60；栏杆：竖条式，不锈钢管 φ32×1.5	m	10.88	451.65	4913.95	345.96
		S　措施项目				单价	100798.66	56245.27
92	011701001001	综合脚手架	框架结构，檐口高度 9.25m	m²	1271.60	9.06	11520.65	4721.32
93	011702001001	钢筋混凝土桩承台基础模板	独立式组合钢模板木支撑	m²	85.46	20.67	1766.23	910.11
94	011702002001	钢筋混凝土矩形柱模板	组合钢模板木支撑	m²	280.95	24.59	6908.19	3795.74
95	011702005001	钢筋混凝土基础梁模板	组合钢模板木支撑	m²	243.20	23.44	5701.91	2731.58
96	011702006001	钢筋混凝土矩形梁模板	组合钢模板钢支撑	m²	811.40	24.48	23109.57	13429.08
97	011702009001	钢筋混凝土过梁模板	复合木模板木支撑	m²	12.84	31.38	402.97	212.28
98	011702009002	钢筋混凝土过梁模板	木模板	m²	0.50	102.86	51.43	27.60
99	011702016001	钢筋混凝土平板模板	组合钢模板钢支撑	m²	1159.98	22.24	25797.38	14562.73
100	011702022001	钢筋混凝土天沟模板	木模板木支撑	m²	305.22	30.51	9312.76	5086.92
101	011702023001	钢筋混凝土悬挑板模板	阳台、雨篷木模板木支撑	m²	8.40	53.59	450.19	202.49
102	011702024001	钢筋混凝土楼梯模板	木模板木支撑	m²	25.34	67.35	1706.63	845.82

（续）

序号	项目编码	项目名称	项目特征描述	计量单位	工程量	金额/元		
						综合单价	合价	其中:人工费+机械费
103	011702027001	钢筋混凝土台阶模板	踏步宽 300mm、350mm	m²	7.56	15.14	114.48	60.76
104	011703001001	垂直运输	公共建筑,框架结构,檐口高度 9.25m	m²	1271.60	10.76	13676.89	9658.82

总价措施项目清单与计价表

工程名称：××办公楼建筑与装饰工程　　　　标段：××　　　　　　　第　页共　页

序号	项目编码	项目名称	计算基础	费率	金额/元
1	011707001001	安全文明施工费	人工费+机械费	10.4%	24673.43
2	011707002001	夜间施工费	按规定计算		不计
3	011707004001	二次搬运费	按批准的施工组织设计或签证计算		不计
4	011707005001	冬雨季施工费	人工费+机械费	1%	2372.44
5	011707006001	已完工程及设备保护费	按批准的施工组织设计或签证计算		不计
6	011707007001	地上、地下设施、建筑物的临时保护设施费	人工费+机械费		不计
		合　计			27045.87

其他项目清单与计价汇总表

工程名称：××办公楼建筑与装饰工程　　　　标段：××　　　　　　　第　页共　页

序号	项目名称	计算单位	金额/元	备　注
1	暂列金额	项	50000.00	
2	暂估价	项	不计	
3	计日工	项	不计	
4	总承包服务费	项	不计	
	合　计		50000.00	

规费、税金项目清单与计价表

工程名称：××办公楼建筑与装饰工程　　　　标段：××　　　　　　　第　页共　页

序　号	项目名称	计算基础	费率	金额/元
1	规费	1.1+1.2+1.3+1.4		83448.33
1.1	社会保障费	人工费+机械费	26.19%	62134.33
1.2	住房公积金	人工费+机械费	8.18%	19406.60
1.3	工程排污费	按工程所在地规定计算		不计
1.4	危险作业意外伤害保险	按建筑面积每平米 1.5 元计算		1907.4
2	不含税工程造价(含价调基金)			1214051.71
3	税金	不含税工程造价	9%	109264.65
	合　计			1323316.36

分部分项工程量清单综合单价分析表

工程名称：××办公楼建筑与装饰工程　　　　标段：××　　　　　　　　　　　　　　　　　　第　页　共　页

序号	项目编码	项目名称	项目特征描述	计量单位	综合单价组成/元						综合单价/元
					人工费	材料费	机械费	管理费	利润	风险	
			分部分项工程量清单项目								
			A　土方工程								
1	010101001001	平整场地	土壤类别：Ⅰ、Ⅱ类土；弃土运距：20m以内	m²	1.27			0.23	0.3		1.8
2	010101004001	挖基坑土方	土壤类别：Ⅰ、Ⅱ类土；基础类型：条基；挖土深度：2m以内；弃土运距：5km	m³	19.7		6.09	4.69	6.04		36.52
3	010103001001	土方回填	夯填	m³	28.76		5.97	6.32	8.13		49.17
4	010103001002	室内土方回填	夯填	m³	8.82		1.83	1.94	2.49		15.08
			C　桩基工程								
5	010302005001	人工挖孔混凝土灌注桩	土壤级别：Ⅲ类土；单桩长度：6000mm；桩截面：直径 800mm；混凝土强度等级：C20	根	408.94	604.58	79.81	88.95	114.37		1296.65
6	010302005002	人工挖孔混凝土灌注桩	土壤级别：Ⅲ类土；单桩长度：6000mm；桩截面：直径 900mm；混凝土强度等级：C20	根	509.66	941.23	103.14	111.53	143.4		1808.96
7	010302005003	人工挖孔混凝土灌注桩	土壤级别：Ⅲ类土；单桩长度：6000mm；桩截面：直径 1000mm；混凝土强度等级：C20	根	612.61	924.49	126.9	134.59	173.05		1971.63
			D　砌筑工程								
8	010401001001	砖基础	MU10标准砖，M5.0 水泥砂浆，1：2水泥砂浆防潮层 20mm（内掺水泥质量 5%的防水剂）	m³	39.8	144.12	2.61	7.72	9.92		204.17

(续)

序号	项目编码	项目名称	项目特征描述	计量单位	综合单价组成/元						综合单价/元
					人工费	材料费	机械费	管理费	利润	风险	
9	010401005001	空心砖墙	空心砖孔隙率>4%;墙厚370mm;M5混合砂浆	m³	37.38	117.56	1.33	7.05	9.06		172.38
10	010401005002	空心砖墙	空心砖孔隙率>4%;墙厚240mm;M5混合砂浆	m³	37.38	117.56	1.33	7.05	9.06		172.38
11	010402001003	粉煤灰砌块墙	粉煤灰小型空心砌块;墙厚120mm;M5混合砂浆	m³	30.03	179.49	0.79	5.61	7.21		223.12
12	010401012001	框架外贴砖	MU10标准砖,M5混合砂浆	m³	69	141.55	2.12	12.94	16.64		242.26
13	010401012002	台阶挡墙	台阶挡墙;MU10标准砖;M5水泥砂浆	m³	69	139.39	2.12	12.94	16.64		240.1
14	010401003001	女儿墙实心砖墙	MU10标准砖;墙厚240mm;M5混合砂浆	m³	48.24	140.35	2.31	9.2	11.83		211.92
15	010307001001	轻质隔墙	轻质隔墙120mm厚	m²	20	60	10				90
E 混凝土及钢筋混凝土工程											
16	010501005001	桩承台基础	混凝土强度等级:C30	m³	39.48	151.65	11.57	9.29	11.95		223.93
17	010502001001	矩形框架柱	柱截面尺寸:450mm×450mm;混凝土强度等级:C30	m³	64.92	154.81	6.67	13.03	16.75		256.18
18	010502001002	矩形柱(TZ)	混凝土强度等级:C30	m³	64.92	154.81	6.67	13.03	16.75		256.18
19	010505001001	基础梁	混凝土强度等级:C30;1:3水泥砂浆找平层20mm厚,炉渣垫层200mm厚	m³	55.73	176.53	7.23	11.46	14.73		267.97
20	010505002001	矩形框架梁	混凝土强度等级:C30	m³	46.53	156.25	6.67	9.68	12.45		231.58
21	010505002002	矩形单梁	混凝土强度等级:C30	m³	46.53	156.25	6.67	9.68	12.45		231.58
22	010505003001	现浇平板	混凝土强度等级:C30	m³	40.53	158.86	6.68	8.59	11.05		225.7
23	010503005001	现浇过梁	混凝土强度等级:C20	m³	78.3	134.55	6.67	15.46	19.88		254.87

序号	项目编码	项目名称	项目特征	计量单位	工程量						
24	010506001001	现浇直形楼梯	混凝土强度等级:C30	m²	17.25	43.51	2.76	3.64	4.68		71.84
25	010506007001	天沟、挑檐板	混凝土强度等级:C30	m³	74.64	142.64	10.6	15.51	19.95		263.34
26	010507001001	散水	天然配级砂石垫层300mm厚;C15混凝土80mm随打随抹光;变形缝处填沥青	m²	11.74	18.88	0.8	2.28	2.93		36.64
27	010507001002	坡道	天然配级砂石垫层800mm厚;碎石灌M2.5水泥砂浆150mm厚;C15混凝土80mm厚;1:3水泥砂浆25mm厚	m²	33.03	56.49	2.09	6.39	8.22		106.22
28	010505008001	雨篷	混凝土强度等级:C20	m³	70.59	144.13	10.6	14.78	19		259.09
29	010510003001	预制过梁	混凝土强度等级:C20	m³	88.23	149.64	10.53	17.97	23.11		289.48
30	010515001001	现浇混凝土钢筋	现浇构件圆钢筋Φ6.5	t	678.9	3495.35	32.71	129.51	166.52		4502.99
31	010515001002	现浇混凝土钢筋	现浇构件圆钢筋Φ8	t	442.5	3461	34.02	86.73	111.51		4135.75
32	010515001003	现浇混凝土钢筋	现浇构件圆钢筋Φ10	t	327	3445.2	31.23	65.2	83.83		3952.45
33	010515001004	现浇混凝土钢筋	现浇构件圆钢筋Φ12	t	286.2	3425.46	75.85	65.89	84.72		3938.12
34	010515001005	现浇混凝土钢筋	现浇构件圆钢筋Φ14	t	247.5	3419.31	68.55	57.52	73.96		3866.84
35	010515001006	现浇混凝土钢筋	现浇构件螺纹钢筋Φ12	t	323.1	3425.46	87.31	74.69	96.04		4006.6
36	010515001007	现浇混凝土钢筋	现浇构件螺纹钢筋Φ14	t	273.53	3452.45	79.96	64.33	82.72		3952.99
37	010515001008	现浇混凝土钢筋	现浇构件螺纹钢筋Φ16	t	244.8	3415.36	77.23	58.61	75.36		3871.35
38	010515001009	现浇混凝土钢筋	现浇构件螺纹钢筋Φ18	t	211.8	3429.39	70.37	51.35	66.03		3828.94
39	010515001010	现浇混凝土钢筋	现浇构件螺纹钢筋Φ20	t	182.79	3215.11	65.64	45.22	58.13		3566.9
40	010515001011	现浇混凝土钢筋	现浇构件螺纹钢筋Φ22	t	174	3422.54	61.27	42.82	55.05		3755.68
41	010515001012	现浇混凝土钢筋	现浇构件圆钢筋Φ25	t	155.7	3431.54	49.49	37.34	48.01		3722.09

（续）

序号	项目编码	项目名称	项目特征描述	计量单位	综合单价组成/元						综合单价/元
					人工费	材料费	机械费	管理费	利润	风险	
42	010515001013	现浇混凝土钢筋	箍筋 Φ6	t	866.4	3495.35	34.11	163.89	210.72		4770.47
43	010515001014	现浇混凝土钢筋	箍筋 Φ8	t	560.1	3461	48.27	110.72	142.36		4322.45
44	010515001015	现浇混凝土钢筋	箍筋 Φ10	t	398.1	3445.2	39.73	79.69	102.45		4065.17
			H 门窗工程								
45	010802001001	实木装饰门 1000mm×2700mm	实木门框；实木装饰门扇（成品）；润油粉、刮腻子、油色、清漆三遍	樘	114.22	645.76	4.98	21.7	27.89		814.55
46	010801001002	实木装饰门 900mm×2700mm	实木门框；实木装饰门扇（成品）；润油粉、刮腻子、油色、清漆三遍	樘	105.7	590.36	4.5	20.06	25.79		746.41
47	010801001001	全玻无亮自由门 1500mm×2000mm		樘	108.73	690.05	4.46	20.6	26.49		850.32
48	010802001001	钛金地弹门 6500mm×3500mm		樘	509.6	4935.61	19.79	96.35	123.88		5685.23
49	010802001002	铝合金地弹门 1500mm×2000mm		樘	67.2	650.85	2.61	12.71	16.34		749.7
50	010802001003	铝合金地弹门 1300mm×2000mm		樘	58.24	564.07	2.26	11.01	14.16		649.74
51	010804003001	遥控全钢板车库门	上翻门；直接从厂家定做；2700mm×2400mm	樘	194.4	1425.6	129.6				1749.6
52	010807001005	钛金固定窗 6000mm×2900mm		樘	435	3741	174				4350
53	010807001001	塑钢窗 1800mm×2000mm		樘	72	504	36				612
54	010807001002	塑钢窗 1500mm×2000mm		樘	60	420	30				510
55	010807001003	塑钢窗 3000mm×2000mm		樘	120	840	60				1020
56	010807001004	塑钢窗 1500mm×1000mm		樘	30	210	15				255
			J 屋面及防水工程								
57	010901001001	挑檐琉璃瓦屋面		m²	36.53	171.53	0.5	6.74	8.67		223.97

序号	项目编码	项目名称	项目特征描述	计量单位						
58	010902001001	屋面卷材防水	SBS改性沥青卷材防水4.0mm,1:3水泥砂浆找平层25mm	m²	7.76	20.05	0.3	0.74	0.95	29.8
59	010902001002	雨篷卷材防水	SBS改性沥青卷材防水4.0mm,1:3水泥砂浆找平层20mm	m²	7.2	19.37	0.25	0.63	0.81	28.26
60	010902003001	雨篷刚性防水	1:2.5水泥砂浆20mm厚,掺水泥质量5%的防水剂	m²	2.77	7.41	0.21	0.54	0.7	11.62
61	010902004001	雨篷排水管	硬聚氯乙稀(PVC-U)排水管φ110×3.2	m	1.77	16.91	0.08	0.34	0.43	19.52
			K　保温、隔热、防腐工程							
62	011001001001	保温隔热屋面	聚苯乙稀泡沫板80mm厚；炉渣找坡层最薄处30mm厚	m²	6.62	23.13	0.8	1.06	1.36	32.97
			L　楼地面工程							
63	011101001001	水泥砂浆楼地面	1:3水泥砂浆20mm厚；80mm厚C15混凝土；碎石灌M2.5水泥砂浆150mm厚；填粗砂800mm厚；素土夯实	m²	33.87	91.35	2.03	6.53	8.4	142.19
64	011102001001	花岗岩地面	20mm厚芝麻白磨光花岗岩(600mm×600mm)铺面；30mm厚1:4干硬性水泥砂浆结合层；刷素水泥浆一道；80mm厚C15混凝土；素土夯实	m²	14.04	98.77	1.1	2.76	3.54	120.21
65	011102001002	花岗岩楼面	20mm厚芝麻白磨光花岗岩(600mm×600mm)铺面；撒素水泥；30mm厚1:4干硬性水泥砂浆结合层	m²	10.12	87.67	0.32	1.9	2.44	102.45

（续）

序号	项目编码	项目名称	项目特征描述	计量单位	综合单价组成/元						综合单价/元
					人工费	材料费	机械费	管理费	利润	风险	
66	011102001003	花岗岩平台	20mm厚芝麻白磨光花岗岩（600mm×600mm）铺面；撒素水泥面（洒适量水）；30mm厚1：4干硬性水泥砂浆结合层；刷素水泥浆一道；80mm厚C15混凝土（碎石灌M2.5水泥砂浆150mm厚；填粗砂800mm厚；素土夯实	m²	33.84	154.84	1.91	6.51	8.37		205.47
67	011102003001	一层卫生间地砖地面	10mm厚瓷质耐磨地砖（300mm×300mm）楼面；撒擦缝剂擦缝；撒素水泥浆；20mm厚1：4干硬性水泥砂浆结合层；60mm厚C20混凝土找坡层，最薄处30mm厚；SBS改性沥青卷材防水，防水层周边卷起150mm；40mm厚C20细石混凝土随打随抹平；素土夯实	m²	25.28	74.26	1.08	4.8	6.17		111.59
68	011102003002	二层卫生间地砖地面	10mm厚瓷质耐磨地砖（300mm×300mm）楼面；撒擦缝剂擦缝；撒素水泥浆；20mm厚1：4干硬性水泥砂浆结合层；60mm厚C20混凝土找坡层，最薄处30mm厚；SBS改性沥青卷材防水，防水层周边卷起150mm；20mm厚1：3水泥砂浆找平层，四周做八字角	m²	24.92	76.1	1.06	4.73	6.08		112.9
69	011105001001	花岗岩踢脚线（直线型）	稀水泥浆擦缝；安装12mm厚花岗岩板；20mm厚1：2水泥砂浆灌贴；刷界面处理剂一道；踢脚线高150mm	m²	18.44	64.72	0.13	3.38	4.35		91.02

序号	项目编码	项目名称	项目特征	计量单位	工程量					
70	011105002002	花岗岩踢脚线（锯齿型）	稀水泥擦缝；安装12mm厚花岗岩板；20mm厚1∶2水泥砂浆灌贴；刷界面处理剂一道；踢脚线高150mm	m²	18.44	64.72	0.13	3.38	4.35	91.02
71	011106001001	花岗岩楼梯面层	30mm厚芝麻白磨光花岗岩铺面；撒素水泥浆；30mm厚1∶4干硬性水泥砂浆结合层，向外坡1%；刷素水泥浆一道	m²	26.36	151.58	0.28	4.85	6.23	189.3
72	011107001001	石材台阶面	30mm厚芝麻白磨光花岗岩（350mm×1200mm）铺面；撒素水泥浆；30mm厚1∶4干硬性水泥砂浆结合层；80mm厚C15混凝土，向外坡1%；碎石灌M2.5水泥浆150mm厚；填粗砂；素土夯实	m²	37.62	209.75	1.56	7.13	9.17	265.21
73	011107004001	水泥砂浆台阶面	1∶3水泥砂浆20mm厚；80mm厚C15混凝土（厚度不包括踏步三角部分）台阶面向外坡1%；碎石灌M2.5水泥砂浆150mm厚；填粗砂；素土夯实	m²	52.27	154.23	4.26	10.29	13.23	234.27
			M　墙、柱面装饰与隔断、幕墙工程							
74	011201001001	内墙抹混合砂浆	1∶1∶4混合砂浆6mm；1∶3∶9混合砂浆12mm；砖墙面	m²	5.48	3.37	0.24	1.04	1.34	11.47
75	011202001001	柱面一般抹灰	1∶2水泥砂浆罩面6mm；1∶3水泥砂浆打底12mm；刷素水泥浆一道；混凝土基体	m²	8.08	3.79	0.22	1.51	1.94	15.54

（续）

序号	项目编码	项目名称	项目特征描述	计量单位	综合单价组成/元						综合单价/元
					人工费	材料费	机械费	管理费	利润	风险	
76	01120200 1002	外墙柱面一般抹灰	1:2水泥砂浆罩面6mm;1:3水泥砂浆打底12mm;刷素水泥浆一道;混凝土基体	m²	8.6	4.59	0.22	1.61	2.06		17.08
77	01120400 3001	内墙面砖	内墙面砖200mm×300mm;1:2水泥砂浆6mm厚;1:3水泥砂浆找平层16mm厚	m²	16.96	39.97	0.23	3.13	4.02		64.31
78	01120400 3002	外墙灰色釉面砖	贴青灰色面砖(白水泥擦缝);1:2水泥砂浆6mm厚;1:3水泥砂浆找平层16mm厚	m²	24.52	49.06	0.24	4.51	5.79		84.12
79	01120400 1001	外墙勒脚磨菇石	25mm厚蘑菇石(花岗岩)板,白水泥擦缝;30mm厚1:2.5水泥砂浆粘贴	m²	22.84	114.89	0.2	4.19	5.39		147.51
80	01120400 1002	台阶挡墙花岗岩	25mm厚蘑菇石(花岗岩)板,白水泥擦缝;30mm厚1:2.5水泥砂浆粘贴	m²	22.84	114.89	0.2	4.19	5.39		147.51
81	01121000 1001	卫生间木隔断	面漆板隔断(包括门)直接从厂家定做	m²	20	120	10				150
N 天棚工程											
82	01130100 1001	天棚抹混合砂浆	2.5mm厚1:0.3:2.5水泥石灰膏砂浆抹面;2.5mm厚1:0.3:3水泥石灰青砂浆打底扫毛;刷素水泥浆结合层一道(内掺建筑胶)	m²	4.64	1.84	0.12	0.87	1.11		8.58
83	01130100 1002	天棚抹水泥砂浆	5mm厚1:2.5水泥砂浆抹面;5mm厚1:3水泥砂浆打底;刷素水泥浆结合层一道(内掺建筑胶)	m²	6.32	3.91	0.18	1.18	1.52		13.11

序号	项目编码	项目名称	项目特征描述	计量单位	工程量						
84	011301001003	雨篷底抹泥砂浆	5mm厚1:2.5水泥砂浆抹面;5mm厚1:3水泥砂浆打底;刷素水泥浆结合层一道(内掺建筑胶)	m²	6.32	3.91	0.18	1.18	1.52		13.11
85	011301001004	楼梯底面抹灰	5mm厚1:2.5水泥砂浆抹面;5mm厚1:3水泥砂浆打底;刷素水泥浆结合层一道(内掺建筑胶)	m²	6.32	3.91	0.18	1.18	1.52		13.11
P 油漆、涂料、裱糊工程											
86	011406001001	墙面抹灰面乳胶漆	刮大白腻子两遍;白色立邦乳胶漆两遍	m²	3.36	4.03		0.61	0.79		8.79
87	011406001002	天棚抹灰面乳胶漆	刮大白腻子两遍;白色立邦乳胶漆两遍	m²	3.36	4.03		0.61	0.79		8.79
88	011406001003	卫生间天棚刷防水乳胶漆	刮防水腻子两遍;刷防水乳胶漆两遍	m²	3.2	4.42		0.58	0.75		8.95
89	011407001001	外墙圆柱面多彩色涂料	多彩外墙乳胶涂料	m²	2.24	20.41		0.41	0.52		23.58
90	011407001002	雨篷底面刷白色涂料	多彩外墙乳胶涂料	m²	3.2	4.42		0.58	0.75		8.95
Q 其他装饰工程											
91	011503001001	金属扶手带栏杆、栏板	扶手:不锈钢φ60;栏杆:竖条式,不锈钢管φ32×1.5	m	25.05	406.62	6.75	5.79	7.44		451.65
S 措施项目											
92	3.1	脚手架		项	2186.5	1330.35	86.96	413.77	531.99		4549.56
93	3.2	垂直运输		项		3507.83		638.42	820.83		4967.08
94	3.3	项目成品保护		项	80.92	345.92		14.73	18.93		460.5

综合测试题（一）

一、填空题（共 26 分，每空 1 分）

1. 定额基价由（　　　　）、（　　　　）、（　　　　）组成。

2. 工程量清单计价应包括按招标文件规定，完成工程量清单所列项目的全部费用，包括（　　　　）、（　　　　）、（　　　　）、规费和税金。

3. 工程量清单的编制有五条规定是必须执行的，即（　　　　）、（　　　　）、（　　　　）、（　　　　）、（　　　　）。

4. 工程量清单应采用（　　　）计价。

5. 其他项目费是由（　　　）、（　　　）、（　　　）、（　　　）四部分构成的。

6. 计算工、料及资金消耗的最基本构造要素是（　　　　）。

7. 工程量清单由（　　　）、（　　　）、（　　　）、（　　　）、（　　　）五部分组成。

8. 现浇混凝土梁按设计图示尺寸以（　　　）计算，梁与柱连接时，梁长算至（　　　）侧面；主梁与次梁连接时，次梁长算至（　　　）侧面。

9. 某中学实验楼的土建工程属于（　　　　　）。

二、名词解释（共 10 分，每题 2 分）

1. 清单计价

2. 建筑面积

3. 招标控制价

4. 措施项目费

5. 规费

三、判断题（共 10 分，每题 2 分）

1. 构造柱与墙体连接时，砖墙砌筑为马牙槽，则构造柱断面面积=构造柱矩形断面面积+马牙槽面积。（　　）

2. 膜结构的屋面，其清单的计算规则是按设计图示尺寸以水平投影面积计算。（　　）

3. 高低联跨的建筑物，应以高跨结构外边线为界分别计算建筑面积。（　　）

4. 就我国目前的实践而言，工程量清单计价作为一种市场价格的形成机制，其使用主要在工程的招投标阶段。（　　）

5. 采用工程量清单计价，业主应选择报价较低的单位中标。（　　）

四、单选题（共 24 分，每题 2 分）

1. 混凝土、钢筋混凝土模板及支架费属于（　　　）。

A. 直接工程费　　　　B. 规费　　　　　　C. 措施费　　　　　D. 企业管理费

2. 有效控制工程造价应体现为以（　　　）为重点的建设全过程造价控制。

　　A. 设计阶段　　　　　B. 投资决策阶段　　　C. 招投标阶段　　　D. 施工阶段

3. 一幢六层住宅，勒脚以上结构的外围水平面积，每层为 448.38m²，六层无围护结构的挑阳台的水平投影面积之和为 108m²，则该工程的建筑面积为（　　　）。

　　A. 556.38m²　　　B. 2480.38m²　　　C. 2744.28m²　　　D. 2798.28m²

4. 关于砖基础的计算，下列叙述正确的是（　　　）。

　　A. 按主墙间净空面积乘以设计厚度以体积计算

　　B. 基础长度按中心线计算

　　C. 基础防潮层应考虑在砖基础项目报价中

　　D. 不扣除构造柱所占体积

5. 某内墙砌 10 道 1 砖厚实心砖墙至板底，每道墙长 3m，层高 3m，板厚 100mm，计算实心砖墙的清单工程量为（　　　）。

　　A. 20.44m³　　　B. 20.80m³　　　C. 20.88m³　　　D. 20.35m³

6. 下列项目应计算建筑面积的是（　　　）。

　　A. 地下室的采光井　　　　　　　　B. 建筑物的阳台

　　C. 建筑物内的操作平台　　　　　　D. 穿过建筑物的底层通道

7. 措施费是指完成工程项目施工，发生于该工程施工前和施工过程中非工程实体项目的费用，由（　　　）组成。

　　A. 安全设施费和施工技术措施费　　　B. 文明施工费和施工技术措施费

　　C. 施工技术措施费和施工组织措施费　　D. 环境保护费和施工组织措施费

8. 为了有效控制造价，当承包方提出工程变更时，需由（　　　）。

　　A. 工程师确认，发包方签发工程变更指令

　　B. 发包方确认，工程师签发工程变更指令

　　C. 工程师确认并签发工程变更指令

　　D. 发包方确认并签发工程变更指令

9. 对于其他项目清单中的零星工作费，下列表述正确的是（　　　）。

　　A. 零星工作费的计价由招标人提供数量和单价

　　B. 零星工作费的计价由招标人提供详细的人工、材料、机械名称、计量单位和相应数量，由承包商报综合单价

　　C. 零星工作费是指为配合协调招标人进行的工程分包和材料采购所需的费用

　　D. 零星工作费是招标人预留的部分，根据施工中的实际情况支付

10. 根据《建筑安装工程费用项目组成》的规定，大型机械设备进出场及安拆费应计入（　　　）。

　　A. 直接费　　　B. 间接费　　　C. 施工机械费　　　D. 措施费

11. 根据《建筑安装工程费用项目组成》的规定，下列属于规费的是（　　　）。

　　A. 环境保护费　　　B. 安全措施费　　　C. 文明施工费　　　D. 工程排污费

12. 在其他项目清单中，招标人为可能发生的工程量变更而预留的金额称为（　　　）。

　　A. 预留金　　　B. 预备费　　　C. 基本预备费　　　D. 暂列金额

五、简答题（共 20 分，每题 5 分）

1. "三线一面" 分别指哪些基数？各如何计算？

2. 现浇钢筋混凝土楼梯的清单工程量如何计算？

3. 条形基础长度如何计算？

4. 构造柱混凝土清单工程量如何计算？

六、计算题（共 10 分，每问 5 分）

某建筑物基础结构图如图 1 所示，已知室外设计地坪以下各工程量：垫层体积 $2.4m^3$，砖基础体积 $16.24m^3$。试求该建筑物平整场地、挖土方的工程量。图中尺寸均以 mm 计，放坡系数 $K=0.33$，工作面宽度 $c=300mm$。

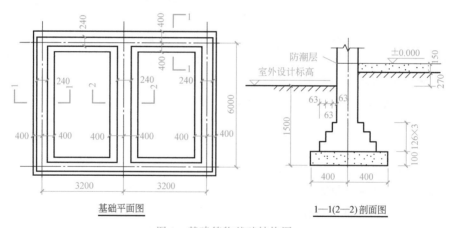

基础平面图　　　　　　　　1—1(2—2)剖面图

图 1　某建筑物基础结构图

综合测试题（二）

一、填空题（共 26 分，每空 1 分）

1. 建筑工程费按照费用构成要素划分，由（　　）、（　　）、（　　）、（　　）、（　　）、（　　）、（　　）组成。

2. 工程量清单应由具有编制能力的（　　）或受其委托，具有相应资质的工程造价咨询人编制。

3. 综合单价是指为完成工程量清单中一个规定计量单位项目所需的（　　）、（　　）、（　　）、（　　）、（　　），以及一定范围内的风险因素。

4. 招标工程量清单必须作为招标文件的组成部分，其准确性和完整性由（　　）负责。

5. 项目编码采用（　　）位阿拉伯数字表示。

6. 现浇混凝土梁按设计图示尺寸以（　　）计算，梁与柱连接时，梁长算至（　　）侧面；主梁与次梁连接时，次梁长算至（　　）侧面。

7. 工程量清单计价应包括按招标文件规定，完成工程量清单所列项目的全部费用，包括（　　）、（　　）、（　　）规费和税金。

8. "三线一面"分别指（　　）、（　　）、（　　）、（　　）。

9. 建于坡地的建筑物利用吊脚空间设置架空层，其层高超过（　　）米，按维护结构外围水平面积计算建筑面积。

二、名词解释（共 10 分，每题 2 分）

1. 工程量清单

2. 投标报价

3. 招标控制价

4. 其他项目费

5. 计价定额

三、判断题（共 10 分，每题 2 分）

1. 关于工程量清单说法，"工程量清单是招标文件的组成部分"是正确的。　　（　　）

2. 定额计价方法与工程量清单计价方法的主要区别在于对招标程序要求不同。（　　）

3. 关于砖基础与墙身的划分，说法"基础与墙身是同种材料时，以设计室内地坪为界"是错误的。　　（　　）

4. 建设项目投资控制贯穿于项目建设全过程，但各阶段程度不同，应以施工阶段为控制重点。　　（　　）

5. 环境保护费属于措施项目费。　　（　　）

四、单选题（共24分，每题2分）

1. 现浇混凝土梁按设计图示尺寸以体积计算，错误的是（　　）。

A. 梁与柱连接时，梁长算至柱侧面

B. 梁与柱连接时，梁长算至柱侧面主筋处

C. 伸入墙内的梁头、梁垫体积并入梁体积内计算

D. 主梁与次梁连接时，次梁长算至主梁侧面

2. 定额中挖沟槽长度，外墙按图示中心线长度计算；内墙按图示（　　）长度计算。

A. 净长线　　　　　　　　　　　　B. 基础底面之间净长线

C. 内墙基净长线　　　　　　　　　D. 中心线

3. 工程造价的计价特征不包括（　　）。

A. 单件性　　　　B. 多次性　　　　C. 动态性　　　　D. 批量性

4. 在清单报价中，土方计算应以（　　）体积计算。

A. 几何公式考虑放坡、操作工作面等因素计算

B. 基础挖土方按基础垫层底面积加工作面乘以挖土深度

C. 基础挖土方按基础垫层底面积加支挡土板宽度乘以挖土深度

D. 基础挖土方按基础垫层底面积乘以挖土深度

5. 平整场地是指厚度在（　　）厘米以内的就地挖填找平。

A. ±20　　　　　B. ±25　　　　　C. ±30　　　　　D. ±35

6. 某中学实验楼的土建工程属于（　　）。

A. 单项工程　　　B. 单位工程　　　C. 建设项目　　　D. 分项工程

7. 标准砖尺寸为240mm×115mm×53mm，则3/4砖墙的计算厚度为（　　）。

A. 168mm　　　　B. 170mm　　　　C. 180mm　　　　D. 300mm

8. 关于现浇混凝土楼梯计算说法正确的是（　　）。

A. 以斜面面积计算　　　　　　　　B. 扣除宽度小于500mm的楼梯井

C. 伸入墙内部分不另增加　　　　　D. 伸入墙内部分另增加

9. 投标单位在投标报价中，应按招标单位提供的工程量清单中每一单项填写单价和合价，在开标后发现投标单位没有填写单价和合价的项目，则（　　）。

A. 允许投标单位补充填写

B. 视为废标

C. 认为此项费用已包括在工程量清单中的其他单价和合价中

D. 由招标人退回投标书

10. 当工程分包时，分包单位按照分包合同的约定对（　　）负责。

A. 设计单位　　　B. 建设单位　　　C. 总承包单位　　　D. 监理单位

11. 为了有效控制造价，当承包方提出工程变更，需由（　　）。

A. 工程师确认，发包方签发工程变更指令

B. 发包方确认，工程师签发工程变更指令

C. 工程师确认并签发工程变更指令

D. 发包方确认并签发工程变更指令

12. 建设项目投资控制贯穿于项目建设全过程，但各阶段程度不同，应以（　　）为控

制重点。

  A. 决策阶段和设计阶段   B. 竣工决算阶段

  C. 招投标阶段   D. 施工阶段

五、简答题（共 20 分，每题 5 分）

1. 简述投标报价的编制依据。

2. 分部分项工程量清单必须载明哪些要素？

3. 措施项目清单应如何列项？如何计价？

4. 综合脚手架工程量如何计算？

六、计算题（共 10 分，每问 5 分）

  某钢筋混凝土多层框架结构建筑物，层高 4.2m，其中间层框架梁结构如图 2 所示。框架柱截面尺寸为 500mm×500mm，框架梁截面尺寸如图 2 所示，框架梁采用 C30 预拌混凝土浇筑。

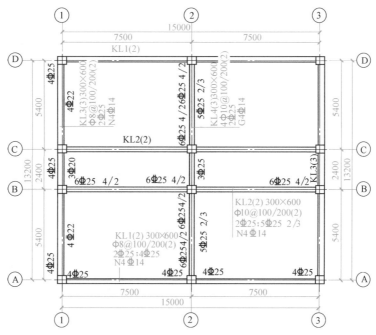

图 2 中间层框架梁结构图

问题：

1. 依据《房屋建筑与装饰工程定额》的规定，计算 KL4 框架梁的混凝土、模板、脚手架的工程量。

2. 根据表1混凝土梁定额消耗量、表2各种资源市场价格、管理费及利润标准（管理费按人工费与机械费之和的8.5%计取，利润费按人工费与机械费之和的7.5%计取），编制KL4框架梁的工程量清单综合单价分析表（项目编码为010503002001）。

上述问题中提及的各项费用均不包含增值税可抵扣进项税额。

表1 混凝土梁定额消耗量 （计量单位：10m³）

定额编号			5-18
项 目		单位	矩形梁
人工	合计工日	工日	2.111
材料	预拌混凝土 C30	m³	10.100
	塑料薄膜	m²	29.750
	水	m³	3.090
	电	kW·h	3.750

表2 各种资源市场价格

序号	资源名称	计量单位	价格/元	备注
1	综合工日	工日	100.00	
2	预拌混凝土 C30	m³	350.00	
3	塑料薄膜	m²	0.34	
4	水	m³	3.85	
5	电	kW·h	0.89	

综合测试题（一）参考答案

一、填空题（共 26 分，每空 1 分）

1. 人工费、材料费、施工机械使用费

2. 分部分项工程费、措施项目费、其他项目费

3. 统一项目编码、统一项目名称、统一项目特征、统一计量单位、统一工程量计算规则

4. 综合单价

5. 暂列金额、暂估价、计日工、总承包服务费

6. 分项工程

7. 分部分项工程量清单、措施项目清单、其他项目清单、规费项目清单、税金项目清单

8. 体积，柱，主梁

9. 单位工程

二、名词解释（共 10 分，每题 2 分）

1. 清单计价：是指在建设工程施工发包与承包计价时，按招标文件的规定，根据工程量清单所列项目，参照工程量清单计价依据计算的全部费用。

2. 建筑面积：是指建筑物外墙勒脚以上，各层结构外围水平投影面积总和。

3. 招标控制价：是指招标人根据国家以及当地有关规定的计价依据和计价办法、招标文件、市场行情，并按工程项目设计施工图等具体条件调整编制的，对招标工程项目限定的最高工程造价，也可称其为拦标价、预算控制价或最高报价等。

4. 措施项目费：是指为完成工程项目施工，发生于该工程施工前和施工过程中非工程实体项目的费用。

5. 规费：是指政府和有关管理部门规定必须缴纳的费用，包括工程排污费、社会保障费、住房公积金、危险作业意外伤害保险。

三、判断题（共 10 分，每题 2 分）

1. √ 2. × 3. √ 4. √ 5. ×

四、单选题（共 24 分，每题 2 分）

1. C 2. A 3. C 4. C 5. C 6. B 7. C 8. C 9. B 10. D 11. D 12. D

五、简答题（共 20 分，每题 5 分）

1. 三线一面：外墙外边线：$L_{外}$＝外墙外包线长度；外墙中心线；$L_{中}$＝$L_{外}$－4×墙厚；内墙净长线：$L_{净}$＝$L_{轴}$－外墙所占长度；建筑面积：底层建筑面积。

2. 现浇钢筋混凝土楼梯，按设计图示尺寸以水平投影面积计算，不扣除宽度小于 500mm 的楼梯井所占面积，深入墙内部分不计算。

3. 外墙墙基按外墙中心线计算，内墙墙基按内墙基础净长计算。

4. 构造柱按全高计算，与砖墙嵌接部分的体积并入柱身体积计算。

六、计算题（共 10 分，每问 5 分）

【解】　①平整场地面积 $F = (a+4) \times (b+4) = [(3.2 \times 2 + 0.24 + 4) \times (6 + 0.24 + 4)]$ m^2 $= 108.95$m^2

②挖地槽体积（按垫层下表面放坡计算）

$V_1 = H(a+2c+K \times H)L = \{1.5 \times (0.8 + 2 \times 0.3 + 0.33 \times 1.5) \times [(6.4+6) \times 2 + (6 - 0.4 \times 2 - 0.3 \times 2)]\}$ m$^3 = 83.50$m^3

综合测试题（二）参考答案

一、填空题（共 26 分，每空 1 分）

1. 人工费、材料（包含工程设备）费、施工机械使用费、企业管理费、利润、规费、税金

2. 招标人

3. 人工费、材料费及工程设备费、机械费、企业管理费、利润

4. 招标人

5. 12 位

6. 体积，柱，主梁

7. 分部分项工程费、措施项目费、其他项目费

8. 外墙外边线、外墙中心线、内墙净长线、建筑物底层建筑面积

9. 2.2

二、名词解释（共 10 分，每题 2 分）

1. 工程量清单：反映拟建工程分部分项工程项目、措施项目、其他项目名称和相应数量的明细清单，是编制标底、投标报价、确定综合单价、调整工程量、签订合同、支付工程价款和竣工结算的基础和依据。

2. 投标报价：投标人应当响应招标人发出的工程量清单，结合施工现场条件，自行制订施工技术方案和施工组织设计，按招标文件的要求，以企业定额或者参照本省建设行政主管部门发布的综合基价及其计价办法、工程造价管理机构发布的市场价格信息编制的报价。投标报价由投标人自主确定，不得低于本企业成本。

3. 招标控制价：招标人根据国家以及当地有关规定的计价依据和计价办法、招标文件、市场行情，并按工程项目设计施工图等具体条件调整编制的，对招标工程项目限定的最高工程造价，也可称其为拦标价、预算控制价或最高报价等。

4. 其他项目费：包括暂列金额、暂估价（包括专业工程暂估价和材料暂估价）、计日工和总承包服务费。

5. 计价定额：在正常施工条件下，为完成一定计量单位合格的建筑工程产品，所必须消耗的人工、材料、机械台班及其金额的数量标准。

三、判断题（共 10 分，每题 2 分）

1. √ 2. √ 3. × 4. × 5. √

四、单选题（共 24 分，每题 2 分）

1. B 2. B 3. D 4. D 5. C 6. B 7. C 8. C 9. C 10. C 11. C 12. A

五、简答题（共 20 分，每题 5 分）

1. 1）《建设工程工程量清单计价规范》。2）国家或省级、行业建设主管部门颁发的计价办法。3）企业定额，国家或省级、行业建设主管部门颁发的计价定额。4）招标文件，招标工程量清单及其补充通知，答疑纪要。5）建设工程设计文件及相关资料。6）施工现场情况、工程特点及投标时拟定的投标施工组织设计或施工方案。7）与建设项目相关的标准、规范等技术资料。8）市场价格信息或工程造价管理机构发布的工程造价信息。9）其

他的相关资料。

2. 分部分项工程项目清单必须载明项目编码、项目名称、项目特征、计量单位、工程量。

3. 通用措施项目应根据拟建工程的具体情况，参照"清单规范"中"措施项目一览表"的内容进行列项；专业工程的措施项目可按附录中规定的项目选择列项；若出现"通用措施项目一览表"中未列的项目，编制人可作相应的补充，并在"项目编码"栏中以"补"字示之。凡可精确计量的措施清单项目宜采用综合单价方式计价，其余的措施清单项目采用以"项"为计量单位的方式计价。

4. 综合脚手架工程量按建筑面积计算。

六、计算题（共10分，每问5分）

问题1：

根据图示内容和《房屋建筑与装饰工程定额》的规定，计算 KL4 框架梁的混凝土、模板、脚手架工程量。

(1) KL4 框架梁混凝土工程量 = $[0.3 \times 0.6 \times (5.4 + 2.4 + 5.4 - 0.5 \times 3)]$ m^3 = 2.11m^3

(2) KL4 框架梁模板工程量 = $[(0.3 + 0.6 \times 2) \times (5.4 + 2.4 + 5.4 - 0.5 \times 3)]$ m^2 = 17.55m^2

(3) KL4 框架梁脚手架工程量 = $[4.2 \times (5.4 + 2.4 + 5.4 - 0.5 \times 3)]$ m^2 = 49.14m^2

问题2：

依据《房屋建筑与装饰工程定额》《建设工程费用标准》的规定，编制 KL4 框架梁的工程量清单综合单价分析表见表3。

表3　框架梁的工程量清单综合单价分析表

项目编码	010503002001		项目名称	矩形梁		计量单位	10m³		工程量	0.211
清单综合单价组成明细										
定额编号	定额项目名称	定额单位	数量	单价/元				合价/元		
				人工费	材料费	机械费	管理费和利润	人工费	材料费	机械费	管理费和利润
5-18	矩形梁	10m³	1	211.10	3560.35	0.00	33.78	211.10	3560.35	0.00	33.78
人工单价			小计								
100元/工日			未计价材料费				—				
清单项目综合单价								3805.23			

材料费明细表	主要材料名称、规格、型号	单位	数量	单价/元	合价/元	暂估单价/元	暂估合价/元
	预拌混凝土 C30	m³	10.10	350.00	3535.00		
	其他材料费/元				（略）		
	材料费小计/元				（略）		

参 考 文 献

［1］ 中华人民共和国住房和城乡建设部，中华人民共和国国家质量监督检验检疫总局. 建设工程工程量清单计价规范：GB 50500—2013［S］. 北京：中国计划出版社，2013.

［2］ 中华人民共和国住房和城乡建设部，中华人民共和国国家质量监督检验检疫总局. 房屋建筑与装饰工程工程量计算规范：GB 50854—2013［S］. 北京：中国计划出版社，2013.

［3］ 中华人民共和国住房和城乡建设部. 建筑工程建筑面积计算规范：GB/T 50353—2013［S］. 北京：中国计划出版社，2014.

［4］ 本书编委会. 建设工程施工合同（示范文本）GF—2017—0201 使用指南［S］. 北京：中国建筑工业出版社，2017.

［5］ 国务院法制办公室. 中华人民共和国招标投标法注解与配套［M］. 北京：中国法制出版社，2020.